Física para los grados de Sistemas de Telecomunicaciones e Ingeniería Telemática

Física para los grados de Sistemas de Telecomunicaciones e Ingeniería Telemática

Antonio Pérez Garrido

Mc Graw Hill | AULAMAGNA
PROYECTO CLAVE

Física para los grados de Sistemas de Telecomunicaciones e Ingeniería Telemática

Primera edición: 2022

ISBN: 9788419544551
ISBN eBook: 9788419187963
Depósito legal SE 1980-2022

Impreso en España – Printed in Spain

Prefacio

Este libro contiene el material de la asignatura Física de los grados de Sistemas de Telecomunicaciones e Ingeniería Telemática impartidos en la Universidad Politécnica de Cartagena. Esta asignatura es cuatrimestral, pero tiene una distribución de contenidos que corresponde a una física general, habitualmente impartida en dos cuatrimestres, incluyendo mecánica, ondas y electricidad y magnetismo. Aquí está el esfuerzo realizado para comprimir esta asignatura de manera que pueda ser impartida en tan solo cuatro meses, tal y como nos obligan muchos planes de estudios contemporáneos. Por este motivo, algunos temas, como el de ondas, apenas contienen material y solo sirven para presentar conceptos básicos; de manera que se resientan lo menos posible los temas de electricidad y magnetismo, más relacionados con los contenidos de asignaturas que tendrán que abordar posteriormente en estas titulaciones.

El primer tema es una introducción al cálculo vectorial, que llamamos tema 0 por ser un prerrequisito para poder seguir el resto de temas, y que no forma parte de los objetivos perseguidos en la asignatura. El contenido de cada capítulo se puede dividir en cuatro bloques: texto principal y cuadros de ejemplos, demostraciones y temas avanzados. Esta división permite su abordaje en cuatro niveles de profundidad. En un primer nivel tenemos un estudio superficial simplemente leyendo el texto principal, donde se expone la teoría, pero sin demostrar ni ilustrar con ejemplos. Permite una lectura rápida de los contenidos para poder tener una visión global. Un segundo nivel incorpora el estudio de los cuadros de ejemplos, que son una importante ayuda para entender la teoría y poder abordar los problemas propuestos al final de cada capítulo. En un tercer nivel de profundidad se requiere también la comprensión de los cuadros con las demostraciones. El segundo nivel, junto con la práctica en la resolución de problemas, permitiría tener un mínimo para poder alcanzar los objetivos de aprendizaje de la asignatura, pero siendo recomendable alcanzar el tercer nivel. Por último están los cuadros con temas avanzados, que constituyen un cuarto nivel de profundidad. Estos temas avanzados están pensados para el estudiante que quiera ahondar en determinadas partes (o todas) de la materia y exceden el nivel requerido en la asignatura.

Agradecimientos

En primer lugar quiero dar las gracias a mi compañero Javier Cerrillo, por realizar una primera revisión de los borradores iniciales. También quiero agradecer, y de manera muy especial, a Encarni Yelo por su profesional y desinteresada revisión de estilo de todo el libro.

Dedicado a la memoria de mis padres, a Encarni, a mis hermanos y a las jovencitas Elena y Clara

Índice general

Tema 0

Cálculo vectorial

En este capítulo presentamos la notación vectorial que emplearemos e introducimos determinados conceptos que serán de utilidad a lo largo de toda la materia.

0.1. Definición de vector

En física ciertas magnitudes quedan completamente representadas dando simplemente un número. Es el caso de la temperatura de un cuerpo, la densidad, etc. Estas magnitudes, que pueden ser caracterizadas con un número, las vamos a denominar **magnitudes escalares**. Por contra, para otras magnitudes físicas no basta con dar un número para su completa caracterización. Un ejemplo de este tipo de magnitudes es la velocidad de un objeto, no solo es necesario dar la rapidez con la que se mueve ese objeto, sino que también tendremos que decir hacia dónde se mueve. Para esto necesitamos emplear lo que vamos a denominar **vectores**. Los vectores los vamos a representar por medio de segmentos orientados y tienen tres propiedades fundamentales que los definen: **módulo** (la longitud del segmento), **dirección** (la recta sobre la que se apoya el segmento) y **sentido** (la orientación del segmento), ver fig. 0.1.

En física podemos añadir una cuarta propiedad que llamaremos **punto de aplicación** y que es la posición del origen del vector. Por ejemplo, en el caso de la velocidad de una partícula, el punto de aplicación sería la posición de esa partícula. Cuando tenemos una magnitud vectorial la escribimos por medio de una letra con

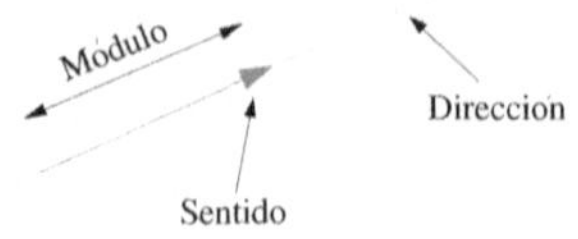

Figura 0.1 Un vector junto con sus tres propiedades fundamentales.

una flecha encima. Por ejemplo, la velocidad la escribiríamos como $\vec{v}$. Esa flecha encima de una letra nos indica que estamos ante una magnitud vectorial. En la mayoría de textos impresos se suelen representar las cantidades vectoriales por medio de la letra en negrita: **v**. Nosotros nos ceñiremos a la notación con la flecha, ya que es más fácil de emplear en textos manuscritos y, además, habituará al estudiante a que, ya sea en sus apuntes o en los exámenes, refleje claramente qué magnitudes son o no son vectoriales.

0.1.1. Componentes de un vector

Para trabajar analíticamente con vectores vamos a introducir las componentes de un vector respecto de un sistema de referencia. Para ello trasladamos el vector paralelo a sí mismo (no cambiamos su dirección) hasta que el origen del vector coincida con el origen del sistema de referencia y, una vez hecho esto, las componentes del vector son las coordenadas del extremo del vector en ese sistema de referencia. Por ejemplo, si tenemos un vector $\vec{a}$ y al trasladarlo paralelo a sí mismo hasta que coincida su origen con el origen del sistema de referencia obtenemos que las coordenadas del extremo son a_x, a_y y a_z, podemos escribir ese vector como la terna:

$$\vec{a} = \left(a_x, a_y, a_z\right). \tag{0.1}$$

0.1.2. Módulo de un vector

Como ya hemos comentado, el módulo de un vector es la longitud del segmento orientado. Al ser un escalar se suele representar usando la misma letra empleada para el vector sin la flecha encima. Por ejemplo, a es como llamaríamos al módulo del vector $\vec{a}$ o bien rodeando la letra del vector con dos líneas verticales: $\left|\vec{a}\right|$. Usando el teorema de Pitágoras encontramos que el módulo de un vector lo podemos expresar en función de sus componentes como:

$$\left|\vec{a}\right| = a = \sqrt{a_x^2 + a_y^2 + a_z^2}, \tag{0.2}$$

donde a_x a_y y a_z son las componentes del vector $\vec{a}$. Si un vector tiene módulo unidad lo vamos a llamar **vector unitario**. En algunos textos, a los vectores unitarios se les representa colocándoles encima una acento circunflejo en lugar de una flecha, $\hat{a} \Rightarrow |\hat{a}| = 1$, para incidir en que tienen módulo unidad.

0.2. Operaciones con vectores

A continuación vamos a definir una serie de operaciones que toman como elementos de partida dos vectores o un vector y un escalar y nos devuelven otro vector o un escalar.

0.2.1. Suma

La operación suma de dos vectores $\vec{a} = \left(a_x, a_y, a_z\right)$ y $\vec{b} = \left(b_x, b_y, b_z\right)$ nos devuelve un tercer vector cuyas componentes son la suma de las componentes de cada vector:

$$\vec{a} + \vec{b} = \left(a_x + b_x, a_y + b_y, a_z + b_z\right). \tag{0.3}$$

En algunas ocasiones tendremos que realizar la suma gráfica de vectores, por ejemplo cuando tengamos diagramas de fuerzas actuando sobre un cuerpo y queramos saber cómo es la fuerza resultante. En la figura 0.2 podemos ver un ejemplo de suma gráfica de dos vectores.

0.2.2. Producto de un vector por un escalar

Al multiplicar un vector $\vec{a}$ por un escalar λ obtenemos otro vector cuyas componentes son las componentes de $\vec{a}$ multiplicadas por el escalar:

$$\lambda\vec{a} = \lambda\left(a_x, a_y, a_z\right) = \left(\lambda a_x, \lambda a_y, \lambda a_z\right). \tag{0.4}$$

Figura 0.2 Suma gráfica de dos vectores $\vec{a}$ y $\vec{b}$. Trasladamos uno de los vectores paralelo a sí mismo hacia el extremo del otro, en este caso, trasladamos $\vec{b}$ hacía el extremo de $\vec{a}$ en b). La suma de esos dos vectores es el vector cuyo origen coincide con el origen del vector no trasladado y cuyo extremo es el extremo del vector que hemos trasladado, ver c).

Este vector tiene la misma dirección que $\vec{a}$, mismo sentido si λ es positivo y sentido contrario que $\vec{a}$ si λ es negativo. El módulo del nuevo vector es igual a $|\lambda|$ veces el módulo de $\vec{a}$. Por ejemplo, al multiplicar $\vec{a}$ por -1 obtenemos el vector $-\vec{a} = \left(-a_x, -a_y, -a_z\right)$, que es igual a $\vec{a}$ en módulo y dirección, pero de sentido contrario.

Si a cualquier vector $\vec{a}$ lo dividimos por su módulo (o lo multiplicamos por el inverso de su módulo) obtenemos un vector unitario que tiene la misma dirección y sentido que el vector original:

$$\hat{a} = \frac{1}{a}\vec{a} = \left(\frac{a_x}{a}, \frac{a_y}{a}, \frac{a_z}{a}\right). \tag{0.5}$$

Es fácil comprobar que el módulo de ese vector es igual a uno. Manipulando un poco la expresión anterior llegamos a:

$$\boxed{\vec{a} = a\hat{a}}, \tag{0.6}$$

Expresión que usaremos bastante y que nos dice que cualquier vector lo podemos expresar como su módulo multiplicado por un vector unitario con su misma dirección y sentido.

0.2.3. Diferencia de vectores

La diferencia de dos vectores es otro vector cuyas componentes son la diferencia de las componentes de cada vector.

$$\vec{a} - \vec{b} = \left(a_x - b_x, a_y - b_y, a_z - b_z\right). \tag{0.7}$$

Para calcular la diferencia de dos vectores gráficamente usamos la misma técnica que para la suma, solo que en este caso sumamos $\vec{a} + (-\vec{b})$, esto es, sumamos $\vec{a}$ con el vector $-\vec{b}$, que es igual que el vector $\vec{b}$, pero de sentido contrario.

0.2.4. Producto escalar

El producto escalar de dos vectores nos devuelve un escalar. Este producto lo representamos colocando un punto entre los dos vectores que multiplicamos: $\vec{a} \cdot \vec{b}$. El producto escalar de dos vectores es igual al producto del módulo de los dos vectores por el seno del ángulo θ (ver figura 0.3) que forman esos dos vectores:

$$\boxed{\vec{a} \cdot \vec{b} = ab \cos\theta.} \tag{0.8}$$

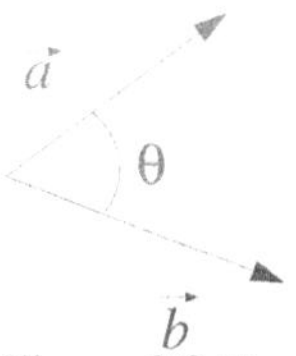

Figura 0.3 Dos vectores y el ángulo θ entre ellos.

Esta operación es conmutativa: $\vec{a} \cdot \vec{b} = \vec{b} \cdot \vec{a}$. Si dos vectores son perpendiculares ($\theta = 90^o$ o $\theta = 270^o = -90^o$) su producto vectorial es nulo ya que el coseno de 90° y el de -90° es cero. Si dos vectores son paralelos ($\theta = 0^o \Rightarrow \cos 0 = 1$) el producto escalar es igual al producto de los módulos de ambos vectores. Si dos vectores son antiparalelos ($\theta = 180^o \Rightarrow \cos 180^o = -1$) el producto escalar entre ellos es igual a menos el producto de sus módulos. Por tanto, el producto escalar de un vector por el mismo es igual a su módulo al cuadrado (un vector es paralelo a sí mismo):

$$\vec{a} \cdot \vec{a} = a \cdot a = a^2. \tag{0.9}$$

Usando la relación (0.9) podemos escribir el módulo de un vector como la raíz cuadrada de su producto escalar:

$$a = \sqrt{\vec{a} \cdot \vec{a}}. \tag{0.10}$$

Figura 0.4 Vectores de la base cartesiana $\vec{\imath}$, $\vec{\jmath}$ y $\vec{k}$

Conviene ahora introducir los vectores unitarios de la base cartesiana: $\vec{\imath}$, $\vec{\jmath}$ y $\vec{k}$. No usamos el acento circunflejo, ya que son unitarios por definición y no es necesario dejar constancia de este hecho, aunque algunos autores sí lo emplean y los representan por $\hat{\imath}$, $\hat{\jmath}$ y $\hat{k}$. Estos vectores tienen por componentes:

$$\vec{\imath} = (1,0,0)\,, \quad \vec{\jmath} = (0,1,0)\,, \quad \vec{k} = (0,0,1)\,. \tag{0.11}$$

Es fácil ver que estos vectores son unitarios:

$$\left|\vec{\imath}\right| = \left|\vec{\jmath}\right| = \left|\vec{k}\right| = 1, \tag{0.12}$$

y que son mutuamente perpendiculares, por lo que el producto escalar entre ellos es cero:

$$\vec{\imath}\cdot\vec{\jmath} = \vec{\imath}\cdot\vec{k} = \vec{\jmath}\cdot\vec{k} = 0. \tag{0.13}$$

En la figura 0.4 vemos representados los vectores unitarios de la base.

Como estos vectores son unitarios el producto escalar de uno de ellos por él mismo es igual a 1:

$$\vec{\imath}\cdot\vec{\imath} = \vec{\jmath}\cdot\vec{\jmath} = \vec{k}\cdot\vec{k} = 1. \tag{0.14}$$

Estos vectores nos permiten escribir cualquier vector $\vec{a} = \left(a_x, a_y, a_z\right)$ de forma compacta como:

$$\vec{a} = a_x\vec{\imath} + a_y\vec{\jmath} + a_z\vec{k}, \tag{0.15}$$

que hace posible operar con ellos de manera más sencilla. Por ejemplo, podemos calcular el producto escalar entre dos vectores $\vec{a}$ y $\vec{b}$ en función de sus componentes a partir de (0.15) y usando las relaciones (0.13) y (0.14):

$$\vec{a}\cdot\vec{b} = \left(a_x\vec{\imath} + a_y\vec{\jmath} + a_z\vec{k}\right)\cdot\left(b_x\vec{\imath} + b_y\vec{\jmath} + b_z\vec{k}\right) = a_x b_x + a_y b_y + a_z b_z. \tag{0.16}$$

Este resultado es importante, el producto escalar de dos vectores lo podemos escribir como la suma del producto de sus componentes:

$$\boxed{\vec{a}\cdot\vec{b} = a_x b_x + a_y b_y + a_z b_z.} \tag{0.17}$$

Esto lo podríamos haber tomado como definición de producto escalar y deducir la relación (0.8) a partir de esta.

0.2.5. Producto vectorial

El producto vectorial de dos vectores $\vec{a}$ y $\vec{b}$, que se escribe $\vec{a}\times\vec{b}$, es una operación que nos devuelve otro vector cuya dirección es una recta perpendicular al plano formado por los dos vectores $\vec{a}$ y $\vec{b}$, cuyo módulo viene dado por:

$$\boxed{\left|\vec{a}\times\vec{b}\right| = ab\,\mathrm{sen}\,\theta,} \tag{0.18}$$

donde θ es el ángulo que forman los dos vectores. El sentido del vector producto vectorial lo podemos obtener usando diversas reglas mnemotécnicas. La que yo suelo emplear es la de la mano derecha. En esta regla empujamos mentalmente el primer vector del producto hacia el segundo vector por el camino más corto y el pulgar nos indica cuál es el sentido del vector $\vec{a} \times \vec{b}$. [1] De aquí es fácil comprobar que el producto vectorial es anticonmutativo, esto es, al alterar el orden de los factores cambia el signo del resultado. Dicho de otra forma, cambia el sentido del vector resultante:

$$\vec{a} \times \vec{b} = -\vec{b} \times \vec{a}. \tag{0.19}$$

El producto vectorial de dos vectores paralelos ($\theta = 0^\circ \Rightarrow \operatorname{sen} 0^\circ = 0$) produce un vector nulo. De ahí que el resultado del producto vectorial de un vector cualquiera por él mismo es cero.

Vamos a calcular los productos vectoriales de los vectores de la base cartesiana $\vec{\imath}$, $\vec{\jmath}$ y $\vec{k}$. En primer lugar tenemos que los productos de cada uno de esos vectores por él mismo dará un vector nulo:

$$\vec{\imath} \times \vec{\imath} = \vec{\jmath} \times \vec{\jmath} = \vec{k} \times \vec{k} = 0. \tag{0.20}$$

Sería más correcto escribir $\vec{\imath} \times \vec{\imath} = \vec{0}$, donde $\vec{0}$ es un vector nulo: $\vec{0} = (0, 0, 0)$. Cuando multiplicamos un vector cualquiera de la base cartesiana por otro vector distinto de la base cartesiana obtenemos un vector también unitario, ya que estos vectores son perpendiculares entre sí ($\theta = 90^\circ \Rightarrow \operatorname{sen} 90^\circ = 1$) y tienen módulo unidad. Además, este vector será perpendicular al plano formado por esos dos vectores. El estudiante puede comprobar el siguiente resultado usando la regla de la mano derecha y mirando la figura 0.4:

$$\vec{\imath} \times \vec{\jmath} = \vec{k}, \quad \vec{\imath} \times \vec{k} = -\vec{\jmath}, \quad \vec{\jmath} \times \vec{k} = \vec{\imath}. \tag{0.21}$$

Si ahora hacemos el mismo cálculo, pero mirando el sistema de referencia de la figura 0.5 obtenemos un resultado diferente:

$$\vec{\imath} \times \vec{\jmath} = -\vec{k}, \quad \vec{\imath} \times \vec{k} = \vec{\jmath}, \quad \vec{\jmath} \times \vec{k} = -\vec{\imath}. \tag{0.22}$$

[1] Realmente, el sentido del vector resultante de un producto vectorial es arbitrario, lo tomamos por convenio. Si en lugar de usar la mano derecha usáramos la mano izquierda para otorgar el sentido al producto vectorial no cambiaría nada. Es un ejercicio interesante comprobar que esto es así.

Figura 0.5 Sistema de referencia cartesiano levógiro.

Esto no quiere decir que el resultado del producto vectorial cambie con el tipo de sistema de referencia. Cuando multiplicamos vectorialmente dos vectores el resultado siempre es el mismo vector, independientemente del tipo de sistema de referencia, pero al cambiar el sistema de referencia también estamos cambiando las coordenadas de los vectores.

Podemos clasificar los sistemas de referencia en dos tipos. Unos, que vamos a llamar sistemas de referencia **dextrógiros**, en los que $\vec{\imath}\times\vec{\jmath}=\vec{k}$ (Fig. 0.4) y otros, que vamos a llamar sistemas de referencia **levógiros**, en los que $\vec{\imath}\times\vec{\jmath}=-\vec{k}$, ver (Fig. 0.5).

Para obtener el producto vectorial de dos vectores podríamos hacer algo como lo que hicimos para el producto escalar: realizar el producto explícito sabiendo cuánto vale el producto vectorial entre los vectores de la base:

$$\vec{a}\times\vec{b}=\left(a_x\vec{\imath}+a_y\vec{\jmath}+a_z\vec{k}\right)\times\left(b_x\vec{\imath}+b_y\vec{\jmath}+b_z\vec{k}\right), \tag{0.23}$$

donde debemos recordar que el producto vectorial entre los vectores de la base cambia según que el sistema de referencia sea dextrógiro o levógiro. En la práctica es más fácil de recordar el resultado del producto vectorial usando la siguiente regla: vamos a calcular el producto vectorial de dos vectores como el determinante de una matriz 3 × 3 en la que la primera fila son los vectores unitarios de la base cartesiana, la segunda fila son las componentes del primer vector y la tercera fila son las componentes del segundo vector:

$$\vec{a}\times\vec{b}=\begin{vmatrix}\vec{\imath} & \vec{\jmath} & \vec{k}\\ a_x & a_y & a_z\\ b_x & b_y & b_z\end{vmatrix}=\left(a_yb_z-a_zb_y\right)\vec{\imath}+\left(a_zb_x-a_xb_z\right)\vec{\jmath}+\left(a_xb_y-a_yb_x\right)\vec{k}. \tag{0.24}$$

Comprobamos fácilmente que esta expresión vale para un sistema de referencia dextrógiro haciendo el producto $\vec{\imath}\times\vec{\jmath}$:

$$\vec{\imath}\times\vec{\jmath}=\begin{vmatrix}\vec{\imath} & \vec{\jmath} & \vec{k}\\ 1 & 0 & 0\\ 0 & 1 & 0\end{vmatrix}=\vec{k}. \tag{0.25}$$

Si el sistema de referencia es levógiro aún podemos usar la expresión (0.24), pero tendremos que cambiar el signo al vector resultante.

Tema avanzado: Vectores axiales o pseudovectores

En realidad el producto vectorial de dos vectores no devuelve un vector propiamente dicho, sino lo que se conoce como vector axial o pseudovector. Esto es, podemos dividir los vectores en física en dos tipos que llamaremos **vectores polares** y **vectores axiales** o **pseudovectores**. Los vectores polares son aquellos asociados a desplazamientos de una partícula y todos los vectores que podemos derivar de ellos, ya sea derivando respecto del tiempo, multiplicando por un escalar o mediante una combinación lineal de cualquiera de los anteriores. La forma más fácil de distinguir entre estos vectores es por medio de lo que ocurre con ellos tras una reflexión a través de un plano, en otras palabras, en lo que ocurre con su imagen especular. Si un vector polar lo vemos a través de un espejo tenemos que el vector reflejado es igual al original excepto que la componente normal al espejo está invertida. Cuando multiplicamos vectorialmente dos vectores polares, ¿cómo es la reflexión de este vector en el espejo? Para ver qué pasa vamos a multiplicar $\vec{a} \times \vec{b}$:

$$\begin{aligned} \vec{a} \times \vec{b} = (\vec{a}_{\|} + \vec{a}_{\perp}) \times \left(\vec{b}_{\|} + \vec{b}_{\perp}\right) &= \vec{a}_{\|} \times \vec{b}_{\|} + \vec{a}_{\|} \times \vec{b}_{\perp} + \vec{a}_{\perp} \times \vec{b}_{\|} + \cancel{\vec{a}_{\perp} \times \vec{b}_{\perp}} \\ &= \vec{a}_{\|} \times \vec{b}_{\|} + \vec{a}_{\|} \times \vec{b}_{\perp} + \vec{a}_{\perp} \times \vec{b}_{\|}, \end{aligned} \tag{0.26}$$

donde hemos descompuesto cada vector en una componente perpendicular y una componente paralela al espejo. El primer término, $\vec{a}_{\|} \times \vec{b}_{\|}$, es perpendicular al espejo y los otros dos, $\vec{a}_{\|} \times \vec{b}_{\perp} + \vec{a}_{\perp} \times \vec{b}_{\|}$, serían paralelas al plano del espejo. Si ahora hacemos el producto vectorial de las reflexiones de $\vec{a}$ y $\vec{b}$ en el espejo, que sabemos que tienen sus componentes normales invertidas, tenemos:

$$\begin{aligned} (\vec{a}_{\|} - \vec{a}_{\perp}) \times \left(\vec{b}_{\|} - \vec{b}_{\perp}\right) &= \vec{a}_{\|} \times \vec{b}_{\|} - \vec{a}_{\|} \times \vec{b}_{\perp} - \vec{a}_{\perp} \times \vec{b}_{\|} + \cancel{\vec{a}_{\perp} \times \vec{b}_{\perp}} \\ &= \vec{a}_{\|} \times \vec{b}_{\|} - \vec{a}_{\|} \times \vec{b}_{\perp} - \vec{a}_{\perp} \times \vec{b}_{\|}. \end{aligned} \tag{0.27}$$

Vemos que el vector resultante tiene invertida la componente paralela al plano del espejo. Estos es, mientras que los vectores polares invierten su componente normal al plano del espejo, los vectores axiales invierten su componente paralela al plano del espejo tras una reflexión. A partir de un vector axial podemos obtener más vectores axiales por medio de derivadas temporales, productos por un escalar o por cualquier combinación lineal de vectores axiales.

En general, cuando multiplicamos vectorialmente dos vectores polares el resultado es un vector axial, mientras que si multiplicamos vectorialmente un vector polar con un vector axial tenemos un vector polar de nuevo. Si lo que multiplicamos vectorialmente son dos vectores axiales, el resultado es otro vector axial. En física no veremos en una expresión que se estén sumando vectores axiales y vectores polares, a no ser que los hayamos transformado por medio de un producto vectorial. Cuando en una misma ecuación veamos al mismo tiempo vectores de los dos tipos podremos comprobar que uno de los dos tipos está transformado en el otro por algún método, como estar dentro de un producto vectorial, que hace que en la expresión todos los términos sean de un solo tipo, ya sea vectores axiales o vectores polares.

Los vectores de la base también los podemos dividir en dos tipos: vectores de la base polar: $\vec{\imath}_{\text{polar}}$, $\vec{\jmath}_{\text{polar}}$ y $\vec{k}_{\text{polar}}$ y los vectores de la base axial: $\vec{\imath}_{\text{axial}}$, $\vec{\jmath}_{\text{axial}}$ y $\vec{k}_{\text{axial}}$. Los vectores polares los escribimos en función de la base polar y los vectores axiales en función de la base axial. Cuando anteriormente hacíamos $\vec{\imath} \times \vec{\jmath} = \vec{k}$ (o $-\vec{k}$, según el tipo de base), lo que estábamos haciendo es $\vec{\imath}_{\text{polar}} \times \vec{\jmath}_{\text{polar}} = \vec{k}_{\text{axial}}$ (o $-\vec{k}_{\text{axial}}$). Con esto es fácil entender el porqué del cambio de signo al cambiar de sistema de levógiro a dextrógiro: estos dos sistemas de referencia son la imagen especular el uno del otro.

Los vectores axiales más importantes que veremos son la velocidad angular, ω, el momento angular, $\vec{L}$, y de fuerza, $\vec{M}$, el campo magnético, $\vec{B}$ y todos los campos asociados: intensidad magnética, $\vec{H}$, y magnetización $\vec{M}$, entre otros. A la hora de la verdad, podemos atravesar toda la física de este libro sin atender a si los vectores son axiales o polares, por lo que no haremos distinción entre ellos en general.

0.3. Campos escalares y vectoriales

En física muchas veces nos encontramos funciones que nos dicen propiedades que varían según la posición. Por ejemplo, al estudiar las propiedades térmicas de una habitación nos encontramos con una ecuación que nos dice la temperatura en cada punto en función de sus coordenadas x, y, y z. Estas funciones que nos devuelven un número, un escalar, para cada punto de una región del espacio las vamos a denominar **campos escalares**. Por otro lado, también nos podemos encontrar funciones que asocian a cada punto de una región del espacio un vector. A estas funciones las vamos a llamar **campos vectoriales**.

Ejemplo 0.1:

Un ejemplo de campo escalar podría ser una función que nos diga la densidad del aire en cada punto en una región en función de sus coordenadas $\rho(x, y, z)$:

$$\rho(x, y, z) = 6z + x. \tag{0.28}$$

En este caso, nos encontramos con una expresión que no depende de la coordenada y. Es fácil comprobar que esta función nos devuelve un número, un escalar, en cada punto de coordenadas x, y, y z.

Un ejemplo de campo vectorial podría ser el que nos dice la velocidad del viento en una determinada región:

$$\vec{v}(x, y, z) = 3x\vec{\imath} + 6xy\vec{\jmath} + 5z\vec{k}. \tag{0.29}$$

En este caso, para cada punto de coordenadas x, y y z obtenemos un vector.

En muchas expresiones dejaremos de indicar que los campos son función de las coordenadas x, y y z y escribiremos simplemente f, por ejemplo, en lugar de $f(x, y, z)$. También podremos ver en la definición de un campo que aparece que depende de lo que vamos a llamar el **vector de posición de un punto** $\vec{r}$. Este vector de posición de un punto es un vector cuyas componentes son las coordenadas x, y, y z de ese punto, en otras palabras el vector cuyo origen se encuentra en el origen del sistema de referencia y cuyo extremo coincide con la posición de ese punto:

$$\vec{r} = x\vec{\imath} + y\vec{\jmath} + z\vec{k}. \tag{0.30}$$

Es equivalente definir un campo como $g(x, y, z)$ o como $g(\vec{r})$, siendo la segunda forma más compacta.

0.4. Operador nabla

En esta sección vamos a introducir un operador vectorial conocido como **operador nabla**. Este operador nos permitirá introducir nuevas operaciones sobre campos vectoriales y campos escalares que serán de utilidad para estudiar diversos conceptos físicos que nos irán apareciendo a lo largo de la asignatura. Este operador se representa por medio del símbolo $\vec{\nabla}$. Al ser un operador vectorial le colocamos la flechita de vector. Se define por medio de la expresión:

$$\boxed{\vec{\nabla} = \vec{\imath}\frac{\partial}{\partial x} + \vec{\jmath}\frac{\partial}{\partial y} + \vec{k}\frac{\partial}{\partial z},} \tag{0.31}$$

donde $\frac{\partial}{\partial x}$, $\frac{\partial}{\partial y}$ y $\frac{\partial}{\partial z}$ son lo que conocemos como operadores de derivada parcial respecto de x, y y z respectivamente. Estos operadores los podemos entender como funciones que al *multiplicar* por otra función lo que realmente hacen es derivar parcialmente esa segunda función ya sea por x, y, o z. El concepto de **derivada parcial** es fácil de entender: cuando derivamos parcialmente una función respecto de una variable, lo que hacemos es una derivada normal, pero donde tomamos el resto de variables como constantes, ver ejemplo 0.2.

Ejemplo 0.2:

Vamos a calcular las derivadas parciales respecto de x, y y z del campo escalar $f(x, y, z)$:

$$f(x, y, z) = x^3 + 3yz^2. \tag{0.32}$$

Primero calculamos la derivada parcial de f respecto de x:

$$\frac{\partial f}{\partial x} = \frac{\partial\left(x^3 + 3yz^2\right)}{\partial x} = \frac{\partial\left(x^3\right)}{\partial x} + \frac{\partial\left(3yz^2\right)}{\partial x} = 3x^2 + 0. \tag{0.33}$$

En (0.33) hemos usado el que la derivada de una suma es la suma de derivadas. Al derivar el término $3yz^2$ respecto de x obtenemos 0, ya que ese término no contiene la variable x y, por tanto, es una constante respecto de esa derivada parcial. Las otras dos derivadas parciales serían (conviene que el alumno las haga por él mismo y compruebe que obtiene el mismo resultado):

$$\frac{\partial f}{\partial y} = 3z^2, \quad \frac{\partial f}{\partial z} = 6yz. \tag{0.34}$$

0.4.1. Gradiente

La operación conocida como **gradiente** consiste en aplicar el operador nabla, $\vec{\nabla}$, directamente sobre un campo escalar. Esta operación es similar al producto de un vector por un escalar, donde el escalar es el campo escalar y el vector es el operador nabla. Tal y como hicimos en la definición de esa operación, expresión (0.4), obtenemos un nuevo vector (un campo vectorial en realidad) multiplicando cada componente del vector (el operador nabla en este caso) por el escalar (o mejor dicho el campo escalar). Como las componentes del operador nabla son operadores derivada parcial, lo que hacemos en realidad no es multiplicar, sino derivar parcialmente el campo escalar por cada coordenada. Por ejemplo, si tenemos un campo escalar cualquiera $U(x, y, z)$ el gradiente de U es:

$$\boxed{\vec{\nabla} U = \frac{\partial U}{\partial x}\vec{\imath} + \frac{\partial U}{\partial y}\vec{\jmath} + \frac{\partial U}{\partial z}\vec{k}.} \tag{0.35}$$

El resultado del gradiente es un campo vectorial, como podemos comprobar en la expresión (0.35) y en el ejemplo 0.3.

Ejemplo 0.3:

Vamos a calcular el gradiente del campo escalar f del ejemplo 0.2. Como ya tenemos calculadas las derivadas parciales es fácil obtener el gradiente:

$$\vec{\nabla} f = \frac{\partial f}{\partial x}\vec{\imath} + \frac{\partial f}{\partial y}\vec{\jmath} + \frac{\partial f}{\partial z}\vec{k} = 3x^2\vec{\imath} + 3z^2\vec{\jmath} + 6yz\vec{k}. \tag{0.36}$$

El significado físico del gradiente es el más fácil de comprender de las operaciones con el operador $\vec{\nabla}$. La información que nos da el gradiente es hacia dónde se produce la máxima variación del campo escalar en cualquier punto. El gradiente nos devuelve un campo vectorial, esto es, asocia a cada punto de una región del espacio un vector. Si vamos a un punto concreto de una región donde tenemos definido un campo escalar y calculamos su gradiente, la dirección y sentido del vector gradiente en ese punto nos indica hacia dónde se produce la máxima variación del campo y el módulo nos mide lo grande o pequeña que es esa variación.

Ejemplo 0.4:

Nos dicen que la densidad del aire ρ en una determinada zona viene dada por la expresión $\rho(\vec{r}) = 20 - z^2$, donde z es el eje vertical. En esta expresión es evidente que la densidad de aire disminuye con la altura. Calculemos el gradiente de ρ:

$$\vec{\nabla}\rho = \frac{\partial \rho}{\partial x}\vec{\imath} + \frac{\partial \rho}{\partial y}\vec{\jmath} + \frac{\partial \rho}{\partial z}\vec{k} = -2z\vec{k}. \tag{0.37}$$

Obtenemos en toda la región un vector vertical pero negativo. Esto es un vector solo con componente z (vector vertical) y que apunta hacia abajo, y cuyo módulo aumenta con la altura. Esto nos dice que en esa zona la densidad del aire aumenta al descender, como ya sabíamos, y ese aumento es mayor cuanto más alto nos encontramos.

0.4.2. Divergencia

La divergencia de un campo vectorial cualquiera $\vec{A}(x, y, z)$ es similar al producto escalar del operador nabla por ese campo vectorial. Al ser un producto escalar, lo que devuelve esta operación es un escalar, en este caso, un campo escalar. Si el campo vectorial lo definimos como:

$$\vec{A}(x, y, z) = A_x(x, y, z)\vec{\imath} + A_y(x, y, z)\vec{\jmath} + A_z(x, y, z)\vec{k}, \tag{0.38}$$

donde A_x, A_y, A_z son campos escalares que nos dan las componentes x, y y z del campo vectorial $\vec{A}$, respectivamente. La divergencia de $\vec{A}$ la obtenemos sumando, como si fuera un producto entre dos vectores normales, el producto de las componentes de ambos vectores, como en (0.17), pero teniendo en cuenta ahora que las componentes del operador nabla son operadores derivada parcial, por lo que en lugar de multiplicar lo que hacemos es derivar parcialmente las componentes del campo vectorial $\vec{A}$:

$$\boxed{\vec{\nabla} \cdot \vec{A} = \frac{\partial A_x}{\partial x} + \frac{\partial A_y}{\partial y} + \frac{\partial A_z}{\partial z}.} \tag{0.39}$$

Podemos comprobar en (0.39) que el resultado de la divergencia es un campo escalar; es la suma de las derivadas de tres campos escalares.

Ejemplo 0.5:

Un campo eléctrico en una determinada región viene dado por la expresión $\vec{E} = x^2\vec{\imath} + 3(z+6)\vec{k}$. Vamos a calcular la divergencia de este campo eléctrico:

$$\vec{\nabla} \cdot \vec{E} = \frac{\partial E_x}{\partial x} + \frac{\partial E_y}{\partial y} + \frac{\partial E_z}{\partial z}. \tag{0.40}$$

En un tema posterior veremos que está relacionada con la densidad de carga eléctrica. El primer paso es calcular las derivadas parciales de cada componente respecto de su coordenada:

$$\frac{\partial E_x}{\partial x} = \frac{\partial\left(x^2\right)}{\partial x} = 2x, \quad \frac{\partial E_y}{\partial y} = \frac{\partial 0}{\partial y} = 0, \quad \frac{\partial E_z}{\partial z} = \frac{\partial\left(3\left(z+6\right)\right)}{\partial z} = 3. \tag{0.41}$$

La divergencia de ese campo eléctrico es, por tanto, el campo escalar:

$$\vec{\nabla} \cdot \vec{E} = 2x + 3. \tag{0.42}$$

0.4.3. Rotacional

Si la divergencia de un campo vectorial la definíamos como el producto escalar de $\vec{\nabla}$ por el campo vectorial, vamos ahora a definir el rotacional de un campo vectorial como el producto vectorial de $\vec{\nabla}$ por el campo vectorial. Esto es, el rotacional de $\vec{A}$ sería:

$$\boxed{\vec{\nabla} \times \vec{A}.} \qquad (0.43)$$

Esta operación nos devuelve un campo vectorial. Podemos usar la misma regla que empleamos para el cálculo del producto vectorial, expresión (0.24), para obtener el rotacional. En este caso, el primer vector tiene como componentes los operadores derivada parcial, por lo que al hacer el determinante, en lugar de multiplicar, lo que hacemos es derivar parcialmente:

$$\vec{\nabla}\times\vec{A} = \begin{vmatrix} \vec{i} & \vec{j} & \vec{k} \\ \frac{\partial}{\partial x} & \frac{\partial}{\partial y} & \frac{\partial}{\partial z} \\ A_x & A_y & A_z \end{vmatrix} = \left(\frac{\partial A_z}{\partial y} - \frac{\partial A_y}{\partial z}\right)\vec{i} + \left(\frac{\partial A_x}{\partial z} - \frac{\partial A_z}{\partial x}\right)\vec{j} + \left(\frac{\partial A_y}{\partial x} - \frac{\partial A_x}{\partial y}\right)\vec{k}. \qquad (0.44)$$

Ejemplo 0.6:

Nos dan un campo vectorial dado por la expresión $\vec{g} = (x+2)\vec{i} + y^3\vec{j} + \log(z)\vec{k}$ y nos piden calcular el rotacional. En este tipo de funciones no es necesario hacer el cálculo explícito, ya que podemos comprobar que cada componente del campo vectorial solo depende de su propia coordenada. En la expresión (0.44) comprobamos que cada componente del campo vectorial está derivada respecto de las otras componentes: la componente x está derivada respecto de y y de z, la componente y está derivada respecto de x y de z y la componente z está derivada respecto de x y de y. Por esto, al calcular el rotacional de $\vec{g}$ nos sale cero:

$$\vec{\nabla} \times \vec{g} = 0. \qquad (0.45)$$

Este tipo de campos vectoriales, cuyo rotacional es idénticamente cero, se conocen como campos vectoriales **irrotacionales** o, también, como **campos conservativos** y juegan un papel muy importante en física.

Tema avanzado: Rotacional y campos vectoriales axiales

Cuando aplicamos el rotacional a un campo de vectores polares, el resultado es un campo de vectores axiales y, a la inversa: si el campo vectorial de partida es un campo vectorial axial, el resultado de su rotacional en un campo de vectores polares. De esta manera el rotacional es una operación de transformación entre ambos mundos. En temas posteriores veremos la siguiente expresión:

$$\vec{\nabla} \times \vec{B} = \mu_0 \vec{J} - \mu_0 \epsilon_0 \frac{\partial \vec{E}}{\partial t}, \tag{0.46}$$

Sin entrar en el significado de esta expresión, sí decir que $\vec{E}$ es el campo eléctrico, que es un campo vectorial polar, $\vec{J}$ es la densidad de corriente, que también es polar, y $\vec{B}$ es el campo magnético, que es un campo vectorial axial. Por medio del rotacional transformamos la naturaleza axial del campo $\vec{B}$ y lo convertimos en un campo polar. Toda la expresión anterior contiene vectores polares solo. Por otro lado también encontraremos:

$$\vec{\nabla} \times \vec{E} = -\frac{\partial \vec{B}}{\partial t}. \tag{0.47}$$

Ahora tenemos el caso inverso, el rotacional transforma la naturaleza polar de $\vec{E}$ y todos los términos en esta expresión son vectores axiales.

0.4.4. Laplaciano

El operador nabla, que podemos considerar como un tipo especial de vector, lo vamos a multiplicar escalarmente por él mismo: $\vec{\nabla} \cdot \vec{\nabla} = \nabla^2$, donde hemos usado el que un vector multiplicado escalarmente por él mismo es igual a su módulo al cuadrado para escribir lo anterior. Si hacemos el producto explícito en función de las componentes:

$$\vec{\nabla} \cdot \vec{\nabla} = \left(\vec{\imath} \frac{\partial}{\partial x} + \vec{\jmath} \frac{\partial}{\partial y} + \vec{k} \frac{\partial}{\partial z} \right) \cdot \left(\vec{\imath} \frac{\partial}{\partial x} + \vec{\jmath} \frac{\partial}{\partial y} + \vec{k} \frac{\partial}{\partial z} \right) = \frac{\partial^2}{\partial x^2} + \frac{\partial^2}{\partial y^2} + \frac{\partial^2}{\partial z^2}, \tag{0.48}$$

al hacer el producto escalar como la suma de los productos de las componentes de los dos vectores nos aparecen productos del tipo $\frac{\partial}{\partial x} \frac{\partial}{\partial x}$, estamos aplicando el operador derivada parcial al operador derivada parcial. Esto es equivalente al operador segunda derivada parcial, que escribimos como: $\frac{\partial^2}{\partial x^2}$. Con esto podemos definir un nuevo operador, ahora escalar, que vamos a llamar **laplaciano** y que es la suma de los operadores segunda derivada parcial respecto de las coordenadas:

$$\boxed{\nabla^2 = \frac{\partial^2}{\partial x^2} + \frac{\partial^2}{\partial y^2} + \frac{\partial^2}{\partial z^2}.} \tag{0.49}$$

Este operador, al ser escalar, lo podemos aplicar tanto a campos escalares como a campos vectoriales.

Ejemplo 0.7:

Vamos a calcular el laplaciano de $R(\vec{r}) = 7y^3 + 3x$. Para ello calculamos las derivadas parciales respecto de x, y, y z. Como solo depende de x y de y solo tenemos que calcular la derivada respecto de esas coordenadas:

$$\frac{\partial R}{\partial x} = 3, \quad \frac{\partial R}{\partial y} = 21y^2. \tag{0.50}$$

Ahora calculamos las segundas derivadas parciales:

$$\frac{\partial^2 R}{\partial x^2} = \frac{\partial(3)}{\partial x} = 0, \quad \frac{\partial^2 R}{\partial y^2} = \frac{\partial(21y^2)}{\partial y} = 42y. \tag{0.51}$$

Por lo tanto, el laplaciano de R es:

$$\nabla^2 R = 42y. \tag{0.52}$$

El laplaciano también se puede aplicar a campos vectoriales. En este caso, lo que hacemos es aplicarlo a cada componente, que son campos escalares:

$$\nabla^2 \vec{A} = \nabla^2 A_x \vec{\imath} + \nabla^2 A_y \vec{\jmath} + \nabla^2 A_z \vec{k}. \tag{0.53}$$

Por último, recordemos que si calculamos el gradiente de un campo escalar, y luego, al resultado le calculamos su divergencia, esto es equivalente a aplicar directamente el laplaciano al campo escalar inicial:

$$\vec{\nabla} \cdot \vec{\nabla} U = \nabla^2 U. \tag{0.54}$$

Siguiendo las analogías nos encontramos que el producto vectorial del operador nabla por él mismo tiene que ser cero, igual que cuando multiplicamos vectorialmente cualquier vector por él mismo:

$$\vec{\nabla} \times \vec{\nabla} = 0. \tag{0.55}$$

Esto es equivalente a decir que el rotacional del gradiente de cualquier campo escalar es cero. En otras palabras, cualquier campo vectorial que provenga del cálculo del gradiente de un campo escalar es conservativo.

Ejemplo 0.8:

El campo electrostático $\vec{E}$ es igual a menos el gradiente de su energía potencial, U (que es un campo escalar):

$$\vec{E} = -\vec{\nabla} U. \tag{0.56}$$

Por tanto, podemos asegurar que el campo electrostático es conservativo:

$$\vec{\nabla} \times \vec{E} = -\vec{\nabla} \times \vec{\nabla} U = 0. \tag{0.57}$$

Conviene recordar que aunque en estas operaciones al operador $\vec{\nabla}$ lo hemos usado como si fuera un vector cualquiera, no podemos tratarlo en general como tal. Por ejemplo, tenemos que para cualquier par de campos vectoriales $\vec{a}$ y $\vec{b}$ y cualquier campo escalar g se verifica:

$$\vec{a} \cdot \vec{b} g = \vec{b} \cdot \vec{a} g, \tag{0.58}$$

ya que el producto escalar es conmutativo. No podemos hacer lo mismo con el operador nabla:

$$\vec{a} \cdot \vec{\nabla} g \neq \vec{\nabla} \cdot \vec{a} g. \tag{0.59}$$

0.5. Representación de superficies por vectores

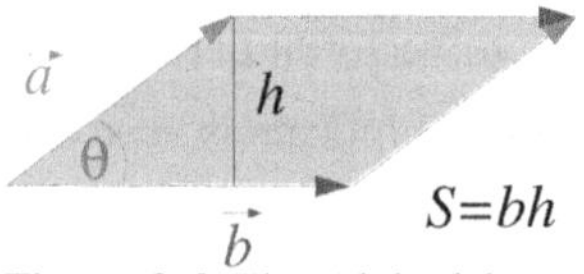

Figura 0.6 El módulo del producto vectorial de dos vectores $\vec{a}$ y $\vec{b}$ es igual al área del paralelogramo que forman ese vectores.

Si retomamos el concepto de producto vectorial de dos vectores $\vec{a} \times \vec{b}$, vamos a ver que de alguna forma el resultado caracteriza una determinada superficie. Primero calculamos el módulo de ese producto:

$$\left| \vec{a} \times \vec{b} \right| = ab \operatorname{sen} \theta. \tag{0.60}$$

Viendo la figura 0.6 comprobamos que el producto del módulo de $\vec{a}$ por el seno de θ es la recta h que corta a $\vec{b}$ de forma perpendicular. El producto de b por h es igual al área del paralelogramo que forman esos dos vectores:

$$\left| \vec{a} \times \vec{b} \right| = bh = S. \tag{0.61}$$

Tenemos, por tanto, que el vector $\vec{a}\times\vec{b}$ tiene su módulo igual al área del paralelogramo y su dirección es normal al paralelogramo, por lo que lo está caracterizando completamente: área de la superficie y orientación espacial de esa superficie. Esto lo podemos extender a cualquier superficie plana sea cual sea su forma: vamos a poder representar vectorialmente cualquier superficie plana por medio de un vector cuyo módulo sea igual al área de esa superficie y cuya dirección sea normal a la superficie. En realidad tenemos dos vectores que pueden representar a una misma superficie plana, ya que el sentido del vector es indiferente, pero una vez escogido el sentido del vector, este nos da cuál es el sentido de recorrido positivo del perímetro de la superficie. Cuando escogemos el sentido del vector que representa una superficie plana y ponemos el pulgar de la mano derecha según el sentido de ese vector el resto de los dedos de la mano derecha nos indican cuál es el sentido de recorrido positivo del perímetro de la superficie.

Ejemplo 0.9:

¿Cuál sería el vector $\vec{S}$ que caracterizaría una superficie cuadrada de 6 metros de lado y que está apoyada en el plano xy? Es evidente que el módulo de ese vector sería $6 \times 6 = 36$, que es el valor del área de ese cuadrado. Al estar en el plano xy la dirección del vector $\vec{S}$ es el eje z, por lo que el vector podría ser $\vec{S} = 36\vec{k}$ o bien $\vec{S} = -36\vec{k}$. Si escogemos $\vec{S} = 36\vec{k}$ podemos usar la regla mencionada anteriormente del pulgar de la mano derecha para decir que, en este caso, el sentido de recorrido positivo del perímetro del cuadrado es en sentido contrario a las agujas del reloj, ver figura 0.7.

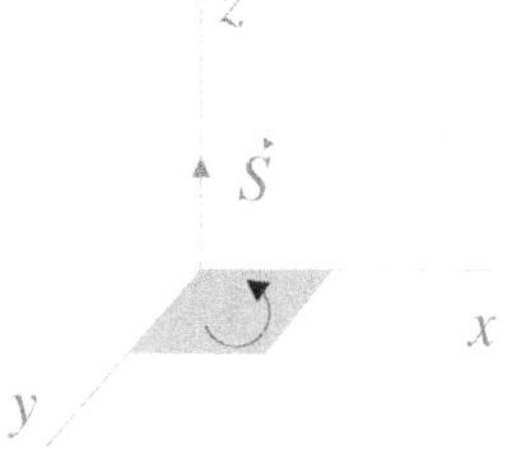

Figura 0.7 Orientación de una superficie plana caracterizada por el vector $\vec{S}$.

Cuando tenemos superficies que no son planas, no podemos hablar de una dirección normal a la superficie y no podríamos escoger un vector que la represente. Sí que podemos descomponer esa superficie en superficies infinitesimales de área dS. Cada una de esas superficies la podemos considerar como plana y podemos definir un vector que la represente d$\vec{S}$, un vector de área infinitesimal y normal a la superficie en ese punto. Entonces lo que tenemos es que una superficie en general la podemos representar en cada punto por medio de un vector de módulo infinitesimal y normal a la superficie en ese punto d$\vec{S}$. Estos vectores en caso de superficies abiertas tienen sentido arbitrario, pero una vez asignado el sentido a uno de esos vectores infinitesimales, el resto tiene el mismo sentido que el primero. Si la superficie es cerrada, entonces el sentido no es arbitrario, y esto es importante, sino que es siempre hacia afuera de la superficie.

0.6. Flujo de un campo vectorial

El flujo de un campo vectorial se suele representar por la letra griega Φ y es una magnitud escalar. Vamos primero a definir el flujo elemental $\mathrm{d}\Phi$ de un campo vectorial $\vec{A}$ que atraviesa una superficie infinitesimal. Esta superficie la podemos representar por medio de un vector $\mathrm{d}\vec{S}$. Cuando hablamos de superficie nos referimos a una superficie matemática, no tiene que estar asociada a nada de existencia material y normalmente somos nosotros los que, por algún motivo de carácter físico, escogemos la superficie sobre la que calcular el flujo que la atraviesa. Este flujo elemental es el producto escalar del campo vectorial por el vector que representa a esa superficie:

$$\mathrm{d}\Phi = \vec{A} \cdot \mathrm{d}\vec{S} = A\mathrm{d}S \cos\theta, \tag{0.62}$$

siendo θ el ángulo entre $\vec{A}$ y $\mathrm{d}\vec{S}$. Cuando la superficie es perpendicular al campo ($\mathrm{d}\vec{S}$ es paralelo a $\vec{A}$, ya que $\mathrm{d}\vec{S}$ y la superficie que representa son perpendiculares) el ángulo $\theta = 0^{\circ}$ y el flujo adopta su valor máximo. Cuando la superficie es paralela al campo entonces $\theta = 90^{\circ}$ y el flujo que atraviesa esa superficie es nulo.

El flujo que atraviesa una superficie cualquiera S lo obtenemos sumando los flujos elementales que atraviesan las superficies infinitesimales en las que podemos descomponer esa superficie. Como hablamos de cantidades infinitesimales esa suma es, en realidad, una integral:

$$\Phi = \int_S \vec{A} \cdot \mathrm{d}\vec{S}. \tag{0.63}$$

Como el flujo es una integral de superficie, una integral bidimensional en realidad, es fácil que encontremos la siguiente notación en textos de otros autores:

$$\Phi = \iint_S \vec{A} \cdot \mathrm{d}\vec{S}. \tag{0.64}$$

Una situación que nos aparecerá en diversas ocasiones es cuando tenemos un campo constante sobre una superficie plana. En ese caso, la expresión (0.63) se reduce a:

$$\Phi = \vec{A} \cdot \vec{S}, \tag{0.65}$$

donde $\vec{S}$ es el vector que representa a esa superficie plana: un vector cuyo módulo es igual al área de la superficie y cuya dirección es un recta perpendicular a la superficie. En temas posteriores relacionaremos los flujos de los campos eléctricos y magnéticos con la existencia de cargas y corrientes eléctricas.

0.7. Circulación de un campo vectorial

En el ejemplo 0.1 hablamos por primera vez del concepto de **vector de posición**. Si a las coordenadas de un vector de posición las hacemos depender de un parámetro t, podemos tener la ecuación de una curva. En un tema posterior, este parámetro t será precisamente el tiempo y la curva correspondería a la trayectoria de una partícula. Por ejemplo, es fácil escribir la ecuación paramétrica para un círculo de radio r centrado en el origen del sistema de referencia:

$$\vec{r}(t) = r\,\mathrm{sen}\,(t)\vec{i} + r\cos(t)\vec{j}. \tag{0.66}$$

Si tenemos un campo vectorial $\vec{A}$ y definida una curva C, con vector de posición $\vec{r}(t)$, vamos a definir la circulación del vector $\vec{A}$ a lo largo de la curva C desde un punto inicial a a un punto final b como la suma (integral en realidad) de los productos escalares del vector $\vec{A}$ por los vectores desplazamiento $\mathrm{d}\vec{r}$ a lo largo de la curva C:

$$\int_{a\;C}^{b} \vec{A} \cdot \mathrm{d}\vec{r}. \tag{0.67}$$

El vector desplazamiento $\mathrm{d}\vec{r}$ es tangente a la curva y su sentido nos lo da el sentido de recorrido en la integración (desde a a b). Las coordenadas del punto a nos las da el vector de posición para un parámetro inicial t_0, esto es $\vec{r}(t_0)$, mientras que las coordenadas del punto final b nos las da el vector de posición para un parámetro final t_f: $\vec{r}(t_f)$, ver figura 0.8. La circulación de cualquier campo vectorial sobre cualquier curva es una magnitud escalar, en realidad es una suma de escalares (cada término de la suma viene de un producto escalar).

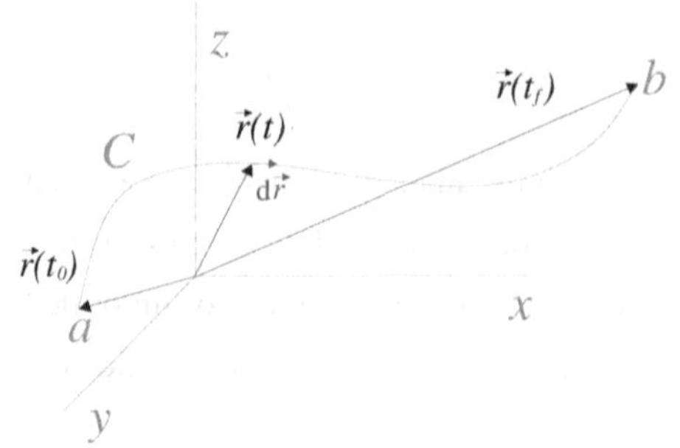

Figura 0.8 Curva C definida por un vector de posición en forma paramétrica $\vec{r}(t)$ tal que $\vec{r}(t_0)$ nos da la posición del punto inicial a de la curva y $\vec{r}(t_f)$ nos da la posición del punto final b de la curva. Para el cálculo de la circulación de $\vec{A}$ sobre la curva C vamos sumando el producto escalar de $\vec{A}$ en cada punto de la curva por el vector desplazamiento d$\vec{r}$ en ese mismo punto.

Ejemplo 0.10:

Vamos a definir la ecuación paramétrica de una curva sencilla: una recta que va del punto (0,0,0) al punto (1,1,1). Es fácil ver que la expresión:

$$\vec{r}(t) = t\vec{i} + t\vec{j} + t\vec{k}, \tag{0.68}$$

nos da los valores de esa recta para cualquier t comprendido entre 0 y 1. Esto es $t_0 = 0$ nos da las coordenadas del primer punto (0,0,0) y $t_f = 1$ las del último punto (1,1,1) y para cualquier t entre esos valores obtenemos las coordenadas de los puntos intermedios de la curva.

Si invertimos el sentido de la circulación, esto es si vamos desde b hasta a a lo largo de la misma curva C, estamos invirtiendo el sentido del vector desplazamiento (cambiamos en 180° el ángulo de los vectores del producto escalar), por lo que cambia el signo del producto escalar y tenemos que:

$$\int_{a\ C}^{b} \vec{A} \cdot \mathrm{d}\vec{r} = -\int_{b\ C}^{a} \vec{A} \cdot \mathrm{d}\vec{r}. \tag{0.69}$$

En pocas palabras: si invertimos el sentido de la circulación le cambiamos el signo al resultado.

Si cambiamos la curva a lo largo de la cual calculamos la circulación y vamos a lo largo de una curva C' sin cambiar los puntos iniciales a y b, la circulación no tiene por qué dar el mismo valor. En general:

$$\int_{a\ C}^{b} \vec{A} \cdot \mathrm{d}\vec{r} \neq \int_{a\ C'}^{b} \vec{A} \cdot \mathrm{d}\vec{r}. \qquad (0.70)$$

Pero existe un tipo especial de campo vectorial para el cual la circulación no depende de la trayectoria seguida, sino solo de los puntos inicial y final. Este tipo especial de campos vectoriales para los cuales la circulación no depende de la trayectoria, solo de los puntos iniciales y finales, se conocen como **campos conservativos** (estos campos ya han aparecido en el texto: recuerde dónde). Intente como ejercicio demostrar que para los campos conservativos la circulación sobre cualquier trayectoria cerrada es siempre cero:

$$\oint_C \vec{A} \cdot \mathrm{d}\vec{r} = 0. \qquad (0.71)$$

El símbolo $\oint$ quiere decir integración sobre una trayectoria cerrada: una curva que acaba en el punto donde empezó. Luego veremos (T. de Stokes) que esto último implica que el rotacional es idénticamente nulo, por lo que los campos cuyo rotacional es cero son campos conservativos[2].

Si tenemos que calcular la circulación de campo vectorial $\vec{A}(x, y, z) = A_x(x, y, z)\vec{\imath} + A_y(x, y, z)\vec{\jmath} + A_z(x, y, z)\vec{k}$ sobre una curva C dada por $\vec{r}(x, y, z) = x(t)\vec{\imath} + y(t)\vec{\jmath} + z(t)\vec{k}$ entre los puntos a, dado por $\vec{r}(t_0)$, y b dado por $\vec{r}(t_f)$ un procedimiento a emplear es usar la expresión:

$$\int_{a\ C}^{b} \vec{A} \cdot \mathrm{d}\vec{r} = \int_{t_0}^{t_f} \left(A_x(t)\frac{\partial x}{\partial t} + A_y(t)\frac{\partial y}{\partial t} + A_z(t)\frac{\partial z}{\partial t} \right) \mathrm{d}t, \qquad (0.72)$$

donde $\frac{\partial x}{\partial t}$, $\frac{\partial y}{\partial t}$ y $\frac{\partial z}{\partial t}$ son las derivadas respecto del parámetro t de las coordenadas $x(t)$, $y(t)$ y $z(t)$ de $\vec{r}(t)$, respectivamente. $A_x(t)$ es la componente x del campo vectorial a la que hemos quitado la dependencia con x, y y z sustituyendo por las coordenadas $x(t)$, $y(t)$ y $z(t)$ de $\vec{r}(t)$, con lo que pasa a depender solo del parámetro t. Lo mismo hacemos con A_y y A_z.

Ejemplo 0.11:

Vamos a calcular la circulación del campo $\vec{T} = (6x + y)\vec{\imath} + 3z\vec{k}$ sobre la curva

[2]Esto es rigurosamente cierto cuando el campo está definido en una región que es lo que se conoce como simplemente conectada. Esto, en pocas palabras, significa que para cualquier curva que se encuentre en esa región podemos deformarla sin pasar por puntos que no sean de la región hasta contraerla en un punto. Si la región no es simplemente conectada podemos encontrar campos vectoriales cuyo rotacional es cero, pero cuya circulación sobre una trayectoria cerrada no es cero.

dada por $\vec{r}(t) = 5t^2\vec{\imath} + t\vec{\jmath} + 2\vec{k}$ entre los puntos cuyos parámetros inicial y final son: $t_0 = 0$ y $t_f = 1$. Se comprueba fácil que las coordenadas del punto inicial de la curva es (0,0,2) y las del punto final (5,1,2). Calculamos las derivadas de las coordenadas de la curva:

$$\frac{\partial x}{\partial t} = \frac{\partial(5t^2)}{\partial t} = 10t, \quad \frac{\partial y}{\partial t} = \frac{\partial(t)}{\partial t} = 1, \quad \frac{\partial z}{\partial t} = \frac{\partial(2)}{\partial t} = 0. \tag{0.73}$$

A continuación obtenemos las componentes del campo vectorial como una función de t:

$$T_x = 6x + y = 6 \cdot 5t^2 + t = 30t^2 + t, \quad T_y = 0, \quad T_z = 3 \cdot 2 = 6. \tag{0.74}$$

Ya solo tenemos que sustituir en la ecuación (0.72):

$$\int_0^1 \left((30t^2 + t) \cdot 10t + 0 \cdot 1 + 6 \cdot 0\right) \mathrm{d}t = \int_0^1 \left(300t^3 + 10t^2\right) \mathrm{d}t, \tag{0.75}$$

que es una integral polinómica fácil de hacer y que se deja como ejercicio.

0.8. Algunos teoremas de utilidad

A continuación vamos a enunciar unos teoremas que nos permitirán entender algunos puntos que se verán en temas posteriores.

0.8.1. Teorema fundamental del cálculo

Como sabemos, el gradiente de cualquier campo escalar, $f(\vec{r})$, es un campo vectorial:

$$\vec{\nabla} f = \frac{\partial f}{\partial x}\vec{\imath} + \frac{\partial f}{\partial y}\vec{\jmath} + \frac{\partial f}{\partial z}\vec{k}. \tag{0.76}$$

Si escogemos una curva que comience en un punto a, cuyo vector de posición es $\vec{r}_a$, y finalice en el punto b, con vector de posición $\vec{r}_b$, y calculamos la circulación de $\vec{\nabla} f$ a lo largo de esa curva, el teorema fundamental del cálculo nos dice que:

$$\int_a^b \vec{\nabla} f \cdot \mathrm{d}\vec{r} = f(\vec{r}_b) - f(\vec{r}_a). \tag{0.77}$$

Que no depende de la curva seguida, solo de sus puntos inicial y final, por lo que $\vec{\nabla} f$ es un campo conservativo. Esto es, cualquier campo vectorial que se pueda escribir como el gradiente de un campo escalar es un campo conservativo. A esta conclusión también podíamos haber llegado a partir de que, para cualquier campo escalar $f(\vec{r})$, se verifica la siguiente igualdad:

$$\vec{\nabla} \times \vec{\nabla} f = 0, \tag{0.78}$$

el rotacional de $\vec{\nabla} f$ es igual a cero, lo que implica que tiene que ser un campo conservativo. La última igualdad es muy fácil de verificar y se recomienda que se haga como ejercicio.

0.8.2. Teorema de la divergencia de Gauss

Sea $\vec{A}$ un campo vectorial en una región de volumen V. A la superficie que delimita ese volumen la vamos a llamar S. Si dividimos ese volumen en volúmenes infinitesimales dv y calculamos la suma de la divergencia de $\vec{A}$ en cada volumen infinitesimal multiplicada por ese volumen infinitesimal, la cantidad obtenida es la misma que obtendríamos si calculamos el flujo del campo vectorial $\vec{A}$ que atraviesa la superficie que delimita el volumen V. Matemáticamente:

$$\int_V \vec{\nabla} \cdot \vec{A}\,\mathrm{d}v = \oint_S \vec{A} \cdot \mathrm{d}\vec{S}. \tag{0.79}$$

El símbolo $\oint$ nos dice que la integral es sobre una superficie (trayectoria o volumen, según el caso) cerrada. La integral de la izquierda es una integral sobre un volumen mientras que la de la derecha es sobre una superficie. Debido a esto es posible encontrar este teorema escrito de otra forma en otros textos:

$$\iiint_V \vec{\nabla} \cdot \vec{A}\,\mathrm{d}v = \oint\!\!\oint_S \vec{A} \cdot \mathrm{d}\vec{S}. \tag{0.80}$$

Nosotros mantendremos el convenio de que la variable de integración nos dice la dimensión de la integración. En temas posteriores de electricidad y magnetismo emplearemos este teorema para deducir lo que denominaremos **leyes diferenciales** a partir de otras leyes, que llamaremos **leyes integrales**. Más adelante encontraremos que el flujo del campo magnético, $\vec{B}$, que atraviesa cualquier superficie cerrada, es siempre cero. Usando este teorema podemos inferir que la divergencia del campo magnético va a ser siempre cero en cualquier punto: $\vec{\nabla} \cdot \vec{B} = 0$.

Este teorema, entre otras cosas, nos permite averiguar cómo varían las componentes de un campo vectorial cuando atravesamos la superficie que separa dos regiones diferentes. En la figura tenemos dibujadas esas dos regiones en las que hay un determinado campo vectorial $\vec{A}$. Vamos a calcular el flujo que atraviesa una superficie cilíndrica cuyas bases son de área infinitesimal dS y son paralelas a la superficie.

Tema avanzado: Discontinuidad en la componente normal de un campo vectorial

La superficie de separación no tiene por qué ser plana, pero al escoger las bases de esta superficie con un área infinitesimal, la región de interés la podemos considerar como plana por ser muy pequeña. El flujo que atraviesa la superficie cilíndrica de la figura es:

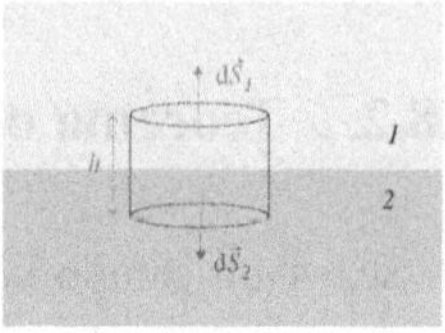

$$\oint \vec{A}\cdot d\vec{S} = \int_{\text{Lat}} \vec{A}\cdot d\vec{S} + \vec{A}_1\cdot d\vec{S}_1 + \vec{A}_1\cdot d\vec{S}_1 = \int_{\text{Lat}} \vec{A}\cdot d\vec{S} + A_{1n}dS - A_{2n}dS. \tag{0.81}$$

Donde $\int_{\text{Lat}} \vec{A}\cdot d\vec{S}$ es el flujo sobre la cara lateral del cilindro, A_{1n} y A_{2n} son las componentes del campo vectorial normales a la superficie y hemos usado $d\vec{S}_1 = -d\vec{S}_2$. Usando el teorema de la divergencia y tomando el límite cuando h tiende a cero (manteniendo siempre una base en cada región):

$$\lim_{h\to 0}\left(\int_{\text{Lat}} \vec{A}\cdot d\vec{S} + A_{1n}dS - A_{2n}dS\right) = \lim_{h\to 0}\left(\vec{\nabla}\cdot\vec{A}dv\right). \tag{0.82}$$

Como h tiende a cero y el área de la base del cilindro es infinitesimal no es necesario hacer la integral sobre todo el volumen encerrado por el cilindro, ya que este volumen es también infinitesimal. Además, cuando h tiende a cero $\int_{\text{Lat}} \vec{A}\cdot d\vec{S}$ se hace igual a cero, por lo que tenemos:

$$(A_{1n} - A_{2n})\cancel{dS} = \lim_{h\to 0}\left(\vec{\nabla}\cdot\vec{A}\right)h\cancel{dS} \Rightarrow \boxed{A_{1n} - A_{2n} = \lim_{h\to 0}\left(h\vec{\nabla}\cdot\vec{A}\right).} \tag{0.83}$$

Esta expresión nos permite conocer si la componente normal de un campo vectorial tiene o no una discontinuidad al atravesar una superficie de separación entre dos regiones distintas.

0.8.3. Teorema de Stokes

Sea $\vec{A}$ un campo vectorial en una región. La circulación de ese campo vectorial a lo largo de una trayectoria cerrada C es igual al flujo del rotacional de $\vec{A}$ que atraviesa la superficie encerrada por esa trayectoria cerrada:

$$\oint_C \vec{A} \cdot d\vec{r} = \int_S \vec{\nabla} \times \vec{A} \cdot d\vec{S}. \tag{0.84}$$

La integral de la izquierda es una circulación, por lo tanto, una integral unidimensional. La de la derecha es el flujo del campo que atraviesa una superficie, por lo tanto, una integral bidimensional. Por esto podemos encontrar esta ley en algún otro texto escrita como:

$$\oint_C \vec{A} \cdot d\vec{r} = \iint_S \vec{\nabla} \times \vec{A} \cdot d\vec{S}. \tag{0.85}$$

Al igual que en el teorema de Gauss, este teorema nos permitirá deducir leyes diferenciales a partir de leyes integrales. Una relación que ya podemos deducir de este teorema es que para cualquier campo conservativo (campos con $\vec{\nabla} \times \vec{A} = 0$ en cualquier punto) la circulación sobre cualquier trayectoria cerrada es siempre cero.

Tema avanzado: Discontinuidad en la componente tangencial de un campo vectorial

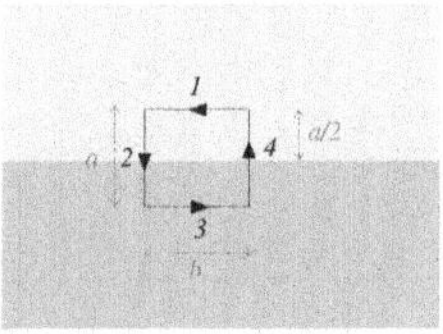

Vamos ahora a ver cómo varía la componente tangencial de un campo vectorial $\vec{A}$ en una superficie de discontinuidad. Escribimos el campo $\vec{A}$ como la suma de sus componentes normal y tangencial a la superficie $\vec{A} = \vec{A}_n + \vec{A}_t$, lo que nos permite simplificar la circulación:

$$\begin{aligned}\oint \vec{A} \cdot d\vec{r} &= A_{1t}b + A_{2n}a - A_{3t}b - A_{4n}a \\ &= (A_{1t} - A_{3t})\,b + (A_{2n} - A_{4n}).\end{aligned} \tag{0.86}$$

Escogemos una trayectoria de integración rectangular, como en la figura, en la que dos tramos, de longitud a, son perpendiculares a la superficie y otros dos tramos, de longitud b, son paralelos a la superficie de discontinuidad. a y b son infinitesimales de manera que, sea cual sea la forma de la superficie de discontinuidad, podemos suponer que es plana en la región que trabajamos. La circulación de $\vec{A}$ a lo largo de esa trayectoria sería:

$$\oint \vec{A} \cdot d\vec{r} = \vec{A}_1 \cdot d\vec{r}_1 + \vec{A}_2 \cdot d\vec{r}_2 + \vec{A}_3 \cdot d\vec{r}_3 + \vec{A}_4 \cdot d\vec{r}_4. \tag{0.87}$$

Al ser la superficie encerrada por la trayectoria una superficie infinitesimal no es necesario hacer la integral del teorema de Stokes:

$$\oint \vec{A}\cdot\mathrm{d}\vec{r} = \int_S \vec{\nabla}\times\vec{A}\cdot\mathrm{d}\vec{S} = \vec{\nabla}\times\vec{A}\cdot\mathrm{d}\vec{S} \quad \Rightarrow \quad (A_{1t} - A_{3t})\,b + (A_{2n} - A_{4n})\,a = \vec{\nabla}\times\vec{A}\cdot\mathrm{d}\vec{S} \tag{0.88}$$

Como la trayectoria la hemos escogido nosotros, vamos a hacerla rotar hasta que la componente de $\vec{\nabla}\times\vec{A}$ paralela a la superficie de separación, $\left(\vec{\nabla}\times\vec{A}\right)_{\|}$, y el vector $\mathrm{d}\vec{S}$ sean paralelos, $\vec{\nabla}\times\vec{A}\cdot\mathrm{d}\vec{S} = \left(\left(\vec{\nabla}\times\vec{A}\right)_{\perp} + \left(\vec{\nabla}\times\vec{A}\right)_{\|}\right)\cdot\mathrm{d}\vec{S} = \left|\left(\vec{\nabla}\times\vec{A}\right)_{\|}\right|\mathrm{d}S$, y vamos a tomar el límite cuando a tiende a cero:

$$\lim_{a\to 0}(A_{1t} - A_{3t})\,b + \lim_{a\to 0}(A_{2n} - A_{4n})\,a = \lim_{a\to 0}\left|\left(\vec{\nabla}\times\vec{A}\right)_{\|}\right|ab. \tag{0.89}$$

Ya que $\mathrm{d}S = ab$. El segundo límite del término de la izquierda es cero. Podemos simplificar quitando el factor b, que está a ambos lados de la igualdad:

$$\lim_{a\to 0}(A_{1t} - A_{3t}) = \lim_{a\to 0}\left|\left(\vec{\nabla}\times\vec{A}\right)_{\|}\right|a. \tag{0.90}$$

Y la componente tangencial de campo a la superficie tendrá una discontinuidad o no dependiendo de cómo varía su rotacional. Por ejemplo, si el rotacional es idénticamente nulo, las componentes tangenciales del campo vectorial no tendrán discontinuidades: serán iguales a ambos lados de cualquier superficie de separación entre distintos medios.

Tema avanzado: Teorema de Stokes generalizado

Los teoremas fundamental del cálculo, divergencia de Gauss y Stokes se pueden escribir como un único teorema usando el lenguaje de las formas diferenciales y que se conoce como **teorema de Stokes generalizado**. Una forma diferencial es una función que toma como entrada un vector y nos devuelve un escalar. Sin entrar en detalles vamos a ver el teorema por mostrar su sencillez. Sea α una forma diferencial cualquiera definida sobre una región M y vamos a llamar ∂M al límite de esa región (por ejemplo, si M es una esfera, ∂M sería la superficie de la esfera). El teorema de Stokes generalizado nos dice que:

$$\int_M \mathrm{d}\alpha = \int_{\partial M} \alpha. \tag{0.91}$$

Según la dimensión de M tendríamos uno de los tres teoremas anteriormente citados y, además, nos sirve para dimensiones en los que no hay teoremas análogos en el lenguaje del cálculo vectorial.

0.8.4. Teorema de Helmholtz

Sea $\vec{G}(\vec{r})$ un campo vectorial cuya expresión desconocemos, pero del que sí conocemos su divergencia y rotacional. Vamos a llamar $b(\vec{r})$ a la divergencia, esto es, $b(\vec{r})$ es un campo escalar dado por:

$$b(\vec{r}) = \vec{\nabla} \cdot \vec{G}(\vec{r}), \tag{0.92}$$

y vamos a llamar $\vec{c}(\vec{r})$ a su rotacional:

$$\vec{c}(\vec{r}) = \vec{\nabla} \times \vec{G}(\vec{r}). \tag{0.93}$$

Vamos a definir ahora unas funciones auxiliares a partir de la divergencia y el rotacional de $\vec{G}(\vec{r})$:

$$U(\vec{r}) = \frac{1}{4\pi} \int \frac{b(\vec{r}\,')\mathrm{d}v'}{\left|\vec{r} - \vec{r}\,'\right|} \quad \text{y} \quad \vec{A}(\vec{r}) = \frac{1}{4\pi} \int \frac{\vec{c}(\vec{r}\,')\mathrm{d}v'}{\left|\vec{r} - \vec{r}\,'\right|}. \tag{0.94}$$

El teorema establece que es posible reconstruir el valor del campo vectorial $\vec{G}(\vec{r})$ a partir de las funciones definidas en (0.94) por medio de la expresión:

$$\vec{G}(\vec{r}) = -\vec{\nabla} U + \vec{\nabla} \times \vec{A}. \tag{0.95}$$

Como las funciones definidas en (0.94) las obtenemos a partir de la divergencia y el rotacional de $\vec{G}(\vec{r})$, lo que nos dice este teorema es que las fuentes de un campo vectorial, lo que crea ese campo, son el rotacional y su divergencia. Si un campo vectorial tiene el rotacional y su divergencia idénticamente nulos, el campo también será nulo.

Ejemplo 0.12:

Posteriormente veremos que el rotacional y la divergencia del campo electrostático $\vec{E}$ es igual a:

$$\vec{\nabla} \cdot \vec{E} = \frac{\rho}{\epsilon_0}, \qquad \vec{\nabla} \times \vec{E} = 0, \tag{0.96}$$

donde ϵ_0 es una constante y ρ es la densidad de carga eléctrica. El teorema de Helmholtz y (0.96) nos permite afirmar que las fuentes del campo electrostático son las cargas eléctricas. Si no hay cargas eléctricas no hay campo electrostático. A partir de este teorema podríamos encontrar el valor del campo eléctrico en cualquier punto en función de la densidad de carga. Expresiones que veremos más adelante, pero deducidas por otro procedimiento.

0.9. Identidades vectoriales

Vamos a cerrar este tema presentando, sin demostrar, unas identidades vectoriales que pueden ser útiles. Sean $\vec{A}$, $\vec{B}$ y $\vec{C}$ campos vectoriales:

$$\vec{A}\cdot\left(\vec{B}\times\vec{C}\right)=\vec{B}\cdot\left(\vec{C}\times\vec{A}\right)=\left(\vec{A}\times\vec{B}\right)\cdot\vec{C} \tag{0.97}$$

$$\vec{A}\times\left(\vec{B}\times\vec{C}\right)=\vec{B}\left(\vec{A}\cdot\vec{C}\right)-\vec{C}\left(\vec{A}\cdot\vec{B}\right) \tag{0.98}$$

$$\vec{\nabla}\left(\vec{A}\cdot\vec{B}\right)=\vec{A}\times\left(\vec{\nabla}\times\vec{B}\right)+\vec{B}\times\left(\vec{\nabla}\times\vec{A}\right)+\left(\vec{A}\cdot\vec{\nabla}\right)\vec{B}+\left(\vec{B}\cdot\vec{\nabla}\right)\vec{A} \tag{0.99}$$

$$\vec{\nabla}\cdot\left(\vec{A}+\vec{B}\right)=\vec{\nabla}\cdot\vec{A}+\vec{\nabla}\cdot\vec{B} \tag{0.100}$$

$$\vec{\nabla}\cdot\left(\vec{A}\times\vec{B}\right)=\vec{B}\cdot\left(\vec{\nabla}\times\vec{A}\right)-\vec{A}\times\left(\vec{\nabla}\times\vec{B}\right) \tag{0.101}$$

$$\vec{\nabla}\times\left(\vec{A}+\vec{B}\right)=\vec{\nabla}\times\vec{A}+\vec{\nabla}\times\vec{B} \tag{0.102}$$

$$\vec{\nabla}\times\left(\vec{A}\times\vec{B}\right)=\left(\vec{B}\cdot\vec{\nabla}\right)\vec{A}-\left(\vec{A}\cdot\vec{\nabla}\right)\vec{B}+\vec{A}\left(\vec{\nabla}\cdot\vec{B}\right)-\vec{B}\left(\vec{\nabla}\cdot\vec{A}\right) \tag{0.103}$$

$$\vec{\nabla}\cdot\left(\vec{\nabla}\times\vec{A}\right)=0 \tag{0.104}$$

$$\vec{\nabla}\times\left(\vec{\nabla}\times\vec{A}\right)=\vec{\nabla}\left(\vec{\nabla}\cdot\vec{A}\right)-\nabla^2\vec{A} \tag{0.105}$$

Si f y g son campos escalares también tenemos:

$$\vec{\nabla}(f+g)=\vec{\nabla}f+\vec{\nabla}g \tag{0.106}$$

$$\vec{\nabla}(fg)=f\,\vec{\nabla}g+g\vec{\nabla}f \tag{0.107}$$

$$\vec{\nabla}\cdot\left(f\vec{A}\right)=f\,\vec{\nabla}\cdot\vec{A}+A\cdot\vec{\nabla}f \tag{0.108}$$

$$\vec{\nabla}\times\left(f\vec{A}\right)=f\,\vec{\nabla}\times\vec{A}-\vec{A}\times\vec{\nabla}f \tag{0.109}$$

$$\vec{\nabla}\times\left(\vec{\nabla}f\right)=0 \tag{0.110}$$

Si C es una curva cerrada y S es cualquier superficie limitada por C tenemos:

$$\oint_C f\,\mathrm{d}\vec{r}=-\int_S\vec{\nabla}f\times\mathrm{d}\vec{S} \tag{0.111}$$

Problemas

1. Calcule un vector unitario con la misma dirección y sentido que el vector $\vec{v} = 2\vec{\imath} + 5\vec{\jmath} + \vec{k}$.

2. Para los vectores $\vec{a} = 3\vec{\imath}+6\vec{k}$, $\vec{b} = 10\vec{\jmath}+\vec{k}$ y $\vec{c} = \vec{\imath}+\vec{\jmath}+2\vec{k}$ calcule las siguientes operaciones: $\vec{a} \cdot \vec{b}$, $(\vec{a} - \vec{b}) \cdot \vec{c}$ y $\vec{a} \times \vec{b}$.

3. Si $\vec{a} = \vec{\imath} + 3\vec{\jmath}$, $\vec{a} \times \vec{b} = 0$ y $\vec{a} \cdot \vec{b} = 20$ calcule el valor del vector $\vec{b}$.

4. Obtenga el valor del campo resultante de la operación $\vec{g}(\vec{r}) \cdot \vec{\nabla} \times \vec{h}(\vec{r})$, siendo $\vec{g}(\vec{r}) = x\vec{\imath} + z\vec{\jmath}$ y $\vec{h}(\vec{r}) = 8x^2\vec{\imath} + (y + 1)\vec{\jmath} + x\vec{k}$.

5. Para el campo vectorial $\vec{M} = 3x^2\vec{\imath} + z\vec{\jmath} + (z^2 - 2)\vec{k}$ calcule su divergencia, el gradiente de su divergencia y el rotacional del gradiente de su divergencia.

6. Determine el laplaciano del campo vectorial $\vec{m} = 5xz\vec{\imath} + 6y^3\vec{\jmath} + 3xz^2\vec{k}$.

7. Calcule la circulación del campo vectorial $\vec{v} = x^4\vec{\imath} + 7\vec{\jmath} + (z^2 - 1)\vec{k}$ sobre la curva dada por:
$$\vec{r}(t) = \cos(t)\vec{\imath} + \operatorname{sen}(t)\vec{k}, \tag{0.112}$$
entre los puntos dados por los parámetros inicial $t_0 = 0$ y final $t_f = 2\pi$.

8. Para el campo escalar $\rho = 3x^3 + 2zy^2$ calcule su gradiente $\vec{\nabla}\rho$, y después la divergencia de ese gradiente: $\vec{\nabla} \cdot \vec{\nabla}\rho$. Por último calcule el laplaciano $\nabla^2\rho$ y compare los resutados, ¿son iguales?

9. El campo magnético $\vec{B}$ tiene divergencia cero siempre: $\vec{\nabla} \cdot \vec{B} = 0$. ¿Es posible la existencia de un campo magnético dado por la expresión $\vec{B} = 5z\vec{k} + 3\vec{\jmath} + 8z^3\vec{k}$?

10. En una región hay un campo vectorial $\vec{B} = 5\vec{\imath} + 12\vec{\jmath}$. ¿Cuál es el valor de flujo de $\vec{B}$ que atraviesa una superficie plana caracterizada por un vector $\vec{S} = \vec{\imath} + 2\vec{k}$.

11. Demuestre que el rotacional de un gradiente es siempre cero, $\vec{\nabla} \times \vec{\nabla} f$, para cualquier campo escalar f.

Tema 1

Cinemática y dinámica de la partícula

1.1. Cinemática

En este apartado vamos a estudiar la cinématica de partículas puntuales. Esto es, vamos a estudiar el movimiento de partículas sin dimensiones sin preocuparnos de cuáles son las causas que provocan esos movimientos.

1.1.1. Movimiento de la partícula

La posición de una partícula en el espacio queda determinada mediante el vector de posición $\vec{r}$ trazado desde el origen O de un systema de referencia xyz. Si la partícula se mueve, el extremo del vector de posición $\vec{r}$ describe una curva C en el espacio que se conoce como **trayectoria del punto material**. Una trayectoria queda completamente determinada si saben los valores de las tres coordenadas en función del tiempo:

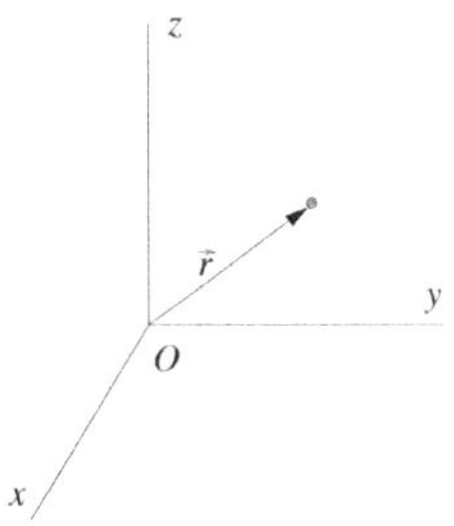

Figura 1.1 Vector de posición.

$$x = x(t), \quad y = y(t), \quad z = z(t). \tag{1.1}$$

Estas ecuaciones reciben el nombre de **ecuaciones parámetricas** de la trayectoria.

Ejemplo 1.1:

Ecuación paramétrica de la trayectoria en hélice:

$$x = \cos(\omega t)\,,\quad y = \operatorname{sen}(\omega t)\,,\quad z = kt. \tag{1.2}$$

En el caso de que la trayectoria sea plana, podemos mover el sistema de referencia hasta que el plano de la trayectoria sea el xy (o xz, o yz) y podemos eliminar el tiempo ($z = 0$) y nos queda la ecuación de la trayectoria en **forma implícita**:

$$f(x, y) = 0, \tag{1.3}$$

o en **forma explícita:**

$$y = y(x). \tag{1.4}$$

Ejemplo 1.2:

Supongamos una trayectoria plana de la forma

$$y = 3t^2 + 2;\quad x = t^3 - 1, \tag{1.5}$$

Despejamos el tiempo t de la ecuación para la x:

$$t = (x + 1)^{1/3}\,. \tag{1.6}$$

La ecuación explícita la encontramos sustituyendo la expresión de t en función de x en la función que nos da y:

$$y(x) = 3\,(x + 1)^{2/3} + 2. \tag{1.7}$$

La ecuación implícita ($f(x, y) = 0$) la obtenemos pasando y en la ecuación anterior a la derecha:

$$0 = 3\,(x + 1)^{2/3} + 2 - y \longrightarrow 0 = (x + 1)^2 - \left(\frac{y - 2}{3}\right)^3. \tag{1.8}$$

Las ecuaciones paramétricas se pueden poner de forma compacta en lo que se conoce como **ecuación vectorial de movimiento:**

$$\vec{r}(t) = x(t)\vec{\imath} + y(t)\vec{\jmath} + z(t)\vec{k}. \tag{1.9}$$

Cuando la trayectoria es conocida de antemano podemos proceder de forma distinta y tomar un punto arbitrario de la trayectoria como origen y definir un sentido positivo sobre ella. La posición en cada instante queda definida por la longitud del arco s (OP en la figura).

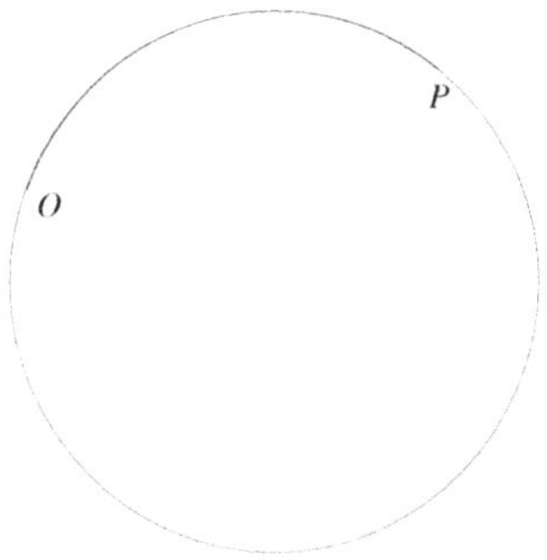

Figura 1.2 Parámetro intrínseco s sobre una trayectoria conocida.

Llamamos **ecuación intrínseca** a la que nos da el valor de s, llamado parámetro intrínseco.

$$s = s(t). \tag{1.10}$$

1.1.2. Velocidad

Vamos a considerar una partícula que describe una trayectoria curvilínea en el espacio.

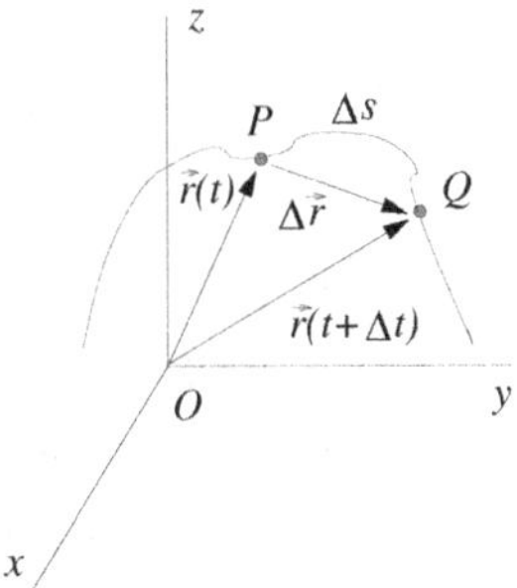

Figura 1.3 Vector desplazamiento.

Aunque la partícula se ha desplazado a lo largo del arco $\Delta s = PQ$, el desplazamiento en el intervalo t, $t + \Delta t$, es un vector (vector desplazamiento) que definimos como la diferencia en los vectores de posición, esto es:

$$\Delta \vec{r} = \vec{r}(t + \Delta t) - \vec{r}(t). \tag{1.11}$$

Vamos a llamar **velocidad media** ($\vec{v}_m$ o $\langle \vec{v} \rangle$) de la partícula durante ese desplazamiento al cociente del vector desplazamiento con el intervalo temporal transcurrido, es decir:

$$\vec{v}_m = \langle \vec{v} \rangle = \frac{\Delta \vec{r}}{\Delta t}. \tag{1.12}$$

Evidentemente, la velocidad media dependerá del intervalo de tiempo escogido. A partir de esta velocidad media, podemos definir la velocidad instantánea, $\vec{v}$, tomando el límite $\Delta t \to 0$ en la ecuación (1.12):

$$\vec{v} = \lim_{\Delta t \to 0} \frac{\Delta \vec{r}}{\Delta t}, \qquad (1.13)$$

esto coincide con la definición matemática de derivada de una función, luego la velocidad es la derivada del vector posición con respecto al tiempo.

$$\vec{v} = \frac{\mathrm{d}\vec{r}}{\mathrm{d}t} = \dot{\vec{r}}, \qquad (1.14)$$

$$\vec{v} = \frac{\mathrm{d}}{\mathrm{d}t}\left(x(t)\vec{\imath} + y(t)\vec{\jmath} + z(t)\vec{k}\right) = \frac{\mathrm{d}x(t)}{\mathrm{d}t}\vec{\imath} + \frac{\mathrm{d}y(t)}{\mathrm{d}t}\vec{\jmath} + \frac{\mathrm{d}z(t)}{\mathrm{d}t}\vec{k}. \qquad (1.15)$$

Ejemplo 1.3:

Una partícula se mueve siguiendo la trayectoria en hélice:

$$x = \operatorname{sen}\omega t \quad y = \cos\omega t \quad z = 2t. \qquad (1.16)$$

¿Cuál es el vector velocidad en cada instante?

Para calcular el vector velocidad solo tenemos que derivar respecto al tiempo cada una de las ecuaciones parámetricas.

$$v_x = \frac{\mathrm{d}x}{\mathrm{d}t} = \omega\cos\omega t, \quad v_y = \frac{\mathrm{d}y}{\mathrm{d}t} = -\omega\operatorname{sen}\omega t, \quad v_z = \frac{\mathrm{d}z}{\mathrm{d}t} = 2, \qquad (1.17)$$

y podemos escribir:

$$\vec{v} = \omega\cos(\omega t)\vec{\imath} - \omega\operatorname{sen}(\omega t)\vec{\jmath} + 2\vec{k}. \qquad (1.18)$$

Al hacer $\Delta t \to 0$, $Q \to P$, el vector $\Delta\vec{r}$ cambia en magnitud y dirección y, a su vez, lo hace $\langle\vec{v}\rangle$. En el límite cuando $Q \to P$, el vector $\Delta\vec{r}$ es tangente a la trayectoria y, por lo tanto, también lo será la velocidad instantánea $\vec{v}$. Podemos, por lo tanto, escribir la velocidad como el producto del módulo del vector por un vector unitario tangente a la trayectoria en cada punto $\vec{e}_t$.

$$\vec{v} = \left|\frac{\mathrm{d}\vec{r}}{\mathrm{d}t}\right|\vec{e}_t = v\vec{e}_t. \qquad (1.19)$$

A v se la conoce como **celeridad**. El módulo del vector desplazamiento $\Delta\vec{r}$ no coincide, en general, con la longitud de arco sobre la trayectoria Δs. Cuando hacemos el límite $\Delta t \to 0$ entonces el módulo del vector desplazamiento sí coincide con la longitud de arco recorrida sobre la trayectoria y podemos escribir v como:

$$v = \lim_{\Delta t \to 0} \frac{\Delta s}{\Delta t} = \frac{\mathrm{d}s}{\mathrm{d}t}. \qquad (1.20)$$

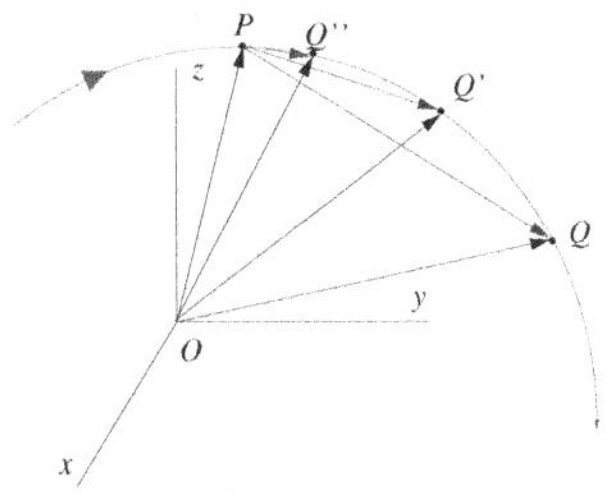

Figura 1.4 Al disminuir Δt, el módulo del vector desplazamiento $\Delta\vec{r}$ tiende a Δs.

1.1.3. Aceleración

La aceleración media la definimos de manera análoga a la velocidad, como el cociente entre la variación de la velocidad $\Delta\vec{v}$ y el intervalo temporal Δt en el que se produce esa variación.

$$\vec{a}_m = \langle\vec{a}\rangle = \frac{\Delta\vec{v}}{\Delta t}, \qquad (1.21)$$

donde $\Delta\vec{v} = \vec{v}(t + \Delta t) - \vec{v}(t)$. La aceleración instantánea $\vec{a}$ se define como el límite de la aceleración media cuando $\Delta t \to 0$

$$\vec{a} = \lim_{\Delta t \to 0} \frac{\Delta\vec{v}}{\Delta t} = \frac{\mathrm{d}\vec{v}}{\mathrm{d}t} = \frac{\mathrm{d}^2\vec{r}}{\mathrm{d}t^2} \left(= \dot{\vec{v}} = \ddot{\vec{r}}\right). \qquad (1.22)$$

Las componentes del vector aceleración (a_x, a_y, a_z) son fáciles de calcular con lo que sabemos:

$$a_x = \frac{\mathrm{d}v_x}{\mathrm{d}t} = \frac{\mathrm{d}^2x}{\mathrm{d}t^2}, \quad a_y = \frac{\mathrm{d}v_y}{\mathrm{d}t} = \frac{\mathrm{d}^2y}{\mathrm{d}t^2}, \quad a_z = \frac{\mathrm{d}v_z}{\mathrm{d}t} = \frac{\mathrm{d}^2z}{\mathrm{d}t^2}. \qquad (1.23)$$

Ejemplo 1.4:

En el ejemplo anterior teníamos una trayectoria y un vector velocidad dados por las ecuaciones (1.16) y (1.18), respectivamente. Derivando las componentes del vector velocidad respecto al tiempo obtenemos la aceleración que tiene en cada instante la partícula:

$$a_x = -\omega^2 \operatorname{sen} \omega t, \quad a_y = -\omega^2 \cos \omega t, \quad a_z = 0. \qquad (1.24)$$

Y podemos escribir el vector aceleración de la forma:

$$\vec{a} = -\omega^2 \operatorname{sen}(\omega t)\,\vec{\imath} - \omega^2 \cos(\omega t)\,\vec{\jmath}. \tag{1.25}$$

Ejemplo 1.5:

Si sabemos las aceleración de una partícula en cualquier instante y su posición y velocidad en un instante, por ejemplo para $t = 0$, podemos calcular su velocidad en cualquier instante integrando:

$$\vec{a} = \frac{\mathrm{d}\vec{v}}{\mathrm{d}t} \Rightarrow \mathrm{d}\vec{v} = \vec{a}\,\mathrm{d}t \Rightarrow \int_{\vec{v}_0}^{\vec{v}(t)} \mathrm{d}\vec{v} = \int_0^t \vec{a}\,\mathrm{d}t \Rightarrow \vec{v}(t) - \vec{v}_0 = \int_0^t \vec{a}\,\mathrm{d}t. \tag{1.26}$$

Donde hemos llamado $\vec{v}_0$ a la velocidad de la partícula en el instante $t = 0$. Si la aceleración es constante en el tiempo podemos sacarla de la integral anterior y obtener:

$$\vec{v}(t) - \vec{v}_0 = \int_0^t \vec{a}\,\mathrm{d}t = \vec{a}\int_0^t \mathrm{d}t = \vec{a}t \Rightarrow \boxed{\vec{v}(t) = \vec{a}t + \vec{v}_0.} \tag{1.27}$$

A partir de lo anterior podemos calcular la posición de la partícula, $\vec{r}(t)$, en cualquier instante también integrando:

$$\vec{v} = \frac{\mathrm{d}\vec{r}}{\mathrm{d}t} \Rightarrow \mathrm{d}\vec{r} = \vec{v}\,\mathrm{d}t = (\vec{a}\,t + v_0)\,\mathrm{d}t \Rightarrow \int_{\vec{r}_0}^{\vec{r}(t)} \mathrm{d}\vec{r} = \int_0^t (\vec{a}\,t + v_0)\,\mathrm{d}t. \tag{1.28}$$

Siendo $\vec{r}_0$ el vector de posición de la partícula en el instante $t = 0$. Haciendo las integrales anteriores, teniendo en cuenta que tanto $\vec{a}$ como $\vec{v}_0$ son constantes, llegamos a:

$$\vec{r}(t) - \vec{r}_0 = \vec{a}\int_0^t t\,\mathrm{d}t + \vec{v}_0\int_0^t \mathrm{d}t \Rightarrow \boxed{\vec{r}(t) = \frac{1}{2}\vec{a}t^2 + \vec{v}_0 t + \vec{r}_0}. \tag{1.29}$$

En el caso de movimiento en una dimensión llegamos, a partir de lo anterior, a la expresión que nos dice el espacio recorrido, $s(t)$, por una partícula con aceleración constante, a, velocidad inicial v_0 y espacio inicial s_0:

$$\boxed{s(t) = \frac{1}{2}at^2 + v_0 t + s_0.} \tag{1.30}$$

Componentes intrínsecas de la aceleración

Hemos visto que la velocidad la podemos escribir como el producto de la celeridad por un vector unitario tangente a la trayectoria, $\vec{v} = v\vec{e}_t$. Al ser la aceleración la derivada de la velocidad podemos escribir:

$$\vec{a} = \frac{\mathrm{d}}{\mathrm{d}t}(v\vec{e}_t) = \frac{\mathrm{d}v}{\mathrm{d}t}\vec{e}_t + v\frac{\mathrm{d}\vec{e}_t}{\mathrm{d}t}. \tag{1.31}$$

El vector $\vec{e}_t$ es constante en módulo (es un vector unitario), pero su dirección no tiene por qué ser constante a lo largo de una trayectoria genérica. Si la trayectoria fuera rectilínea, el vector unitario $\vec{e}_t$ sería constante y, por lo tanto, su derivada sería cero. En este último caso, la aceleración solo dependería del cambio de celeridad $\mathrm{d}v/\mathrm{d}t$.

El producto escalar de $\vec{e}_t$ por el mismo es igual a uno.

$$\vec{e}_t \cdot \vec{e}_t = 1 \implies \frac{\mathrm{d}}{\mathrm{d}t}(\vec{e}_t \cdot \vec{e}_t) = 0. \tag{1.32}$$

Desarrollamos la derivada del producto escalar y recordando que el producto escalar de dos vectores es conmutativo:

$$\frac{\mathrm{d}}{\mathrm{d}t}(\vec{e}_t \cdot \vec{e}_t) = \vec{e}_t \cdot \frac{\mathrm{d}\vec{e}_t}{\mathrm{d}t} + \frac{\mathrm{d}\vec{e}_t}{\mathrm{d}t} \cdot \vec{e}_t = 2\vec{e}_t \cdot \frac{\mathrm{d}\vec{e}_t}{\mathrm{d}t} = 0, \tag{1.33}$$

de donde deducimos que el vector $\vec{e}_t$ y el vector $\mathrm{d}\vec{e}_t/\mathrm{d}t$ son perpendiculares. Por lo tanto, la derivada del $\vec{e}_t$ es perpendicular a la trayectoria en cada punto. Además, este vector se encuentra en el plano definido por dos vectores tangentes consecutivos (o muy próximos). A este plano se le conoce como **plano osculador**.

Si trazamos las normales principales a la curva en dos puntos contiguos separados una distancia infinitesimal $\mathrm{d}s$, estas normales se cortan en un punto C llamado centro de curvatura. La distancia $\rho = CP$ es el radio de curvatura. La inversa es lo que se conoce por curvatura $\kappa = 1/\rho$. Para el caso trivial de una trayectoria rectilínea $\rho = \infty$ y $\kappa = 0$ en todos sus puntos. En general, la curvatura dependerá del punto de la trayectoria que estemos considerando. Podemos definir un nuevo vector unitario, el vector normal $\vec{e}_n$. Este vector es perpendicular a la trayectoria en cada punto y apunta hacia el centro de curvatura C. Es fácil ver que podemos expresar la derivada del vector unitario tangente $\vec{e}_t$ de la siguiente forma:

$$\frac{\mathrm{d}\vec{e}_t}{\mathrm{d}t} = \left|\frac{\mathrm{d}\vec{e}_t}{\mathrm{d}t}\right|\vec{e}_n. \tag{1.34}$$

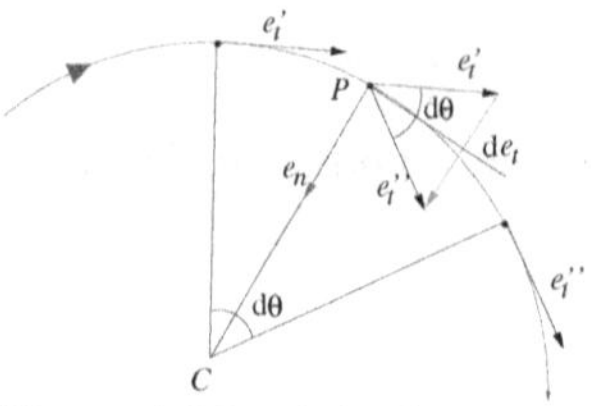

Figura 1.5 La derivada temporal de $\vec{e}_t$ está sobre el vector normal $\vec{e}_n$.

Observando la figura 1.5, vemos:

$$\left|\mathrm{d}\vec{e}_t\right| = \left|\vec{e}_t\right| 2 \operatorname{sen} \frac{\mathrm{d}\theta}{2}. \tag{1.35}$$

Al ser dθ muy pequeño (los puntos están separados una distancia infinitesimal), podemos usar la aproximación $\operatorname{sen}\theta \approx \theta$, y obtenemos:

$$\left|\mathrm{d}\vec{e}_t\right| = \left|\vec{e}_t\right| 2 \frac{\mathrm{d}\theta}{2} = \mathrm{d}\theta, \tag{1.36}$$

donde en el último paso hemos usado el hecho de que $\left|\vec{e}_t\right| = 1$. Por otro lado, $\mathrm{d}s = \rho \mathrm{d}\theta \Rightarrow \mathrm{d}\theta = \mathrm{d}s/\rho$. De ahí que podemos escribir la diferencial del vector $\vec{e}_t$ como:

$$\left|\mathrm{d}\vec{e}_t\right| = \frac{\mathrm{d}s}{\rho}, \tag{1.37}$$

y la derivada:

$$\left|\frac{\mathrm{d}\vec{e}_t}{\mathrm{d}t}\right| = \frac{1}{\rho}\frac{\mathrm{d}s}{\mathrm{d}t} = \frac{v}{\rho}. \tag{1.38}$$

Usando la ecuación (1.34), tenemos:

$$\frac{\mathrm{d}\vec{e}_t}{\mathrm{d}t} = \frac{1}{\rho}\frac{\mathrm{d}s}{\mathrm{d}t}\vec{e}_n = \frac{v}{\rho}\vec{e}_n. \tag{1.39}$$

Podemos ahora escribir la ecuación (1.31) de la siguiente forma:

$$\vec{a} = \frac{\mathrm{d}v}{\mathrm{d}t}\vec{e}_t + \frac{v^2}{\rho}\vec{e}_n, \tag{1.40}$$

o bien:

$$\vec{a} = a_t\vec{e}_t + a_c\vec{e}_n. \tag{1.41}$$

Donde $a_t = \mathrm{d}v/\mathrm{d}t$ es la aceleración tangencial y $a_c = v^2/\rho$ es la aceleración centrípeta. Estas son las **componentes intrínsecas de la aceleración**.

Obtención de las componentes intrínsecas de la aceleración

Para obtener la componente tangencial de la aceleración a_t vamos a multiplicar la ecuación (1.41) escalarmente por el vector velocidad:

$$\vec{v} \cdot \vec{a} = v\vec{e}_t \cdot (a_t\vec{e}_t + a_c\vec{e}_n) = va_t\vec{e}_t \cdot \vec{e}_t + va_c\vec{e}_t \cdot \vec{e}_n = va_t, \tag{1.42}$$

donde en el último paso hemos usado $\vec{e}_t \cdot \vec{e}_t = 1$ y $\vec{e}_t \cdot \vec{e}_n = 0$. En definitiva, podemos calcular a_t con la siguiente expresión:

$$a_t = \frac{\vec{v} \cdot \vec{a}}{v}. \tag{1.43}$$

Para calcular a_c vamos a multiplicar $\vec{a}$ vectorialmente por $\vec{v}$:

$$\vec{v} \times \vec{a} = v\vec{e}_t \times (a_t\vec{e}_t + a_c\vec{e}_n) = va_t\vec{e}_t \times \vec{e}_t + va_c\vec{e}_t \times \vec{e}_n = va_c\vec{e}_b, \tag{1.44}$$

En último paso hemos aprovechado la propiedad del producto vectorial $\vec{e}_t \times \vec{e}_t = 0$ y la definición del vector binormal $\vec{e}_t \times \vec{e}_n = \vec{e}_b$. Como lo que nos interesa es el valor de a_c, tomamos el módulo del producto $|\vec{v} \times \vec{a}| = va_c$ y nos queda la expresión buscada:

$$a_c = \frac{|\vec{v} \times \vec{a}|}{v}. \tag{1.45}$$

Triedro móvil

Hasta ahora nos han aparecido los vectores unitarios tangente $\vec{e}_t$ y normal $\vec{e}_n$. Podemos definir un nuevo vector unitario conocido como vector binormal $\vec{e}_b$ de la siguiente forma:

$$\vec{e}_b = \vec{e}_t \times \vec{e}_n. \tag{1.46}$$

Estos tres vectores unitarios nos definen un triedro conocido como el **triedro intrínseco** o **triedro de Frenet**. Como este triedro acompaña a la partícula en su movimiento también se le conoce como **triedro móvil**. Antes hemos dicho que los vectores $\vec{e}_t$ y $\vec{e}_n$ definen el plano osculador. Con el nuevo vector $\vec{e}_b$ podemos definir dos nuevos planos de la trayectoria en cada punto. Por un lado tenemos el plano que forman $\vec{e}_b$ con $\vec{e}_n$ que se conoce como **plano normal** y, por otro lado, el plano que forman el vector $\vec{e}_b$ con $\vec{e}_t$ llamado **plano rectificante**.

1.1.4. Coordenadas polares

Cuando el movimiento bajo estudio tiene lugar en un plano es a veces conveniente emplear el sistema de coordenadas polares. En el sistema cartesiano, la posición de un punto en un plano viene especificada por sus coordenadas x e y. En el sistema de coordenadas polares la posición viene especificada por la distancia del punto P al origen del sistema de referencia y por el ángulo θ formado por la recta que pasa por el origen y el punto P y el eje de abcisas.

Podemos pasar de coordenadas cartesianas a coordenadas polares usando las expresiones:

$$x = r\cos\theta, \quad y = r\operatorname{sen}\theta. \tag{1.47}$$

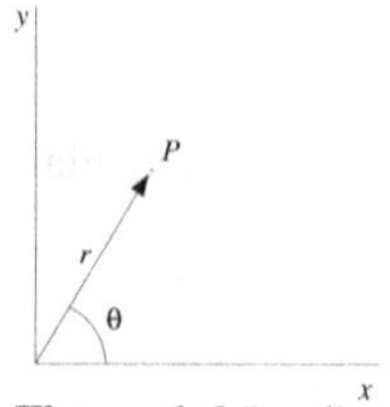

Figura 1.6 La distancia r del punto al origen del sistema de referencia y el ángulo θ determinan la posición de un punto en coordenadas polares.

Los vectores unitarios que forman la base del sistema de referencia en coordenadas polares son $\vec{e}_r$ y $\vec{e}_\theta$. En la figura 1.7 los podemos ver representados gráficamente. Podemos escribir estos vectores en función de los vectores unitarios cartesianos $\vec{\imath}$ y $\vec{\jmath}$:

$$\vec{e}_r = \cos\theta\vec{\imath} + \operatorname{sen}\theta\vec{\jmath}, \qquad \vec{e}_\theta = -\operatorname{sen}\theta\vec{\imath} + \cos\theta\vec{\jmath}. \tag{1.48}$$

El vector de posición en coordenadas cartesianas lo expresamos de la forma:

$$\vec{r} = x\vec{\imath} + y\vec{\jmath}, \tag{1.49}$$

si sustituimos los valores de x e y según (1.47) llegamos a:

$$\vec{r} = r\cos\theta\vec{\imath} + r\operatorname{sen}\theta\vec{\jmath} = r\left(\cos\theta\vec{\imath} + \operatorname{sen}\theta\vec{\jmath}\right). \tag{1.50}$$

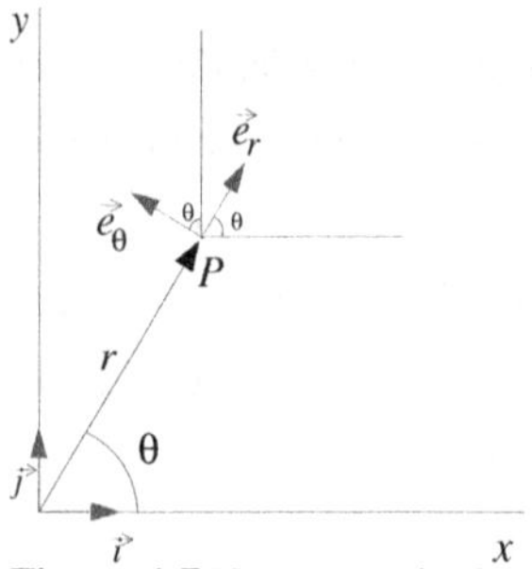

Figura 1.7 Vectores unitarios de referencia en el sistema de coordenadas polares.

Comprobamos que el término entre paréntesis es precisamente $\vec{e}_r$, ecuación (1.48), luego:

$$\vec{r} = r\vec{e}_r, \tag{1.51}$$

es la expresión del vector de posición en función de los vectores de referencia polares. En este caso no aparece el vector de la base $\vec{e}_\theta$. La importancia de este vector la podemos ver al derivar expresiones en coordenadas polares. Vamos a calcular las derivadas de $\vec{e}_r$ y $\vec{e}_\theta$ respecto del tiempo t y del ángulo θ. Comencemos por las derivadas respecto del tiempo:

$$\frac{\mathrm{d}\vec{e}_r}{\mathrm{d}t} = \frac{\mathrm{d}}{\mathrm{d}t}(\cos\theta\vec{\imath} + \operatorname{sen}\theta\vec{\jmath}) = -\operatorname{sen}\theta\frac{\mathrm{d}\theta}{\mathrm{d}t}\vec{\imath} + \cos\theta\frac{\mathrm{d}\theta}{\mathrm{d}t}\vec{\jmath} = \frac{\mathrm{d}\theta}{\mathrm{d}t}\vec{e}_\theta. \tag{1.52}$$

$$\frac{\mathrm{d}\vec{e}_\theta}{\mathrm{d}t} = \frac{\mathrm{d}}{\mathrm{d}t}(-\operatorname{sen}\theta\vec{\imath} + \cos\theta\vec{\jmath}) = -\cos\frac{\mathrm{d}\theta}{\mathrm{d}t}\vec{\imath} - \operatorname{sen}\frac{\mathrm{d}\theta}{\mathrm{d}t}\vec{\jmath} = -\frac{\mathrm{d}\theta}{\mathrm{d}t}\vec{e}_r. \tag{1.53}$$

Veamos ahora las derivadas respecto a θ,

$$\frac{\mathrm{d}\vec{e}_r}{\mathrm{d}\theta} = \frac{\mathrm{d}}{\mathrm{d}\theta}(\cos\theta\vec{\imath} + \operatorname{sen}\theta) = -\operatorname{sen}\theta\vec{\imath} + \cos\theta\vec{\jmath} = \vec{e}_\theta. \tag{1.54}$$

$$\frac{\mathrm{d}\vec{e}_\theta}{\mathrm{d}\theta} = \frac{\mathrm{d}}{\mathrm{d}\theta}(-\operatorname{sen}\theta\vec{\imath} + \cos\theta\vec{\jmath}) = -\cos\theta\vec{\imath} - \operatorname{sen}\theta\vec{\jmath} = -\vec{e}_r. \tag{1.55}$$

Una vez visto esto podemos obtener las expresiones de la velocidad y la aceleración en coordenadas polares. Para obtener las velocidad derivamos la ecuación (1.51) respecto del tiempo:

$$\vec{v} = \frac{\mathrm{d}\vec{r}}{\mathrm{d}t} = \frac{\mathrm{d}}{\mathrm{d}t}(r\vec{e}_r) = \frac{\mathrm{d}r}{\mathrm{d}t}\vec{e}_r + r\frac{\mathrm{d}\vec{e}_r}{\mathrm{d}t} = \frac{\mathrm{d}r}{\mathrm{d}t}\vec{e}_r + r\frac{\mathrm{d}\theta}{\mathrm{d}t}\vec{e}_\theta, \tag{1.56}$$

y podemos escribir:

$$\vec{v} = v_r\vec{e}_r + v_\theta\vec{e}_\theta, \tag{1.57}$$

donde $v_r = \mathrm{d}r/\mathrm{d}t$ es la velocidad radial y $v_\theta = r\mathrm{d}\theta/\mathrm{d}t = r\omega$, ω es la velocidad angular.

Para calcular la aceleración derivamos respecto al tiempo la ecuación (1.57).

$$\vec{a} = \frac{\mathrm{d}\vec{v}}{\mathrm{d}t} = \frac{\mathrm{d}}{\mathrm{d}t}\left(\frac{\mathrm{d}r}{\mathrm{d}t}\vec{e}_r + r\frac{\mathrm{d}\theta}{\mathrm{d}t}\vec{e}_\theta\right) = \frac{\mathrm{d}^2r}{\mathrm{d}t^2}\vec{e}_r + \frac{\mathrm{d}r}{\mathrm{d}t}\frac{\mathrm{d}\vec{e}_r}{\mathrm{d}t} + \frac{\mathrm{d}r}{\mathrm{d}t}\frac{\mathrm{d}\theta}{\mathrm{d}t}\vec{e}_\theta + r\frac{\mathrm{d}^2\theta}{\mathrm{d}t^2}\vec{e}_\theta + r\frac{\mathrm{d}\theta}{\mathrm{d}t}\frac{\mathrm{d}\vec{e}_\theta}{\mathrm{d}t}. \tag{1.58}$$

Sustituyendo las derivadas de los vectores unitarios, ecuaciones (1.52) y (1.53), en la ecuación anterior y reagrupando obtenemos:

$$\vec{a} = \left[\frac{\mathrm{d}^2r}{\mathrm{d}t^2} - r\left(\frac{\mathrm{d}\theta}{\mathrm{d}t}\right)^2\right]\vec{e}_r + \left[r\frac{\mathrm{d}^2\theta}{\mathrm{d}t^2} + 2\frac{\mathrm{d}r}{\mathrm{d}t}\frac{\mathrm{d}\theta}{\mathrm{d}t}\right]\vec{e}_\theta = \vec{a}_r + \vec{a}_\theta. \tag{1.59}$$

Movimiento circular

Un movimiento muy sencillo de estudiar, pero que es muy útil, es el movimiento circular. Este es un caso particular de movimiento plano donde la partícula describe una trayectoria circular. Para estudiarlo con más comodidad vamos a situar el origen del sistema de referencia en el centro de la trayectoria circular descrita por la partícula. Vamos a usar coordenadas polares. La velocidad viene dada por la expresión (1.57) donde $v_r = 0$. Luego la velocidad en este tipo de movimientos es simplemente:

$$\vec{v} = v_\theta \vec{e}_\theta, \tag{1.60}$$

donde $v_\theta = R\mathrm{d}\theta/\mathrm{d}t$. Escribimos R, ya que r en este caso coincide con el radio de la trayectoria circular. R es constante en todo momento y podemos poner $R\mathrm{d}\theta = \mathrm{d}(R\theta) = \mathrm{d}s$, siendo s el arco descrito por la partícula sobre la trayectoria circular. En otras palabras, v_θ es simplemente la celeridad o velocidad lineal de la partícula que podemos escribir como v. Matemáticamente:

$$R\omega = R\frac{\mathrm{d}\theta}{\mathrm{d}t} = v. \tag{1.61}$$

La aceleración la obtenemos de la ecuación (1.59) teniendo en cuenta que cualquier derivada de r es cero:

$$\vec{a} = -\frac{v^2}{R}\vec{e}_r + R\alpha\vec{e}_\theta, \tag{1.62}$$

donde hemos usado (1.61) y donde $\alpha = \mathrm{d}^2\theta/\mathrm{d}t^2$ es la aceleración angular (se mide en rad/s^2). El primer termino es claramente la aceleración centrípeta. El signo menos es porque $\vec{e}_r = -\vec{e}_n$ en este caso.

En el movimiento circular, la velocidad angular ω y la aceleración angular α se pueden representar por medio de vectores, $\vec{\omega}$ y $\vec{\alpha}$. La dirección de estos vectores es la recta perpendicular al plano del movimiento circular y el sentido de $\vec{\omega}$ viene indicado por el pulgar de la mano derecha si el resto de dedos los colocamos según el sentido del movimiento. El sentido de $\vec{\alpha}$ coincide con el sentido de $\vec{\omega}$ si el módulo de este último vector aumenta con el tiempo y sentido contrario si disminuye el módulo de $\vec{\omega}$. El vector velocidad angular en el movimiento circular lo podemos definir, también, a través de la relación:

$$\vec{v} = \vec{\omega} \times \vec{r}. \tag{1.63}$$

Es fácil comprobar que la dirección y sentido para $\vec{\omega}$ definidas en el párrafo anterior son consistentes con la ecuación (1.63). Como $\vec{v} = \mathrm{d}\vec{r}/\mathrm{d}t$ podemos reescribir (1.63) de la siguiente forma:

$$\frac{\mathrm{d}\vec{r}}{\mathrm{d}t} = \vec{\omega} \times \vec{r}. \tag{1.64}$$

La expresión (1.64), que se conoce como **fórmula de Poisson**, es válida para cualquier vector $\vec{r}$ que en el tiempo describa un movimiento circular y que nos será de utilidad más adelante. En la demostración 1.1 vemos cómo deducir la fórmula de Poisson (1.64).

Demostración 1.1:

Si tenemos un vector cualquiera, $\vec{r}$, que en el tiempo describe un movimiento circular con velocidad ω, podemos escribirlo como la suma de una componente paralela al eje de rotación, $\vec{r}_{\parallel}$, más una componente perpendicular al eje de rotación, $\vec{r}_{\perp}$. Esta última es constante en el tiempo, por lo que:

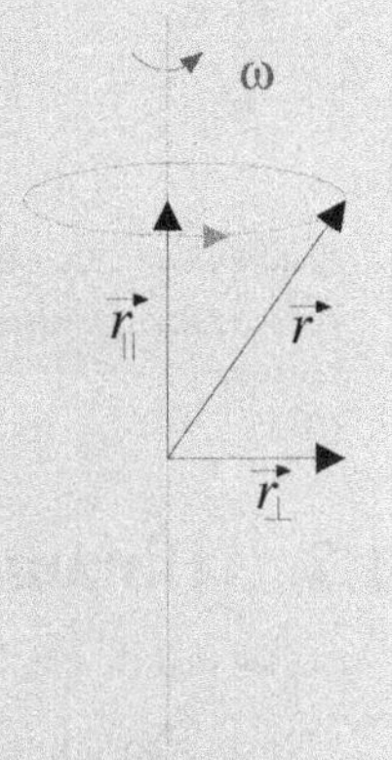

$$\frac{\mathrm{d}\vec{r}}{\mathrm{d}t} = \frac{\mathrm{d}(\vec{r}_{\parallel} + \vec{r}_{\perp})}{\mathrm{d}t} = \cancel{\frac{\mathrm{d}\vec{r}_{\parallel}}{\mathrm{d}t}} + \frac{\mathrm{d}\vec{r}_{\perp}}{\mathrm{d}t} = \frac{\mathrm{d}\vec{r}_{\perp}}{\mathrm{d}t}. \tag{1.65}$$

El vector $\vec{r}_{\perp}$ lo vamos a escribir como su módulo por un vector unitario,$\vec{e}_{\perp}$ con su misma dirección y sentido:

$$\vec{r}_{\perp} = r_{\perp}\vec{e}_{\perp} = r_{\perp}\left(\vec{e}_t \times e_{\parallel}\right), \tag{1.66}$$

donde $\vec{e}_t$ es el vector unitario tangente a la trayectoria circular descrita por el extremo del vector. Según el sentido de movimiento tendremos $e_{\perp} = \vec{e}_t \times e_{\parallel}$, como en la figura, o $e_{\perp} = -\vec{e}_t \times e_{\parallel}$ si invertimos el sentido de rotación. El vector $\vec{e}_{\parallel}$ es unitario y con la misma dirección y sentido que $\vec{r}_{\parallel}$. Al ser una trayectoria circular, $r_{\perp}$ no varía, ya que es el radio de esa trayectoria.

$$\frac{\mathrm{d}\vec{r}}{\mathrm{d}t} = \frac{\mathrm{d}\vec{r}_{\perp}}{\mathrm{d}t} = \frac{\mathrm{d}}{\mathrm{d}t}\left(r_{\perp}\left(\vec{e}_t \times e_{\parallel}\right)\right) = r_{\perp}\frac{\mathrm{d}}{\mathrm{d}t}\left(\vec{e}_t \times e_{\parallel}\right). \tag{1.67}$$

Usando la regla de la derivada del producto:

$$\frac{\mathrm{d}}{\mathrm{d}t}\left(\vec{e}_t \times e_{\parallel}\right) = \frac{\mathrm{d}\vec{e}_t}{\mathrm{d}t} \times \vec{e}_{\parallel} + \vec{e}_t \times \frac{\mathrm{d}\vec{e}_{\parallel}}{\mathrm{d}t} = \frac{v}{r_{\perp}}\vec{e}_n \times \vec{e}_{\parallel}. \tag{1.68}$$

Donde hemos usado que $\vec{e}_{\parallel}$ es un vector constante y el valor de la derivada de $\vec{e}_t$ que dedujimos anteriormente. Tenemos que $\vec{e}_n = -\vec{e}_{\perp}$ y que $v = \omega r_{\perp}$:

$$\frac{v}{r_{\perp}}\vec{e}_n \times \vec{e}_{\parallel} = -\omega\vec{e}_{\perp} \times \vec{e}_{\parallel} = \omega\vec{e}_{\parallel} \times \vec{e}_{\perp}. \tag{1.69}$$

Sustituyendo en (1.67):

$$\frac{\mathrm{d}\vec{r}}{\mathrm{d}t} = r_\perp \omega \vec{e}_\parallel \times e_\perp = \omega \vec{e}_\parallel \times r_\perp \vec{e}_\perp = \vec{\omega} \times \vec{r}_\perp. \tag{1.70}$$

Donde hemos llamado vector velocidad angular, $\vec{\omega}$, al vector de módulo ω y con la dirección y sentido del vector $\vec{e}_\parallel$ (o sentido contrario si invertimos el sentido de movimiento del vector), que recordemos que es paralelo al eje de rotación del vector. Como $\vec{\omega}$ y $\vec{r}_\parallel$ son paralelos, $\vec{\omega} \times \vec{r}_\parallel = 0$, podemos escribir:

$$\frac{\mathrm{d}\vec{r}}{\mathrm{d}t} = \omega \times \vec{r}_\perp + \omega \times \vec{r}_\parallel \quad \Rightarrow \quad \boxed{\frac{\mathrm{d}\vec{r}}{\mathrm{d}t} = \vec{\omega} \times \vec{r}.} \tag{1.71}$$

Que se conoce como fórmula de Poisson y que es válida para cualquier vector que describa un movimiento circular.

1.2. Dinámica de la partícula

Hasta ahora hemos estudiado el movimiento de partículas sin preocuparnos por las causas del mismo. En esta sección vamos a introducir el concepto de fuerza que es el origen último de las aceleraciones que podemos medir en los objetos.

1.2.1. Leyes de Newton

I Todo cuerpo permanece en su estado de reposo o movimiento rectilíneo y uniforme a menos que se le obligue a variar dicho estado mediante fuerzas que actúen sobre él.

II La variación del movimiento de un cuerpo es directamente proporcional a la fuerza que actúa e inversamente proporcional a la masa del cuerpo. Además, se realiza en la recta en que actúa la fuerza. En términos matemáticos:

$$\vec{F} = m\vec{a}. \tag{1.72}$$

III A toda acción se le opone siempre una reacción igual. Es decir, las acciones mutuas entre dos cuerpos son siempre iguales y de sentidos opuestos.

Ley de la inercia

Todo sistema de referencia que verifica la primera ley de Newton se conoce como **sistema de referencia inercial**. Los sistemas de referencia que están sujetos a aceleraciones son **sistemas de referencia no inerciales**. Un observador en un sistema de referencia no inercial mide en los objetos las aceleraciones a las que está sujeto el sistema de referencia y por la segunda ley de Newton las asocia a la existencia de ciertas fuerzas. Estas fuerzas son ficticias y se conocen como **fuerzas de inercia**.

Ejemplo 1.6:

Un ejemplo claro de fuerza de inercia es la fuerza centrífuga. Imaginemos un contenedor describiendo un movimiento circular como en la figura. Cualquier observador que tome como sistema de referencia el contenedor medirá una aceleración $\vec{a'}_c$ sobre cualquier objeto en el interior. El observador podrá achacar esta aceleración a la existencia de una fuerza. Esta fuerza es una fuerza ficticia y, en este caso, recibe el nombre de **fuerza centrífuga**. La aceleración $\vec{a'}_c$ que sufren los objetos en el interior está relacionada con la aceleración centrípeta $\vec{a}_c$ por la expresión $\vec{a'}_c = -\vec{a}_c$.

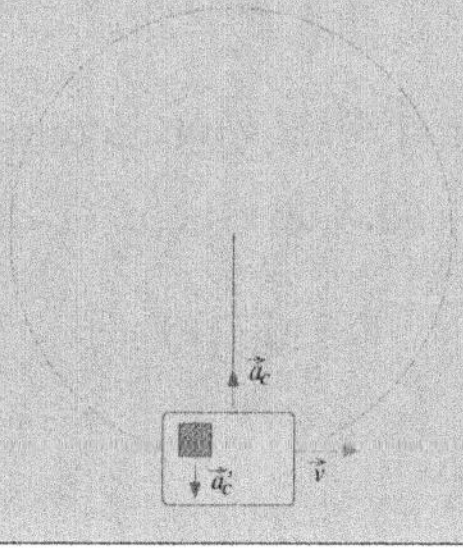

En general, un observador ligado a un sistema de referencia no inercial (esto es, aquel sistema de referencia que tiene una aceleración $\vec{a}$) percibe en todos los objetos una aceleración $\vec{a'} = -\vec{a}$.

Principio de relatividad de Galileo

Consideremos dos sistemas de referencia (SR) O y O' que se mueven uno con respecto al otro con movimiento de traslación uniforme, esto es, los SR no están rotando. Un observador ligado a O ve al sistema de referencia O' moviéndose con velocidad $\vec{V}$ mientras que un observador ligado a O' ve a O moviéndose con una velocidad $-\vec{V}$. Estamos interesados en comparar sus descripciones del movimiento de un objeto. Supongamos que los sistemas de referencia tienen sus ejes (ver figura 1.8) paralelos y el movimiento se produce según el eje x. Hemos dicho que la velocidad es constante y además vamos a considerar el instante inicial ($t = 0$) cuando O y O' coinciden. Entonces el vector que va de O a O', $\overrightarrow{OO'}$, lo podemos escribir como:

$$\overrightarrow{OO'} = \vec{V}t. \tag{1.73}$$

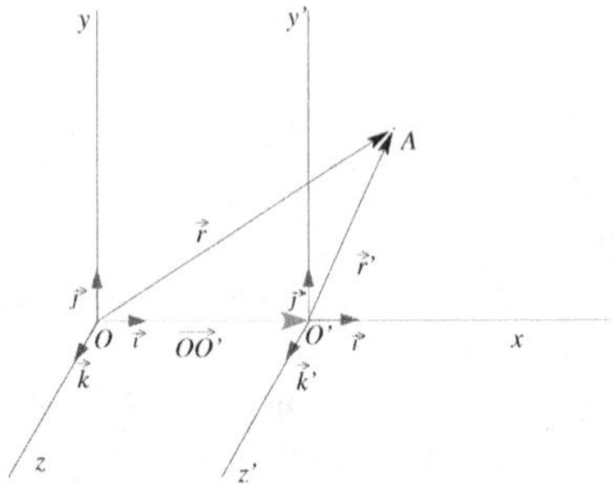

Figura 1.8 El sistema de referencia con origen en O' se mueve con velocidad $\vec{V}$ respecto del sistema con origen en O.

En nuestro caso particular $\vec{V} = V\vec{\imath}$. Consideremos ahora una partícula material A en movimiento. Las coordenadas de esta partícula según el sistema O son:

$$\vec{r} = x\vec{\imath} + y\vec{\jmath} + z\vec{k}, \tag{1.74}$$

y según el sistema O' son:

$$\vec{r}' = x'\vec{\imath}' + y'\vec{\jmath}' + z'\vec{k}'. \tag{1.75}$$

De la figura 1.8 vemos que:

$$\vec{r} = \overrightarrow{OO'} + \vec{r}' \quad \Longrightarrow \quad \vec{r}' = \vec{r} - \vec{V}t. \tag{1.76}$$

$\vec{V}$ solo tiene componente según el eje x. Desarrollando la última expresión encontramos la relación entre las coordenadas de los dos sistemas de referencia.

$$x' = x - Vt, \quad y', \quad z' = z, \quad t' = t. \tag{1.77}$$

Hemos añadido $t' = t$ a las tres ecuaciones espaciales para enfatizar el hecho de que estamos usando el mismo tiempo, es decir, estamos suponiendo que la medición de intervalos temporales es independiente del movimiento del observador.

Las ecuaciones (1.77) son las ecuaciones de transformación galileana o transformaciones de Galileo.

Derivando la última expresión de (1.76) llegamos a:

$$\frac{\mathrm{d}\vec{r'}}{\mathrm{d}t} = \frac{\mathrm{d}\vec{r}}{\mathrm{d}t} - \vec{V} \quad \Longrightarrow \quad \vec{v'} = \vec{v} - \vec{V}. \tag{1.78}$$

$\vec{v'}$ es la velocidad de la partícula A medida por en el SR O' y $\vec{v}$ es la velocidad de A en O. Si derivamos (1.78) respecto del tiempo obtenemos la relación entre aceleraciones en los dos sistemas. Como V es constante nos queda simplemente:

$$\vec{a'} = \vec{a}, \tag{1.79}$$

es decir, la aceleración que sufre una partícula (o sea, la fuerza) es la misma para todos los observadores en movimiento de traslación uniforme. En los sistemas de referencia inerciales, las fuerzas medidas son las mismas para todos.

Tema avanzado: Relatividad especial.

Antes hemos dicho que hacíamos $t = t'$ y esto puede parecer un asunto trivial. En realidad, la medición de intervalos temporales puede estar afectada por el movimiento relativo de los observadores. Las ecuaciones de transformación de Galileo son un caso particular de las ecuaciones de transformación de la relatividad especial de Einstein, también llamadas **transformaciones de Lorentz**, y que incluimos a continuación para una situación similar:

$$x = \gamma(x' + Vt'), \quad y = y', \quad z = z', \quad t = \gamma\left(t' + \frac{V}{c^2}x'\right). \quad \gamma = \frac{1}{\left(1 - \frac{V^2}{c^2}\right)^{1/2}}. \tag{1.80}$$

Donde c es la velocidad de la luz en el vacío. Es fácil comprobar que para V pequeña comparada con la velocidad de la luz obtenemos las ecuaciones de Galileo (1.77).

Podemos deducir las transformaciones de Lorentz a partir del postulado de que el intervalo espaciotemporal entre dos eventos es el mismo para cualquier observador en un sistema de referencia inercial. Vamos a definir ese intervalo espaciotemporal entre dos eventos como:

$$\Delta x^2 + \Delta y^2 + \Delta z^2 - c^2 \Delta t^2, \tag{1.81}$$

donde $\Delta x^2 + \Delta y^2 + \Delta z^2$ es el cuadrado de la distancia entre los eventos y Δt es el intervalo temporal entre eventos. La invariancia de ese intervalo temporal entre dos eventos cualquiera lo escribimos como:

$$\Delta x^2 + \Delta y^2 + \Delta z^2 - c^2 \Delta t^2 = \Delta x'^2 + \Delta y'^2 + \Delta z'^2 - c^2 \Delta t'^2. \tag{1.82}$$

En una situación como la que usamos cuando hablamos del principio de relatividad de Galileo y tomando como primer evento cuando los orígenes del sistema de referencia coinciden (y tomando el t y t' igual a cero en ese instante), la invariancia del intervalo espaciotemporal entre ese primer evento y otro cualquiera en (x, t) para el primer sistema de referencia y (x', t') para el segundo sistema sería:

$$x^2 - c^2 t^2 = x'^2 - c^2 t'^2. \tag{1.83}$$

Vamos a deducir las transformaciones de Lorentz a partir de lo anterior. Se verifica que $y = y'$ y $z = z'$ por producirse el movimiento entre ambos sistemas solo en el eje x.

Para las otras dos coordenadas espaciotemporales escribimos de forma genérica:

$$\begin{aligned} x &= ax' + bt' \\ ct &= dx' + et'. \end{aligned} \tag{1.84}$$

Siendo a, b, d y e parámetros a determinar. Para ello vamos a introducir lo anterior en la (1.83):

$$(ax' + bt')^2 - (dx' + et')^2 = x'^2 - c^2 t'^2. \tag{1.85}$$

Con un poco de álgebra obtenemos:

$$(a^2 - d^2)x'^2 + 2(ab - ed)t'x' + (b^2 - e^2)t'^2 = x'^2 - c^2 t'^2. \tag{1.86}$$

Lo que implica que se tienen que verificar las igualdades:

$$a^2 - d^2 = 1, \quad b^2 - e^2 = -c^2 \quad \text{y} \quad ab - ed = 0. \tag{1.87}$$

Recordando que las funciones hiperbólicas verifican la igualdad:

$$\cosh^2\theta - \operatorname{senh}^2\theta = 1, \tag{1.88}$$

podemos comprobar fácilmente que:

$$a = \cosh\theta, \quad b = c\sinh\theta, \quad d = \sinh\theta \quad \text{y} \quad e = c\cosh\theta, \tag{1.89}$$

viendo que verifican las expresiones de (1.87). Introducimos esto en (1.84) para el caso $x' = 0$:

$$\begin{aligned} x &= \operatorname{senh}\theta\, t' \\ ct &= \cosh\theta\, t'. \end{aligned} \tag{1.90}$$

Dividiendo las dos expresiones:

$$\frac{x}{ct} = \frac{\operatorname{senh}\theta\, \cancel{t'}}{\cosh\theta\, \cancel{t'}} \quad \Rightarrow \quad \frac{V}{c} = \tanh\theta, \tag{1.91}$$

ya que $x/t = V$, la velocidad relativa entre ambos sistemas de referencia.

Usando más propiedades de las funciones hiperbólicas:

$$\cosh\theta = \frac{1}{\sqrt{1 - \tanh^2\theta}} \quad \Rightarrow \quad a = \frac{1}{\sqrt{1 - \frac{V^2}{c^2}}} \quad \text{y} \quad e = \frac{c}{\sqrt{1 - \frac{V^2}{c^2}}}. \tag{1.92}$$

$$\operatorname{senh}\theta = \frac{\tanh\theta}{\sqrt{1 - \tanh^2\theta}} \quad \Rightarrow \quad b = \frac{V}{\sqrt{1 - \frac{V^2}{c^2}}} \quad \text{y} \quad d = \frac{V/c}{\sqrt{1 - \frac{V^2}{c^2}}}. \tag{1.93}$$

Sustituyendo (1.92) y (1.93) en (1.84) nos da las transformaciones de Lorentz (1.80).

1.2.2. Peso de los cuerpos

La fuerza con que la Tierra atrae a los cuerpos se llama **peso** y se llama **peso aparente** a la fuerza que equilibra el peso de un cuerpo. Cuando no existe ninguna fuerza que contrarreste el peso del cuerpo estamos en una situación de ingravidez, como en el caso de caída libre.

Cualquier objeto en caída libre en la superficie de la tierra sufre una aceleración $\vec{g}$ independiente de la masa del cuerpo y cuyo módulo es aproximadamente 9,8 m/s^2. Usando la segunda ley de Newton vemos que el peso de un cuerpo de masa m es:

$$\vec{P} = m\vec{g}. \tag{1.94}$$

Por lo tanto, el peso de un cuerpo se mide en el Sistema Internacional (SI) o MKS en newtons. Es decir, un objeto de masa 1 kg pesa 9,8 newtons. Cuando decimos que algo pesa 1 Kg, en realidad estamos usando el sistema técnico o terrestre en el que se define la unidad de fuerza (kilogramo fuerza o kilopondio) como la fuerza con la que es atraída una masa de un kilogramo. Por lo tanto, un kilogramo fuerza son 9,8 m/s^2· 1 kg=9,8 N en el sistema internacional.

1.3. Fuerzas de rozamiento

Estas son fuerzas que aparecen entre superficies en contacto y se oponen o tratan de impedir el movimiento relativo entre ellas. Las podemos dividir en dos tipos: estático y cinético.

1.3.1. Fuerzas de rozamiento estático

Estas fuerzas de rozamiento se producen entre superficies en contacto y sin movimiento relativo entre ellas. Aparecen cuando algún agente intenta iniciar un movimiento relativo entre esas superficies. El valor máximo de la fuerza de rozamiento estático viene dado por la expresión:

$$f_{e;max} = \mu_e N, \tag{1.95}$$

donde μ_e es lo que se denomina **coeficiente de rozamiento estático** y su valor depende del tipo de superficies en contacto. Este coeficiente se obtiene por procedimientos fenomenológicos. N es la fuerza normal que mantiene las superficies en contacto. Cuando el agente produce una fuerza de valor superior al máximo del rozamiento estático entonces se inicia el movimiento relativo entre superficies y entra en juego el rozamiento cinético, que vamos a ver en el apartado siguiente.

1.3.2. Fuerzas de rozamiento cinético

Estas fuerzas, que también se las conoce como **rozamiento dinámico**, se oponen al movimiento relativo de dos superficies en contacto. Su valor viene dado por:

$$f_c = \mu_c N, \tag{1.96}$$

donde μ_c es el **coeficiente de rozamiento cinético**, cuyo valor depende del tipo de superficies en contacto. N es también la fuerza normal que mantiene las superficies en contacto. Tanto μ_e como μ_c son adimensionales. En general, para dos superficies encontramos que $\mu_e \geq \mu_c$. En la tabla 1.2 vemos algunos ejemplos de coeficientes de rozamiento.

Ejemplo 1.7:

Tenemos un objeto de masa m situado en un plano inclinado un ángulo θ, como en la figura. Si podemos variar el valor de θ vamos a obtener el ángulo máximo que puede tener el plano inclinado para que el objeto no deslice sabiendo que el coeficiente de rozamiento estático es μ_e. En el problema tenemos tres fuerzas involucradas: el peso P, la fuerza de rozamiento estático entre el objeto y el plano, f_e, y la reacción normal del plano R. Para que el objeto esté en reposo estas fuerzas se tienen que anular. Vamos a descomponer el peso, P, en sus componentes tangencial, P_T, y normal, P_N, al plano. El ángulo que forma el peso con su componente normal es igual al ángulo del plano inclinado y tenemos:

$$P_N = mg\cos\theta \quad \text{y} \quad P_T = mg\,\text{sen}\,\theta. \tag{1.97}$$

Para que el objeto esté en reposo se tiene que dar que la reacción del plano cancele a la componente normal del plano y la fuerza de rozamiento estático cancele la componente normal del peso y, de esta manera, la fuerza neta sobre el objeto es cero:

$$R = mg\cos\theta \quad \text{y} \quad f_e = mg\,\text{sen}\,\theta. \tag{1.98}$$

Por lo tanto, la fuerza de rozamiento estático es igual a la componente tangencial del peso, pero de sentido contrario. La fuerza de rozamiento estático tiene un valor máximo que viene dado por:

$$f_{e;\max} = \mu_e P_N = \mu_e mg\cos\theta. \tag{1.99}$$

Cuando la componente tangencial del peso, que va aumentando con θ, sea igual a $f_{e;\max}$, que disminuye con θ, alcanzamos el ángulo máximo θ_c:

$$\cancel{mg}\,\text{sen}\,\theta_c = \mu_e \cancel{mg}\cos\theta_c \quad \Rightarrow \quad \mu_e = \frac{\text{sen}\,\theta_c}{\cos\theta_c} = \tan\theta_c \quad \Rightarrow \quad \boxed{\theta_c = \tan^{-1}\mu_e.} \tag{1.100}$$

Para ángulos mayores que θ_c el objeto deslizaría por el plano inclinado sujeto a una fuerza neta F_n dada por la diferencia de la componente tangencial de peso menos la fuerza de rozamiento cinético f_c. Podemos calcular la aceleración de caída a:

$$\begin{aligned} F_n = P_T - f_c = mg\,\text{sen}\,\theta - \mu_c mg\cos\theta \quad &\Rightarrow \\ \cancel{m}a = \cancel{m}g\,(\,\text{sen}\,\theta - \mu_c\cos\theta) \quad \Rightarrow \quad &\boxed{a = g\,(\,\text{sen}\,\theta - \mu_c\cos\theta)\,.} \end{aligned} \tag{1.101}$$

Donde μ_c es el coeficiente de rozamiento cinético entre el objeto y el plano.

Ejemplo 1.8:

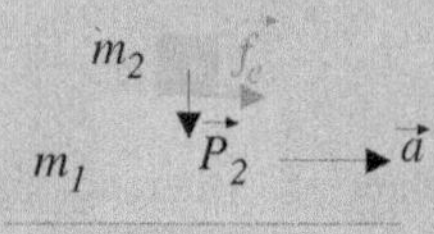

A un objeto de masa m_1 lo movemos con una aceleración a sobre un plano horizontal. Si sobre ese objeto hay otro objeto de masa m_2 y existe un rozamiento entre esos dos objetos con un coeficiente de rozamiento estático dado por μ_e, vamos a calcular cuál es la aceleración máxima que podemos imprimir sobre m_1 para que m_2 no deslice.

Para ello vamos a analizar el problema desde el punto de vista de un observador en un sistema de referencia inercial y desde el punto de vista de un observador en un sistema de referencia no inercial. En el primer caso, un observador en un sistema de referencia inercial vería moverse los dos objetos con una aceleración a. Para que el objeto de masa m_2 se mueva con esa aceleración tiene que haber una fuerza actuando sobre él. Esta fuerza es el rozamiento estático, f_e, y, por lo tanto:

$$m_2 a = f_e. \tag{1.102}$$

Esta fuerza tiene un valor máximo por lo que, para una determinada aceleración, a_c, la fuerza de rozamiento estático no es capaz de producir la aceleración requerida y el objeto empezaría a deslizar sobre m_1:

$$f_{e;\text{max}} = \mu_e m_2 g \quad \Rightarrow \quad \cancel{m_2}a_c = \mu_e \cancel{m_2} g \quad \Rightarrow \quad \boxed{a_c = \mu_e g.} \tag{1.103}$$

Para un observador en un sistema de referencia no inercial, cuando tomamos como sistema de referencia el objeto de masa m_1, el objeto de masa m_2 está en reposo, pero existe una fuerza de inercia (fuerza ficticia) que produce una aceleración $-a$. Para que el objeto esté en reposo en este sistema el rozamiento es el encargado de cancelar esa fuerza de inercia. Como este rozamiento tiene un valor máximo igualándolo a la fuerza de inercia, $m_2 a$, obtenemos la aceleración a partir de la cual el objeto empezaría a moverse en este sistema. Que no es más que volver a escribir (1.102) y repetir el proceso para llegar al mismo resultado que en (1.103).

	MKS (SI)	cgs	Técnico o terrestre
Fuerza	newton (N)	dina (dyn)	kilogramo fuerza o kilopondio (=9,8 N)
Masa	kg	g	u.t.m. (unidad técnica de masa= 9,8 Kg)
Aceleración	m/s^2	cm/s^2	m/s^2

Tabla 1.1 Sistemas de unidades más comunes para fuerza, masa y aceleración.

Superficies	μ_e	μ_c
Acero/Hielo	0,03	0,02
Acero/Acero	0,15	0,09
Madera/Cuero	0,5	0,4
Madera/Madera	0,7	0,4

Tabla 1.2 Ejemplos de coeficientes de rozamiento para distintos tipos de superficies en contacto.

Problemas

1. Una partícula sigue una trayectoria dada por la ecuación vectorial $\vec{r}(t) = t^2\vec{\imath} + (t + 2)\vec{\jmath} + 4\vec{k}$, donde t es el tiempo. Calcule la velocidad, aceleración, componentes intrínsecas de la aceleración y el triedro móvil como una función del tiempo.

2. Calcule el vector velocidad angular $\vec{\omega}$ de una partícula que describe un movimiento circular en el plano xz dando 5 vueltas por minuto.

3. Calcule la fuerza centrífuga que experimenta un objeto de masa m en la superficie de la tierra en función de su latitud.

4. Obtenga la aceleración máxima de un tren para que no deslice un objeto situado en el suelo de uno de sus vagones en función del coeficiente de rozamiento estático, μ_e, entre el objeto y el suelo del vagón. Hágalo desde el punto de un observador en un sistema de referencia inercial y un observador en uno no inercial.

5. Tenemos una cuerda que es capaz de resistir una tensión máxima de 50 N. Si hacemos girar con un radio de 70 cm un objeto de masa m=3 kg atado a esa cuerda. ¿Cuál es el número máximo de vueltas por minuto a la que lo podemos hacer girar para que la cuerda no se rompa?

6. Obtenga el ángulo máximo de un plano inclinado para que no deslice un objeto situado sobre él si el coeficiente de rozamiento estático entre el objeto y el plano es μ_e.

7. Dejamos caer un objeto, partiendo del reposo, desde una altura h un objeto por un plano inclinado un ángulo θ . Deduzca una expresión que nos permita obtener el tiempo que necesita ese objeto para llegar al final del plano inclinado en función del coeficiente de rozamiento cinético μ_c.

8. Un astronauta de 70 kg de masa está en una estación espacial orbitando a una distancia al centro de la Tierra unas 5 veces el radio terrestre. ¿Con qué fuerza lo atrae la Tierra? ¿Cuál es su peso aparente?

9. Una nave espacial tiene una forma cilíndrica con un largo de 30 m. ¿Cómo podríamos conseguir que en sus extremos haya un *campo gravitatorio* similar al de la superficie terrestre?

Tema 2

Trabajo y energía

2.1. Definición de trabajo

El trabajo lo vamos a representar por medio de la letra W, del inglés *work*. Empezamos definiendo el trabajo elemental $\mathrm{d}W$ que una fuerza $\vec{F}$ realiza sobre una partícula como el producto escalar del vector fuerza por el desplazamiento infinitesimal $\mathrm{d}\vec{r}$ que efectúa una partícula:

$$\mathrm{d}W = \vec{F} \cdot \mathrm{d}\vec{r}. \tag{2.1}$$

Evidentemente, el trabajo es un escalar, ya que proviene de un producto escalar. La unidad en la que vamos a medir el trabajo en el SI de unidades es el newton por metro, N· m, que recibe el nombre de **joule** (julio de forma coloquial) y se representa por la letra J. El trabajo puede ser positivo, negativo o, incluso nulo, dependiendo del ángulo que el vector $\vec{F}$ forme con $\mathrm{d}\vec{r}$. Posteriormente veremos que los campos magnéticos ejercen una fuerza sobre las cargas en movimiento que es perpendicular a la velocidad de las cargas y, por lo tanto, al desplazamiento de las cargas. Esto hace que el trabajo elemental que el campo magnético realiza sobre una carga en movimiento sea nulo.

Ejemplo 2.1:

Si levantamos verticalmente un objeto la fuerza que ejercemos es paralela al desplazamiento del objeto, luego $\theta = 0^{\circ}$ y $\cos 0^{\circ} = 1$. Estamos realizando un trabajo positivo. La fuerza gravitatoria, en cambio, es antiparalela al desplazamiento de este objeto, $\theta = 180^\circ \Rightarrow \cos 180^\circ = -1$, luego el trabajo que realiza la fuerza gravitatoria es negativo. Decimos entonces que nosotros estamos haciendo un trabajo contra el campo gravitatorio. Si ese objeto lo dejamos caer entonces la fuerza gravitatoria y el desplazamiento son paralelos, por lo que ahora realiza un trabajo positivo.

El rozamiento cinético es una fuerza que realiza un trabajo negativo debido a que siempre se opone al movimiento. ¿Qué tipo de trabajo realizará el rozamiento estático?

Cuando una partícula se mueve a lo largo de una trayectoria C el trabajo total, W, que una fuerza realiza sobre una partícula es la suma de los trabajos elementales realizados sobre todos los desplazamientos infinitesimales, $\mathrm{d}\vec{r}$, en que podemos descomponer la trayectoria. Como estamos sumando cantidades infinitesimales lo que hacemos en realidad es integrar:

$$W = \int_{a\ C}^{b} \vec{F} \cdot \mathrm{d}\vec{r}, \tag{2.2}$$

donde a y b son los puntos inicial y final de la trayectoria, respectivamente. Vemos en la expresión anterior que el trabajo de una fuerza es la circulación de ese vector a lo largo de la trayectoria seguida por la partícula.

2.1.1. Fuerzas conservativas

El trabajo puede depender de la trayectoria seguida por la partícula. Esto es, en general, tendremos que si una partícula va de a a b por una trayectoria C el trabajo realizado por una fuerza no tiene por qué ser igual al realizado si la partícula va de a a b a lo largo de otra trayectoria C', figura 2.1. Existen ciertos tipos de fuerzas, que son importantes, en los que este trabajo sí es igual independiente de la trayectoria seguida por la partícula, esto es, fuerzas para lo que se verifica que:

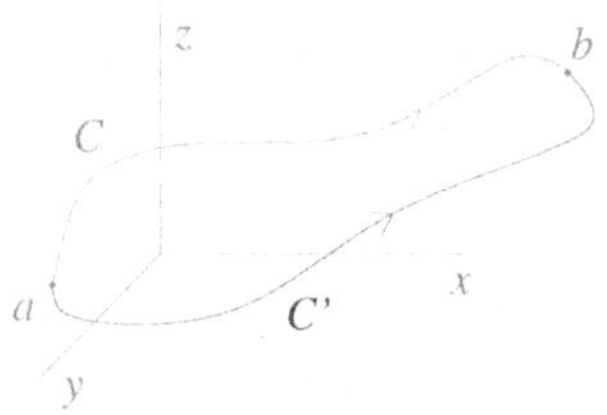

Figura 2.1

$$\int_{a\ C}^{b} \vec{F} \cdot \mathrm{d}\vec{r} = \int_{a\ C'}^{b} \vec{F} \cdot \mathrm{d}\vec{r}, \tag{2.3}$$

para cualquier par de curvas C y C' entre los puntos a y b. Estas fuerzas reciben el nombre de **fuerzas conservativas**. En el Tema 0 ya hablamos de campos conservativos cuando introdujimos el concepto de **circulación de un campo vectorial** cualquiera. Todo lo que dijimos entonces es válido ahora, pero para el caso particular de campos de fuerzas:

- El trabajo realizado por una fuerza conservativa $\vec{F}$ sobre una partícula que va de un punto a a un punto b es independiente de la trayectoria seguida por la partícula. La igualdad (2.3) se cumple siempre para cualquier par de curvas C y C'.
- El trabajo que una fuerza conservativa realiza sobre una partícula que sigue una trayectoria cerrada es siempre cero:

$$\oint \vec{F} \cdot \mathrm{d}\vec{r} = 0. \tag{2.4}$$

- El rotacional de una fuerza conservativa es idénticamente nulo:

$$\vec{\nabla} \times \vec{F} = 0. \tag{2.5}$$

Cualquiera de los tres puntos anteriores se podría usar como definición de fuerza conservativa y deducir los otros dos fácilmente. A partir de (2.5) llegamos a la conclusión de que cualquier campo de fuerzas constante es conservativo: el rotacional es un campo vectorial en el que las componentes son las derivadas parciales de las componente del campo $\vec{F}$. Si las componentes de $\vec{F}$ son constantes sus derivadas son nulas.

Ejemplo 2.2:

La fuerza gravitatoria en la superficie terrestre sobre una partícula de masa m es igual a $\vec{F} = -mg\vec{j}$. En otras palabras, es constante. Por lo tanto, la fuerza gravitatoria sobre la superficie de la tierra es un campo conservativo. Se debe verificar la expresión (2.4), esto es, el trabajo que hace la fuerza gravitatoria sobre una partícula cuando esta realiza una trayectoria cerrada es cero. Vimos antes que la fuerza gravitatoria hace trabajo negativo cuando un objeto asciende y positivo cuando desciende. Lo que nos dice la ecuación (2.4) es que el trabajo que hace la fuerza gravitatoria sobre una partícula en las fases ascendentes de una trayectoria cerrada es igual, pero de distinto signo, al que hace en las fases descendentes de esa trayectoria.

Ejemplo 2.3:

El caso más evidente de fuerzas no conservativas es el rozamiento cinético. Claramente el trabajo de estas fuerzas es proporcional a la longitud de la trayectoria seguida por el objeto sujeto a estas fuerzas. Si un objeto va de a a b por distintas trayectorias, el trabajo del rozamiento sobre cada trayectoria será mayor o menor dependiendo de si la trayectoria es más o menos larga. ¿Pero el rotacional de estas fuerzas es o no nulo? ¿Son fuerzas constantes?

Un concepto importante asociado al de trabajo es la potencia P, que se define como la rapidez con que se realiza un trabajo. Matemáticamente:

$$P = \frac{\mathrm{d}W}{\mathrm{d}t}. \tag{2.6}$$

La potencia se mide en watt (W) en el Sistema Internacional de Unidades. Coloquialmente vatio.

Ejemplo 2.4:

Para el caso del trabajo que realiza una fuerza sobre una partícula podemos transformar la fórmula de la potencia:

$$P = \frac{\mathrm{d}W}{\mathrm{d}t} = \frac{\vec{F} \cdot \mathrm{d}\vec{r}}{\mathrm{d}t} = \vec{F} \cdot \frac{\mathrm{d}\vec{r}}{\mathrm{d}t} = \vec{F} \cdot \vec{v}. \tag{2.7}$$

2.2. Energía

El concepto de **energía** va unido al de **trabajo**. Vamos a definir la energía de un sistema como una medida de la capacidad de ese sistema para realizar trabajo. Si un sistema hace un trabajo positivo pierde energía (ha hecho trabajo y esa medida de la capacidad de realizar trabajo tiene que disminuir: ha gastado energía). Si hace un trabajo negativo entonces el trabajo lo realiza un agente externo en contra de ese sistema y gana energía. La energía la vamos a medir también en joules (J). Vamos a considerar entonces al trabajo como un intermediario que convierte energía de un tipo en energía de otro tipo. Un sistema hace un trabajo positivo y pierde energía que se transforma en otro tipo de energía. Si un sistema hace un trabajo negativo un agente externo está haciendo trabajo en contra de ese sistema, perdiendo energía que se transforma en energía que acumula el sistema.

Existen muchos tipos de energía, pero nosotros vamos a concentrarnos en este tema en lo que se conoce como **energía mecánica**. Esta energía mecánica está formada por la suma de dos tipos de energía: energía cinética y energía potencial.

Energía cinética Es la energía que lleva un objeto en razón de su estado de movimiento.

Energía potencial La energía que tiene un sistema en razón de su posición o configuración.

La energía potencial siempre va asociada a los campos conservativos. No podemos hablar de energía potencial de una fuerza no conservativa.

Demostración 2.1:

Vamos a calcular el trabajo W_{0f}, que una fuerza ejerce sobre una partícula desde un instante inicial 0 hasta un instante final f, sin preocuparnos si esa fuerza es o no conservativa.:

$$W_{0f} = \int_0^f \vec{F}\cdot\mathrm{d}\vec{r} = m\int_0^f \vec{a}\cdot\mathrm{d}\vec{r} = m\int_0^f \frac{\mathrm{d}\vec{v}}{\mathrm{d}t}\cdot\mathrm{d}\vec{r} = m\int_0^f \frac{\mathrm{d}\vec{r}}{\mathrm{d}t}\cdot\mathrm{d}\vec{v} = m\int_0^f \vec{v}\cdot\mathrm{d}\vec{v}. \tag{2.8}$$

Para calcular esa integral vamos a transformar $\vec{v}\cdot\mathrm{d}\vec{v}$, primero hacemos el diferencial de $\vec{v}\cdot\vec{v}$

$$\mathrm{d}(\vec{v}\cdot\vec{v}) = \vec{v}\cdot\mathrm{d}\vec{v} + (\mathrm{d}\vec{v})\cdot\vec{v} = 2\vec{v}\cdot\mathrm{d}\vec{v}. \tag{2.9}$$

De esto último y del hecho de que $\vec{v}\cdot\vec{v} = v^2$:

$$\mathrm{d}v^2 = \mathrm{d}(\vec{v}\cdot\vec{v}) = 2\vec{v}\cdot\mathrm{d}\vec{v} \Rightarrow \vec{v}\cdot\mathrm{d}\vec{v} = \frac{1}{2}\mathrm{d}v^2. \tag{2.10}$$

Llevando el resultado de (2.10) a la última integral de (2.8):

$$W_{0f} = \frac{1}{2}m\int_0^f \mathrm{d}v^2 = \frac{1}{2}mv^2\Big|_0^f = \frac{1}{2}mv_f^2 - \frac{1}{2}mv_0^2. \tag{2.11}$$

Tenemos que el trabajo que una fuerza hace sobre una partícula es igual a la variación de una cantidad que es función de la velocidad de la partícula. Esa cantidad es lo que vamos a llamar la **energía cinética**, E_c de la partícula:

$$E_c = \frac{1}{2}mv^2. \tag{2.12}$$

La energía cinética de una partícula viene dada por la expresión, ver demostración 2.1:

$$E_c = \frac{1}{2}mv^2. \tag{2.13}$$

En la demostración 2.1 obtuvimos una relación entre el trabajo y la energía cinética que se conoce como el **teorema de las fuerzas vivas** y que nos dice que el trabajo efectuado por una fuerza sobre una partícula es igual a la variación que experimenta la energía cinética de esa partícula:

$$\boxed{W_{0f} = \Delta E_c = \tfrac{1}{2}mv_f^2 - \tfrac{1}{2}mv_0^2.} \tag{2.14}$$

Este teorema es válido tanto para fuerzas conservativas como para fuerzas no conservativas. Si una fuerza hace un trabajo positivo sobre una partícula (gasta energía), la variación de energía cinética es positiva: su energía cinética aumenta. Si el trabajo es negativo, entonces la variación de energía cinética es negativa, esto es, la energía cinética de la partícula disminuye.

Ejemplo 2.5:

Cuando lanzamos un objeto hacia arriba con una determinada velocidad inicial, el campo gravitatorio hace un trabajo negativo sobre el objeto mientras esta sube (fuerza y desplazamiento son antiparalelos). La energía cinética de la partícula va disminuyendo. Cuando el objeto comienza a descender el trabajo que ahora hace la fuerza gravitatoria es positivo: la energía cinética de la partícula aumenta.

Para las fuerzas conservativas, el trabajo realizado no depende de la trayectoria, como ya hemos dicho. Esto nos lleva a deducir que debe existir un campo escalar cuya variación nos da el trabajo realizado por una fuerza conservativa para llevar una partícula de un punto inicial a un punto final, ya que el trabajo solo depende de esos puntos, y no de la trayectoria seguida. A este campo escalar lo vamos a llamar **energía potencial** U asociada a la fuerza conservativa. Tenemos entonces que podemos escribir:

$$W_{0f} = -\Delta U = -\left(U_f - U_0\right) = U_0 - U_f. \tag{2.15}$$

El signo negativo en (2.15) es debido a que si la fuerza hace un trabajo positivo entonces pierde energía: la variación de energía potencial es negativa. Si un agente externo hace un trabajo contra el campo de fuerzas entonces el trabajo realizado por la fuerza es negativo y está ganando energía: su variación de energía potencial es positiva.

Es importante saber que la energía potencial no tiene un carácter absoluto. No podemos medir energía potencial, sino variaciones de energía potencial. Cuando encontremos una fórmula que nos dé una energía potencial asociada a una fuerza conservativa siempre podemos cambiar la referencia, el cero de esa energía potencial. El ejemplo 2.6 nos puede servir para entender esto último.

Cuando sobre una partícula solo actúan fuerzas conservativas, tenemos que el trabajo realizado por estas fuerzas conservativas lo podemos escribir como:

$$W_{0f} = U_0 - U_f. \tag{2.16}$$

Este trabajo también lo podemos calcular usando el teorema de las fuerzas vivas como la variación de energía cinética que experimenta la partícula:

$$W_{0f} = \frac{1}{2}mv_f^2 - \frac{1}{2}mv_0^2. \tag{2.17}$$

Estos dos trabajos deben ser iguales:

$$\frac{1}{2}mv_f^2 - \frac{1}{2}mv_0^2 = U_0 - U_f \;\Rightarrow\; \frac{1}{2}mv_f^2 + U_f = \frac{1}{2}mv_0^2 + U_0, \tag{2.18}$$

que nos dice que la suma de energía potencial y cinética de una partícula permanece constante cuando está sujeta solo a fuerzas conservativas. La suma de energía cinética y potencial se conoce como energía mecánica y lo anterior se llama **teorema de conservación de la energía mecánica:**

$$\boxed{\tfrac{1}{2}mv_f^2 + U_f = \tfrac{1}{2}mv_0^2 + U_0.} \tag{2.19}$$

Ejemplo 2.6:

Vamos a calcular la energía potencial asociada al campo gravitatorio en la superficie terrestre. Una forma de hacerlo es calcular el trabajo que hace el campo para mover una partícula de masa m de un punto a otro y comparar con (2.15). En concreto vamos a llevar una partícula de un punto a a un punto b como en la figura.

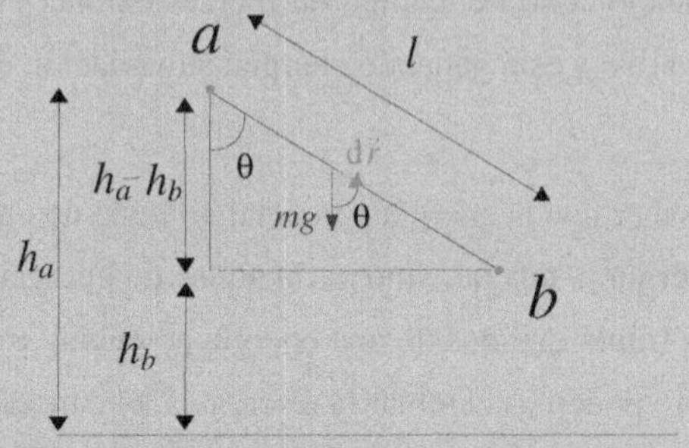

Para calcular el trabajo podemos mover la partícula a lo largo de la trayectoria que sea, ya que la fuerza es conservativa. Para realizar la integral de manera más sencilla escogemos una trayectoria rectilínea entre los dos puntos. A lo largo de toda esa trayectoria la fuerza gravitatoria y el vector desplazamiento $d\vec{r}$ van a formar un ángulo constante θ:

$$W_{ab} = \int_a^b \vec{F} \cdot d\vec{r} = \int_a^b mg \cos\theta \, dr = mg\cos\theta \int_a^b dr = mgl\cos\theta. \quad (2.20)$$

En la figura podemos comprobar que $l\cos\theta = h_a - h_b$. Además, usando $W_{ab} = U_a - U_b$:

$$W_{ab} = mg(h_a - h_b) = mgh_a - mgh_b = U_a - U_b. \quad (2.21)$$

Comprobamos que la energía potencial de una partícula de masa m situada a una altura h es igual a:

$$\boxed{U = mgh.} \quad (2.22)$$

Desde dónde medimos la altura es intrascendente. Lo importante es la diferencia de alturas. Esto nos permite entender el que la energía potencial no tiene carácter absoluto. Siempre podemos cambiar el cero de estas energías potenciales; podemos añadir una constante a cualquier expresión de una energía potencial. Cuando calculemos el trabajo, que es la diferencia de energía potencial, la constante se anula.

En caso de que sobre la partícula actúen fuerzas no conservativas podemos generalizar (2.19) escribiendo el trabajo realizado por las fuerzas no conservativas,

W_{nc}, como la variación de energía mecánica que experimenta la partícula:

$$\boxed{W_{nc} = \left(\tfrac{1}{2}mv_f^2 + U_f\right) - \left(\tfrac{1}{2}mv_0^2 + U_0\right).} \tag{2.23}$$

Si la fuerza no conservativa hace un trabajo negativo (como en el caso del rozamiento), la energía mecánica disminuye, mientras que, si el trabajo es positivo, la energía mecánica de la partícula aumenta.

Ejemplo 2.7:

Cuando un muelle, colocado a lo largo del eje x, lo desplazamos una distancia x de su posición de equilibrio, produce una fuerza restauradora $F = -kx$, donde k es la constante del muelle. Esta fuerza es conservativa, lo que podemos comprobar calculando, por ejemplo, el rotacional. Vamos a deducir cuál es la energía potencial asociada calculando el trabajo necesario para desplazar el muelle desde x_0 a x_f.

$$W_{0f} = \int_{x_0}^{x_f} \vec{F} \cdot \mathrm{d}\vec{r} = \int_{x_0}^{x_f} -kx\mathrm{d}x = -\left.\frac{1}{2}kx^2\right|_{x_0}^{x_f} = \frac{1}{2}kx_0^2 - \frac{1}{2}kx_f^2. \tag{2.24}$$

Como para las fuerzas conservativas tenemos que el trabajo es igual a menos la variación de energía potencial:

$$W_{0f} = U_0 - U_f. \tag{2.25}$$

Comparando (2.24) con (2.25) llegamos a que la energía potencial de un muelle al separarlo una distancia x de su posición de equilibrio es:

$$U_{\text{muelle}} = \frac{1}{2}kx^2. \tag{2.26}$$

Como en una fuerza conservativa se verifica que el trabajo para llevar una partícula desde a hasta b es:

$$\int_a^b \vec{F} \cdot \mathrm{d}\vec{r} = -\Delta U. \tag{2.27}$$

Vamos a escoger dos puntos a y b que estén separados una distancia infinitesimal $\mathrm{d}r$, esto es, dos puntos tales que podemos ir desde a hasta b por medio de un desplazamiento infinitesimal $\mathrm{d}\vec{r}$. En ese caso la variación de energía potencial será también infinitesimal, $\mathrm{d}U$. Reescribimos la ecuación (2.27) como:

$$\vec{F} \cdot \mathrm{d}\vec{r} = -\mathrm{d}U. \tag{2.28}$$

En la demostración 2.2 obtenemos que $\vec{\nabla}U \cdot \mathrm{d}\vec{r} = \mathrm{d}U$. Sustituyendo en (2.28):

$$\vec{F} \cdot \mathrm{d}\vec{r} = -\vec{\nabla}U \cdot \mathrm{d}\vec{r} \;\Rightarrow\; \vec{F} = -\vec{\nabla}U. \tag{2.29}$$

Resultado importante y que nos dice que cualquier fuerza conservativa es igual a menos el gradiente de su energía potencial:

$$\boxed{\vec{F} = -\vec{\nabla}U = -\left(\frac{\partial U}{\partial x}\vec{\imath} + \frac{\partial U}{\partial y}\vec{\jmath} + \frac{\partial U}{\partial z}\vec{k}\right).} \tag{2.30}$$

Recordando que dijimos que el gradiente de un campo escalar en cada punto es un vector que indica hacia dónde se produce la máxima variación del campo escalar, la expresión (2.30) nos dice que el vector fuerza conservativa apunta hacia donde disminuye la energía potencial. Por otro lado, si encontramos una fuerza que proviene del gradiente de una función escalar podemos asegurar que esta fuerza es conservativa:

$$\vec{\nabla} \times \vec{F} = -\vec{\nabla} \times \vec{\nabla}U = 0, \tag{2.31}$$

ya que el rotacional de un gradiente es siempre cero, tal y como vimos en el tema 0, $\vec{\nabla} \times \vec{\nabla}$ es equivalente al producto vectorial de un vector por él mismo.

Demostración 2.2:

Veamos que para un campo escalar cualquiera U se cumple que $\vec{\nabla}U \cdot \mathrm{d}\vec{r} = \mathrm{d}U$. Esta expresión nos dice que para calcular la variación infinitesimal de un campo escalar entre dos puntos separados una distancia infinitesimal $\mathrm{d}r$ nos basta con multiplicar escalarmente el gradiente de ese campo escalar por el vector desplazamiento infinitesimal entre esos dos puntos. Tenemos:

$$\vec{\nabla}U = \frac{\partial U}{\partial x}\vec{\imath} + \frac{\partial U}{\partial y}\vec{\jmath} + \frac{\partial U}{\partial z}\vec{k}, \tag{2.32}$$

$$\mathrm{d}U = \frac{\partial U}{\partial x}\mathrm{d}x + \frac{\partial U}{\partial y}\mathrm{d}y + \frac{\partial U}{\partial z}\mathrm{d}z, \tag{2.33}$$

y

$$\mathrm{d}\vec{r} = \mathrm{d}x\vec{\imath} + \mathrm{d}y\vec{\jmath} + \mathrm{d}z\vec{k}. \tag{2.34}$$

Haciendo el producto escalar de (2.32) y (2.34):

$$\begin{aligned}\vec{\nabla}U \cdot \mathrm{d}\vec{r} &= \left(\frac{\partial U}{\partial x}\vec{\imath} + \frac{\partial U}{\partial y}\vec{\jmath} + \frac{\partial U}{\partial z}\vec{k}\right) \cdot \left(\mathrm{d}x\vec{\imath} + \mathrm{d}y\vec{\jmath} + \mathrm{d}z\vec{k}\right) \\ &= \frac{\partial U}{\partial x}\mathrm{d}x + \frac{\partial U}{\partial y}\mathrm{d}y + \frac{\partial U}{\partial z}\mathrm{d}z = \mathrm{d}U.\end{aligned} \qquad (2.35)$$

2.3. Fuerzas centrales

Vamos a definir en esta sección un tipo especial de fuerzas que vamos a llamar **fuerzas centrales**. Se define una fuerza central como aquella fuerza cuyo módulo solo depende de la distancia del punto de aplicación de la fuerza a un punto O, llamado centro de fuerzas, ver figura 2.2, donde el centro de fuerzas está situado en el origen de un sistema de referencia, y donde la dirección de la fuerza es la recta que pasa por el punto de aplicación de la fuerza y por el centro de fuerzas O.

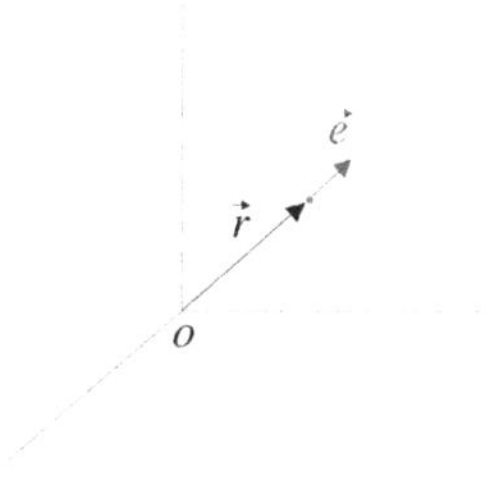

Figura 2.2

Matemáticamente podemos escribir, en general, las fuerzas centrales como:

$$\vec{F} = f(r)\vec{e}, \qquad (2.36)$$

donde $\vec{r}$ es el vector de posición del punto de aplicación de la fuerza respecto del centro de fuerzas O, r es el módulo de ese vector (la distancia a O). $\vec{e}$ es un vector unitario que tiene la misma dirección y sentido que $\vec{r}$ y que podemos escribir como $\vec{e} = \vec{r}/r$. Si $f(r)$ es negativo la fuerza tiene sentido contrario a $\vec{e}$ y es una fuerza atractiva. Si $f(r)$ es positivo tendríamos una fuerza repulsiva ($\vec{F}$ y $\vec{e}$ tienen el mismo sentido).

Demostración 2.3:

Hacemos a continuación la demostración de que $\vec{\nabla} \times \vec{F} = 0$ para cualquier fuerza central, o mejor, para cualquier campo vectorial que tenga esta forma, sea o no sea una fuerza. Partiendo de (2.36) y usando $\vec{e} = \vec{r}/r$

$$\vec{F} = f(r)\vec{e} = f(r)\frac{\vec{r}}{r} = g(r)\vec{r}, \qquad (2.37)$$

donde vamos a usar $g(r) = f(r)/r$ ya que nos hará más cómoda la demostración. El vector $\vec{r}$ es el vector de posición del punto de aplicación de la fuerza:

$$\vec{r} = x\vec{i} + y\vec{j} + z\vec{k}. \tag{2.38}$$

El módulo de este vector será:

$$r = \sqrt{x^2 + y^2 + z^2}. \tag{2.39}$$

La fuerza la reescribimos como:

$$\vec{F} = xg(r)\vec{i} + yg(r)\vec{j} + zg(r)\vec{k}. \tag{2.40}$$

Para calcular el rotacional, necesitamos las derivadas de cada componente de la fuerza respecto de las otras coordenadas (en el rotacional la componente x del campo vectorial está derivada respecto de y y de z y así sucesivamente para las otras componentes).

$$\frac{\partial xg(r)}{\partial y} = x\frac{\partial g(r)}{\partial r}\frac{\partial r}{\partial y}. \tag{2.41}$$

La derivada de r respecto de x la sacamos partir de (2.39):

$$\frac{\partial r}{\partial x} = 2x\frac{1}{2}\left(x^2 + y^2 + z^2\right)^{\frac{1}{2}-1} = \frac{x}{\sqrt{x^2 + y^2 + z^2}} = \frac{x}{r}. \tag{2.42}$$

Respecto de y y de z serían:

$$\frac{\partial r}{\partial y} = \frac{y}{r} \quad \Rightarrow \quad \frac{\partial r}{\partial z} = \frac{z}{r}. \tag{2.43}$$

Luego la derivada la componente x de la fuerza respecto de y, expresión (2.41), quedaría como:

$$\frac{\partial xg(r)}{\partial y} = \frac{xy}{r}\frac{\partial g(r)}{\partial r}. \tag{2.44}$$

Es trivial obtener las derivadas de todas las componentes. Si escribimos el rotacional de $\vec{F}$:

$$\vec{\nabla} \times \vec{F} = \left(\frac{\partial zg(r)}{\partial y} - \frac{\partial yg(r)}{\partial z}\right)\vec{i} + \left(\frac{\partial xg(r)}{\partial z} - \frac{\partial zg(r)}{\partial x}\right)\vec{j} + \left(\frac{\partial yg(r)}{\partial x} - \frac{\partial xg(r)}{\partial y}\right)\vec{k}. \tag{2.45}$$

Sustituimos las derivadas:

$$\begin{aligned}\vec{\nabla}\times\vec{F} &= \left(\frac{zy}{r}\frac{\partial g(r)}{\partial r} - \frac{yz}{r}\frac{\partial g(r)}{\partial r}\right)\vec{\imath} + \left(\frac{xz}{r}\frac{\partial g(r)}{\partial r} - \frac{zx}{r}\frac{\partial g(r)}{\partial r}\right)\vec{\jmath} \\ &+ \left(\frac{yx}{r}\frac{\partial g(r)}{\partial r} - \frac{xy}{r}\frac{\partial g(r)}{\partial r}\right)\vec{k} = 0\vec{\imath} + 0\vec{\jmath} + 0\vec{k} = \vec{0}.\end{aligned} \tag{2.46}$$

En la demostración 2.3 se comprueba que:

$$\vec{\nabla}\times\vec{F} = 0, \tag{2.47}$$

para cualquier fuerza central, por lo que las fuerzas centrales son siempre conservativas. Ejemplos de fuerzas centrales son el campo gravitatorio y el campo electrostático.

Problemas

1. Calcule el trabajo realizado por la fuerza $\vec{F} = 3y\vec{\imath} + x^2\vec{\jmath} + z\vec{k}$ sobre una partícula que se mueve a lo largo del eje x desde el punto (0,0,0) hasta el punto (10,0,0). Hágalo también para cuando la partícula se mueve en línea recta desde (0,0,0) a (5,5,5) y después, también en línea recta, hasta (10,0,0). ¿Es una fuerza conservativa?

2. Sabemos que un campo de fuerzas viene dado por la siguiente expresión:

$$\vec{F} = y\vec{\imath} + f(x,y,z)\vec{\jmath} + z\vec{k}, \quad (2.48)$$

donde $f(x,y,z)$ es una función desconocida. ¿Cómo tiene que ser $f(x,y,z)$ para que la fuerza sea conservativa?

3. La fuerza $\vec{F} = x\vec{\imath} + y\vec{\jmath} + z\vec{k}$ es conservativa. Demuéstrelo de dos formas diferentes.

4. Lanzamos hacia arriba un objeto con una velocidad vertical inicial v_0 y desde una altura h. ¿Qué velocidad llevará ese objeto cuando llegue al suelo?

5. Dotamos a un objeto de masa m, que está situado encima de un plano horizontal, de una velocidad inicial v_0. Si el coeficiente de rozamiento cinético entre el objeto y el plano es μ_c calcule la distancia que recorre por el plano antes de detenerse.

6. Dejamos caer, partiendo del reposo, un objeto de masa m desde una altura h en un plano inclinado un ángulo θ. Si el rozamiento cinético entre el objeto y el plano tiene un coeficiente μ_c calcule a qué velocidad llegará al final del plano inclinado.

7. Un sistema de fuerzas tiene una energía potencial dada por:

$$U = 5zx^3 + 3y. \quad (2.49)$$

Obtenga el campo de fuerzas asociado a esta energía potencial.

8. Sabiendo que la fuerza $\vec{F}$ con que el campo gravitatorio terrestre atrae a una partícula de masa m viene dado por la expresión:

$$\vec{F} = -G\frac{M_T m}{r^2}\vec{e}, \quad (2.50)$$

donde G es la constante de gravitación universal, M_T es la masa de la tierra, r es la distancia de la partícula al centro de la tierra y $\vec{e} = \vec{r}/r$ es un vector unitario con la misma dirección y sentido que el vector de posición de la partícula respecto del centro de la tierra. Esta fuerza es una fuerza central, luego es conservativa. Calcule la energía potencial asociada el campo gravitatorio terrestre.

Tema 3

Sistemas de partículas

Hasta ahora nos hemos centrado en el estudio de partículas o cuerpos que podían ser considerados como partículas. En general, los sistemas están compuestos por muchas partículas y nos interesa conocer cómo podemos describirlos. En principio sería posible estudiar sistemas formados por más de una partícula describiendo el movimiento de cada una de las partículas sabiendo cuáles son las fuerzas que actúan sobre ellas, pero conforme vamos añadiendo partículas al sistema, se van complicando tanto los sistemas de ecuaciones que nos resulta imposible su descripción por este método. Incluso nos podemos encontrar sistemas, como los fluidos, en los que para descomponerlos en partículas nos tendríamos que ir a escalas atómicas o moleculares. En este tema vamos a estudiar conceptos y principios de conservación que nos permitirán abordar el estudio del movimiento de los sistemas de partículas.

En primer lugar vamos a clasificar los sistemas de partículas en dos tipos: aquellos que se encuentran distribuidos discretamente y los que se encuentran distribuidos de forma continua. En los primeros, podemos conocer la posición y masa de cada partícula que los componen y a partir de ahí, realizar la descripción de su movimiento. Para los últimos, esto no es posible y necesitamos conocer la densidad de materia $\rho = \frac{dm}{dV}$ en cada punto para que nos ayude en la descripción del movimiento de estos sistemas. También nos podremos encontrar sistemas con una distribución bidimensional de materia que describiremos mediante la densidad superficial de masa $\sigma = \frac{dm}{dS}$, o con una distribución lineal de masa que describiremos mediante la densidad lineal de masa $\lambda = \frac{dm}{dL}$.

3.1. Centro de masas

Para un sistema discreto de N partículas podemos definir su centro de masas $\vec{r}_{CM}$ por medio de:

$$\vec{r}_{CM} = \frac{\sum_{i=1}^{N} m_i \vec{r}_i}{\sum_{i=1}^{N} m_i} = \frac{\sum_{i=1}^{N} m_i \vec{r}_i}{M} \quad \left(M = \sum_{i=1}^{N} m_i, \text{ masa total} \right), \tag{3.1}$$

donde $\vec{r}_i$ es el vector de posición de la partícula i cuya masa es m_i. Las coordenadas del vector centro de masas $\vec{r}_{CM} = (x_{CM}, y_{CM}, z_{CM})$ las podemos sacar usando la definición de $\vec{r}_{CM}$, ecuación (3.1), para llegar a:

$$x_{CM} = \frac{\sum_{i=1}^{N} m_i x_i}{M}, \quad y_{CM} = \frac{\sum_{i=1}^{N} m_i y_i}{M}, \quad z_{CM} = \frac{\sum_{i=1}^{N} m_i z_i}{M}, \tag{3.2}$$

siendo x_i, y_i y z_i las coordenadas de la partícula i.

Para un sistema continuo definimos el centro de masa con la expresión:

$$\vec{r}_{CM} = \frac{\int \vec{r} \, dm}{\int dm} = \frac{\int \vec{r} \rho \, dV}{M} \quad \left(M = \int dm, \text{ masa total} \right), \tag{3.3}$$

Podemos reescribir (3.3) según que tengamos distribuciones tridimensionales, bidimensionales o unidimensionales:

$$3D \quad \vec{r}_{CM} = \frac{\int \vec{r} \rho \, dV}{M} \left(\text{si } \rho = \text{cte.} \Rightarrow \vec{r}_{CM} = \rho \frac{\int \vec{r} \, dV}{\rho V} = \frac{\int \vec{r} \, dV}{V} \right)$$

$$2D \quad \vec{r}_{CM} = \frac{\int \vec{r} \sigma \, dS}{M} \left(\text{si } \sigma = \text{cte.} \Rightarrow \vec{r}_{CM} = \sigma \frac{\int \vec{r} \, dS}{\sigma S} = \frac{\int \vec{r} \, dS}{S} \right)$$

$$1D \quad \vec{r}_{CM} = \frac{\int \vec{r} \lambda \, dl}{M} \left(\text{si } \lambda = \text{cte.} \Rightarrow \vec{r}_{CM} = \lambda \frac{\int \vec{r} \, dl}{\lambda l} = \frac{\int \vec{r} \, dl}{l} \right)$$

Donde hemos usado la definición de densidad de masa volumétrica $\rho = dm/dV$, superficial $\sigma = dm/dS$ y lineal $\lambda = dm/dl$. Cuando la distribución de masa es homogénea, esto es cuando las densidades de masa son constantes en toda la distribución, el centro de masas coincide con el centroide, que podemos definir como el centro de simetría de una figura geométrica. En los desarrollos que haremos a continuación tomaremos el sistema de partículas como discreto, pero todo lo que digamos será también válido para los sistemas continuos.

Se puede demostrar que la posición del centro de masas de un sistema de partículas no depende del sistema de referencia escogido. Solo depende de la distribución de masas del sistema de partículas. Posteriormente veremos que podemos estudiar el movimiento de traslación de un sistema de partículas como el movimiento de una única partícula situada en el centro de masas del sistema y cuya masa es la masa total de todo el sistema de partículas.

3.1.1. Teoremas relativos al centro de masas

Teorema I

La posición del centro de masas de un sistema es independiente del sistema de referencia escogido y solo depende de las masas de las partículas y de las posiciones relativas entre ellas.

Teorema II

El momento estático[1] de un sistema de partículas respecto a cualquier plano que pasa por su centro de masas en nulo.

Teorema III

Si el momento estático de un sistema de partículas respecto a un plano dado es cero, entonces el centro de masas del sistema está situado sobre dicho plano.

Como consecuencia de estos dos últimos teoremas se siguen los conocidos como **teoremas de Arquímedes**:

[1]El momento estático μ de un sistema de partículas respecto a un plano se define como la suma de los productos de las masas de las partículas por sus distancias al plano ($\mu = \sum d_i m_i$), teniendo en cuenta el signo, esto es, el plano divide el espacio en dos regiones, las partículas en una región tendrán positivas sus distancias al plano, mientras que las otras tendrán negativas sus distancias al plano.

Teorema IV

Si un cuerpo tiene un plano de simetría, su centro de masa está en dicho plano.

Corolario

Si un sistema de partículas tiene dos planos de simetría, su centro de masas está en la recta de intersección de ambos planos.

Teorema V

Si un cuerpo tiene un eje de simetría, su centro de masa está en dicho eje.

Teorema VI

Si un cuerpo tiene un centro de simetría, ese punto coincide con su centro de masas.

Estos teoremas nos permiten localizar el centro de masas sin necesidad de realizar el cálculo para algunos sistemas que presentan simetrías. Todo lo anterior se reduce a decir que si un sistema de partículas tiene un elemento de simetría el centro de masas se encuentra situado en ese centro de simetría. Si un sistema de partículas tiene varios elementos de simetría el centro de masas deberá estar situado en la intersección de esos elementos de simetría.

Ejemplo 3.1:

Consideremos un cilindro macizo y homogéneo. Evidentemente su eje es un eje de simetría, por lo que el centro de masas se encontrará situado ahí. Un plano perpendicular al eje del cilindro y que lo corte en dos mitades iguales es un plano de simetría, por lo que el centro de masas estará situado también en este plano y, por tanto, el centro de masas de este cilindro podemos asegurar que se encuentra en el centro del eje del cilindro.

El centro de masas tiene la propiedad distributiva tal y como establece el siguiente teorema:

Teorema VII

Si un cuerpo se compone de dos o más partes, cuyos centros de masa están perfectamente localizados, podemos determinar el centro de masa del cuerpo compuesto considerando esas partes como partículas localizadas en sus respectivos centros de masa.

Ejemplo 3.2:

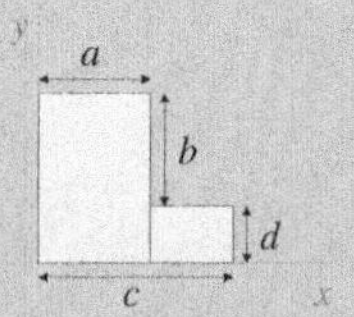

Tenemos una lámina homogénea de densidad de masa σ como en la figura. Vamos a calcular el centro de masas usando la propiedad distributiva. Para ello lo descomponemos en dos láminas rectangulares (la línea discontinua de la figura nos dice por dónde lo descomponemos). Para cada una de estas láminas es fácil obtener su centro de masas. Para la lámina de la izquierda se encuentra en el punto de coordenadas $x_1 = a/2$ y $y_1 = \frac{(b+d)}{2}$. La masa de esta lámina es $m_1 = \sigma a(b + d)$. Para la lámina de la derecha el centro de masas tendría de coordenadas $x_2 = a + \frac{c-a}{2}$ y $y_2 = \frac{d}{2}$ y una masa $m_2 = \sigma d(c - a)$. El centro de masas de toda la lámina lo calculamos como el centro de masas de dos partículas de masas m_1 y m_2 colocadas en los centros de masas de las dos láminas rectangulares en las que hemos dividido la lámina:

$$x_{cm} = \frac{m_1 x_1 + m_2 x_2}{m_1 + m_2}, \quad y_{cm} = \frac{m_1 y_1 + m_2 y_2}{m_1 + m_2}. \tag{3.4}$$

Vamos a ver ahora un par de teoremas que nos permiten calcular centroides y, por lo tanto, válidos para el cálculo de centros de masas para distribuciones continuas y homogéneas de materia. A estos teoremas se les conoce como **teoremas de Pappus-Guldin**:

Primer teorema de Pappus-Guldin

El área engendrada por una curva plana al girar alrededor de un eje de su plano que no la corta es igual al producto de la longitud l de la curva por la longitud L de la circunferencia descrita por su centroide, ver figura 3.1.

$$S = lL = l2\pi y_{cm}. \tag{3.5}$$

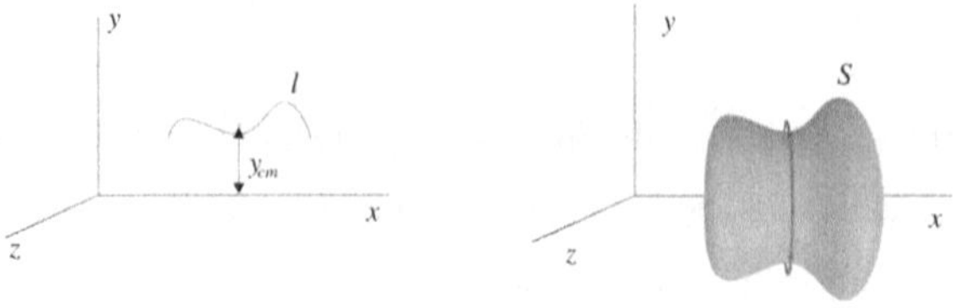

Figura 3.1 A la izquierda tenemos una curva de longitud l cuyo centroide es el punto rojo situado cuya coordenada y es y_{cm}. A la derecha hemos obtenido una superficie de revolución de área S haciendo girar la curva alrededor del eje x. El centroide describe una circunferencia cuyo radio es y_{cm}. Luego la longitud de esta circunferencia descrita por el centroide es $L = 2\pi y_{cm}$.

Segundo teorema de Pappus-Guldin

El volumen engendrado por una superficie plana al girar alrededor de un eje de su plano que no la corta es igual al producto del área S de la superficie por la longitud L de la circunferencia descrita por su centroide, ver figura 3.2.

$$V = S\,L = S\,2\pi y_{CM}. \tag{3.6}$$

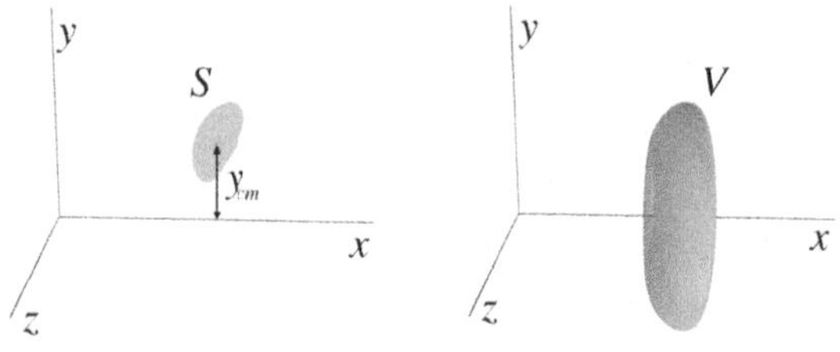

Figura 3.2 A la izquierda tenemos una lámina plana de área S cuyo centroide es el punto rojo situado cuya coordenada y es y_{cm}. A la derecha hemos obtenido un cuerpo de revolución de volumen V haciendo girar la lámina alrededor del eje x. El centroide describe una circunferencia cuyo radio es y_{cm}. La longitud de esta circunferencia descrita por el centroide es $L = 2\pi y_{cm}$.

3.1.2. Sistema de referencia del centro de masas

Vamos a introducir ahora lo que se conoce como **sistema de referencia del centro de masas**. Este es un sistema de referencia en el que su origen coincide

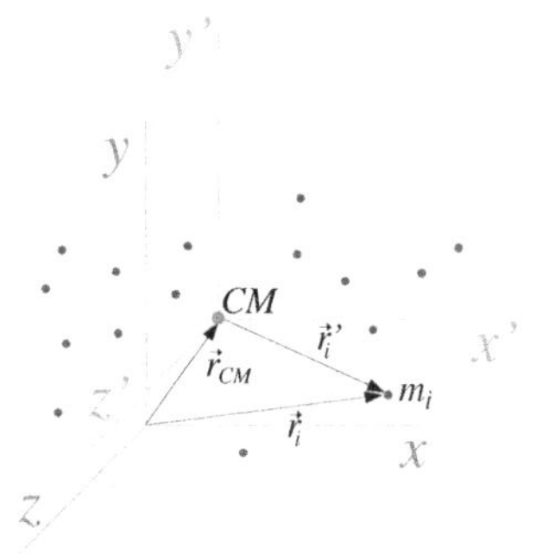

Figura 3.3 El sistema de referencia de ejes xyz es el sistema de referencia que llamaremos **sistema de referencia de laboratorio**. El sistema de referencia de ejes $x'y'z'$ tiene como origen el centro de masas del sistema de partículas. Es un sistema de referencia que se mueve solidario con el centro de masas del sistema de partículas. La posición de la partícula i en el sistema de referencia del centro de masas la denotaremos por $\vec{r}_i'$.

con el centro de masas del sistema de partículas que estemos estudiando. El resto de sistemas de referencia los llamaremos **sistemas de referencia del laboratorio** para distinguirlos del sistema de referencia del centro de masas. De manera estándar se suele representar los ejes de este sistema de referencia por $x'y'z'$ y todo lo relativo a este sistema de referencia del centro de masas le pondremos la prima. Por ejemplo, el vector de posición de la partícula i en este sistema de referencia lo denotaremos por $\vec{r'}_i$, mientras que el vector de posición de esta misma partícula en el sistema de referencia del laboratorio lo representamos por $\vec{r}_i$, como hasta ahora. En la figura 3.3 vemos que $\vec{r'}_i$ y $\vec{r}_i$ están relacionados por:

$$\boxed{\vec{r}_i = \vec{r'}_i + \vec{r}_{CM}.} \tag{3.7}$$

Relación importante de recordar, ya que la usaremos en diversas ocasiones. Derivando la expresión anterior también encontramos una relación para las velocidades en ambos sistemas de referencia:

$$\boxed{\vec{v}_i = \vec{v'}_i + \vec{v}_{CM},} \tag{3.8}$$

donde $\vec{v}_{CM}$ es la velocidad con la que se mueve el centro de masas.

Partiendo de la definición de centro de masa, ecuación (3.1), podemos escribir:

$$\sum_{i=1}^{N} m_i\vec{r}_i = M\vec{r}_{CM}. \tag{3.9}$$

Si usamos esto mismo, pero en el sistema de referencia centro de masas tenemos:

$$\sum_{i=1}^{N} m_i \vec{r'}_i = M\vec{r'}_{CM} = 0, \tag{3.10}$$

ya que $\vec{r'}_{CM}$ son las coordenadas del centro de masas, pero medidas en el sistema de referencia del centro de masas ($\vec{r'}_{CM} = (0, 0, 0)$), puesto que el centro de masas se encuentra en el origen de este sistema de referencia). A partir de (3.10) llegamos a una relación similar, pero individualizada para las coordenadas x, y y z de las partículas:

$$\sum_{i=1}^{N} m_i x'_i = 0, \quad \sum_{i=1}^{N} m_i y'_i = 0 \quad \text{y} \quad \sum_{i=1}^{N} m_i z'_i = 0, \tag{3.11}$$

3.2. Momentos de inercia

Se define el momento de inercia, I, de un sistema de partículas respecto de un punto, un eje o plano como el producto de la masa de cada partícula, m_i por el cuadrado de su distancia, d_i, al punto, eje o plano.

$$I = \sum_{i=1}^{N} m_i d_i^2. \tag{3.12}$$

En el caso de un sistema de partículas continuo tenemos que la suma anterior se convierte en una integral:

$$I = \int r^2 \mathrm{d}m, \tag{3.13}$$

donde ahora llamamos r a la distancia al punto, eje o plano.

Cuando el momento es respecto de un punto, eje o plano se le llama momento de inercia polar, axial o planar, respectivamente. Nosotros nos centraremos en los momentos respecto de un eje, esto es los momentos de inercia axiales, que llamaremos simplemente **momentos de inercia**.

El momento de inercia es una cantidad aditiva. La suma de los momentos de inercia de dos sistemas de partículas respecto de un mismo eje es igual al momento de inercia de un sistema de partículas formado por la unión de esos dos sistemas respecto de ese mismo eje.

Ejemplo 3.3:

Nos piden calcular el momento de inercia de un cilindro hueco de radio R y masa M respecto de su eje. En física vamos a llamar **cilindro hueco** a aquellos cilindros en los que el espesor del cilindro es muy pequeño. En este caso, podemos considerar que todas las partículas que forman el sistema están a la misma distancia, R, del eje. En este caso es fácil calcular el momento de inercia usando (3.13):

$$I = \int r^2 \mathrm{d}m = R^2 \int \mathrm{d}m = MR^2. \qquad (3.14)$$

3.2.1. Radio de giro

El radio de giro, K, de un sistema de partículas respecto de un eje es la distancia a la que tendríamos que colocar una partícula de masa igual a la masa total del sistema de partículas para que tuviera un momento de inercia respecto de ese eje igual al momento de inercia del sistema de partículas respecto de ese mismo eje. Evidentemente, el momento de inercia de una única partícula respecto de un eje es simplemente el producto de su masa por la distancia al eje al cuadrado:

$$MK^2 = I \quad \Rightarrow \quad K = \sqrt{\frac{I}{M}}. \qquad (3.15)$$

Ejemplo 3.4:

Como ejemplo calculamos aquí el momento de inercia de un cilindro macizo y homogéneo respecto de su eje. Llamemos ρ a la densidad de masa, que es constante, ya que es homogéneo, L a su altura, R a su radio y M a su masa. Para hacer el cálculo podemos considerar este cilindro formado por la superposición de cilindros huecos de espesor infinitesimal $\mathrm{d}r$. El volumen de cada uno de estos cilindros es $\mathrm{d}v = 2\pi r \mathrm{d}rL$, que es infinitesimal, ya que el espesor $\mathrm{d}r$ es infinitesimal y donde r es el radio del cilindro, que va desde $r = 0$ hasta $r = R$. El momento de inercia de cada uno de estos cilindros huecos es igual a la masa del cilindro por su radio al cuadrado, ecuación (3.14). En nuestro caso, el momento de inercia infinitesimal de cada cilindro hueco es:

$$\mathrm{d}I = \rho \mathrm{d}v r^2 = \rho 2\pi r \mathrm{d}rL. \qquad (3.16)$$

$\rho \mathrm{d}v$ es la masa de cada cilindro hueco. Podemos calcular el momento de inercia total como la suma de los momentos de inercia de cada cilindro hueco:

$$\begin{aligned} I &= \int_0^R \rho \mathrm{d}vr^2 = \int_0^R \rho 2\pi L r^3 \mathrm{d}r = 2\pi\rho L \int_0^R r^3 \mathrm{d}r = \frac{1}{4} 2\pi\rho L (r^4)\Big|_0^R \\ &= \frac{1}{2}\pi\rho L R^4 = \frac{1}{2}\rho\pi R^2 L R^2 = \frac{1}{2} M R^2. \end{aligned} \tag{3.17}$$

En el último paso hemos usado que el volumen del cilindro es $\pi R^2 L$ que al multiplicarlo por la densidad ρ nos da la masa total, M, del cilindro.

3.2.2. Momentos de inercia respecto de los ejes del sistema de referencia

Vamos a introducir aquí estos momentos de inercia respecto de los ejes del sistema de referencia que luego nos aparecerán cuando hablemos del tensor de inercia en el tema siguiente. Vamos a representar el momento de inercia de un sistema de partículas respecto del eje x, y y z como I_{xx}, I_{yy} y I_{zz}, respectivamente. Para el eje x tendríamos:

$$I_{xx} = \sum_{i=1}^{N} m_i d_{ix}^2, \tag{3.18}$$

donde d_{ix} es la distancia de la partícula i al eje x. En la figura 3.4 podemos comprobar que esa distancia está relacionada con las coordenadas y_i y z_i de esa partícula por medio del teorema de Pitágoras:

$$d_{ix}^2 = y_i^2 + z_i^2. \tag{3.19}$$

Sustituimos lo anterior en la expresión (3.18) y obtenemos:

$$I_{xx} = \sum_{i=1}^{N} m_i \left(y_i^2 + z_i^2\right). \tag{3.20}$$

Es fácil generalizar para obtener I_{yy} y I_{zz}:

$$I_{yy} = \sum_{i=1}^{N} m_i \left(x_i^2 + z_i^2\right), \quad I_{zz} = \sum_{i=1}^{N} m_i \left(x_i^2 + y_i^2\right). \tag{3.21}$$

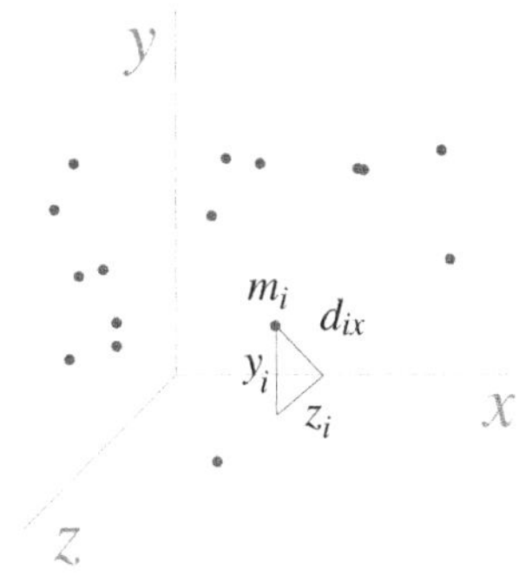

Figura 3.4 La distancia de la partícula i al eje x, d_{ix} es la hipotenusa de un triángulo rectángulo en la que los catetos son las coordenadas y_i y z_i de la partícula i.

Ejemplo 3.5:

El radio de giro, K, de un cilindro hueco respecto de su eje es:

$$K = \sqrt{\frac{I}{M}} = \sqrt{\frac{MR^2}{M}} = R. \tag{3.22}$$

El de un cilindro macizo y homogéneo respecto de su eje:

$$K = \sqrt{\frac{I}{M}} = \sqrt{\frac{\frac{1}{2}MR^2}{M}} = \frac{1}{\sqrt{2}}R = \frac{\sqrt{2}}{2}R. \tag{3.23}$$

3.2.3. Teorema de Steiner

Este teorema también recibe el nombre de **teorema de los ejes paralelos** y nos dice que el momento de inercia I de un sistema de partículas respecto de un eje cualquiera es igual al momento de inercia del sistema de partículas, I_{cm} respecto de un eje paralelo al anterior que pase por el centro de masas del sistema de partículas más el producto de la masa total, M, del sistema de partículas por la distancia a entre ambos ejes al cuadrado:

$$\boxed{I = I_{cm} + Ma^2.} \tag{3.24}$$

El cálculo del momento de inercia respecto de ejes que pasen por el centro de masas suele ser bastante más fácil que respecto de un eje cualquiera, ya que el centro de masas está en los elementos de simetría del sistema de partículas.

Ejemplo 3.6:

Vamos a obtener el momento de inercia de un cilindro macizo y homogéneo respecto de un eje tangencial a su cara lateral. Sabemos que el momento de inercia de este sistema de partículas respecto de su eje es:

$$I_{cm} = \frac{1}{2}MR^2, \tag{3.25}$$

donde M es la masa total y R es el radio del cilindro. Escribimos I_{cm}, ya que este eje pasa por el centro de masas. Como el eje respecto del cual queremos calcular el momento de inercia es paralelo a este eje, usamos el teorema de Steiner y, teniendo en cuenta que la distancia entre ambos ejes es el radio del cilindro, podemos escribir:

$$I = I_{cm} + MR^2 = \frac{1}{2}MR^2 + MR^2 = \frac{3}{2}MR^2. \tag{3.26}$$

3.2.4. Teorema de los ejes perpendiculares

Este teorema aplica a sistemas de partículas contenidos en un plano y establece que la suma de los momentos de inercia de una lámina respecto de dos ejes perpendiculares entre sí y contenidos en el plano de la lámina es igual al momento de inercia respecto de un eje perpendicular al plano de la lámina y que pasa por el punto de intersección de los ejes anteriores, ver figura 3.5:

$$\boxed{I_p = I_1 + I_2.} \tag{3.27}$$

Ejemplo 3.7:

En este ejemplo vamos a usar el teorema de los ejes perpendiculares para calcular el momento de inercia de un disco de radio R y masa M respecto de un eje contenido en el plano del disco que pasa por el centro del disco. Según dice el teorema, la suma de este momento de inercia I más el momento de inercia respecto de un eje perpendicular al anterior contenido en el plano del disco que pasa por el centro del disco, que tiene el mismo valor I, es igual al momento de inercia I_p respecto de un eje perpendicular que pasa por el punto de intersección de los dos ejes anteriores. Ese punto es el centro del disco y como el disco es un caso particular de un cilindro tenemos:

$$I + I = I_p \quad \Rightarrow 2I = \frac{1}{2}MR^2 \quad \Rightarrow I = \frac{1}{4}MR^2. \tag{3.28}$$

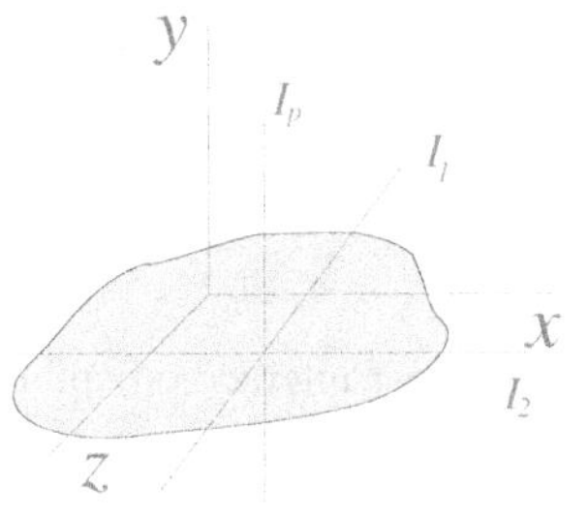

Figura 3.5 Los momentos de inercia I_1 e I_2 son respecto a dos ejes perpendiculares entre sí y contenidos en el plano de la lámina, en este caso el plano xz. El momento de inercia I_p es respecto a un eje perpendicular al plano de la lámina, en este caso paralelo al eje y.

3.3. Momento lineal o cantidad de movimiento

Se define el **momento lineal** o **cantidad de movimiento**, $\vec{p}$ de una partícula como el producto de la masa de la partícula por su velocidad:

$$\vec{p} = m\vec{v}. \tag{3.29}$$

Esta cantidad se mide en kg·m/s en el sistema internacional de unidades. Usando la segunda ley de la dinámica de Newton podemos encontrar una relación entre la fuerza y el momento lineal:

$$\vec{F} = m\vec{a} = m\frac{\mathrm{d}\vec{v}}{\mathrm{d}t} = \frac{\mathrm{d}(m\vec{v})}{\mathrm{d}t} = \frac{\mathrm{d}\vec{p}}{\mathrm{d}t}. \tag{3.30}$$

La derivada temporal del momento lineal de una partícula es igual a la fuerza total que actúa sobre esa partícula. Si sobre una partícula no actúa ninguna fuerza, el momento lineal permanece constante en el tiempo. Podemos entender el momento lineal como una medida de la inercia de una partícula. Este concepto no aporta nada nuevo a lo que hemos estudiado. Lo único que nos dice es que si sobre una partícula no hay fuerzas, la aceleración es cero: la velocidad permanece constante, cosa que ya sabíamos. Vamos ahora a usar el momento lineal en sistemas de partículas, donde sí que será de más utilidad.

Demostración 3.1:

Las partículas del sistema están sujetas a fuerzas producidas por interacción con otras partículas del sistema, lo que vamos a llamar **fuerzas internas**, y por interacción con agentes externos al sistema de partículas, lo que vamos a llamar **fuerzas externas**. Para cada partícula podemos escribir la fuerza total, $\vec{F}_i$, que sufre como la suma de las fuerzas internas más las fuerzas externas que actúan sobre ella:

$$\vec{F}_i = \vec{F}_{i;\text{int}} + \vec{F}_{i;\text{ext}} \implies \frac{\mathrm{d}\vec{p}_i}{\mathrm{d}t} = \vec{F}_i = \vec{F}_{i;\text{int}} + \vec{F}_{i;\text{ext}}. \tag{3.31}$$

Como las fuerza internas son por interacción con otras partículas del propio sistema tendrán la siguiente forma:

$$\vec{F}_{i;\text{int}} = \sum_{j\neq i}^{N} \vec{F}_{ij}, \tag{3.32}$$

donde ese sumatorio es sobre todas las partículas excepto i. $\vec{F}_{ij}$ es la fuerza que la partícula i sufre por interacción con la partícula j. Por el principio de acción y reacción si la partícula i sufre una fuerza $\vec{F}_{ij}$ por interacción con la partícula j, la partícula j también sufrirá una fuerza de interacción con la partícula i, $\vec{F}_{ji}$, donde se cumple que tienen el mismo módulo, la misma dirección, pero son de sentido contrario: $\vec{F}_{ij} = -\vec{F}_{ji}$. Si derivamos respecto del tiempo el momento lineal total del sistema de partículas obtenemos:

$$\frac{\mathrm{d}\vec{P}}{\mathrm{d}t} = \sum_{i=1}^{N} \frac{\mathrm{d}\vec{p}_i}{\mathrm{d}t} = \sum_{i=1}^{N} \vec{F}_{i;\text{int}} + \sum_{i=1}^{N} \vec{F}_{i;\text{ext}} = \sum_{i=1}^{N} \sum_{j\neq i}^{N} \vec{F}_{ij} + \sum_{i=1}^{N} \vec{F}_{i;\text{ext}} = \vec{F}_{\text{ext}}. \tag{3.33}$$

El doble sumatorio es cero, ya que para cualquier $\vec{F}_{ij}$ existe un $\vec{F}_{ji} = -\vec{F}_{ij}$ dentro de ese mismo sumatorio que lo cancela. Esto es, la suma de todas las fuerzas internas es cero porque se cancelan dos a dos. Hemos llamado $\vec{F}_{\text{ext}}$ al sumatorio de las fuerza externas que actúan sobre todas las partículas del sistema. Es la fuerza total externa que actúa sobre el sistema de partículas. Llegamos entonces al resultado:

$$\frac{\mathrm{d}\vec{P}}{\mathrm{d}t} = \vec{F}_{\text{ext}}. \tag{3.34}$$

Empezamos por definir el momento lineal total, $\vec{P}$, de un sistema de partículas como la suma de los momentos lineales de cada partícula que forma el sistema. Si llamamos $\vec{p}_i = m_i\vec{v}_i$ al momento lineal de la partícula i:

$$\vec{P} = \sum_{i=1}^{N} \vec{p}_i = \sum_{i=1}^{N} m_i\vec{v}_i. \tag{3.35}$$

En la demostración 3.1 obtenemos que el momento lineal total de un sistema de partículas solo depende las fuerzas externas que actúan sobre ese sistema:

$$\boxed{\frac{\mathrm{d}\vec{P}}{\mathrm{d}t} = \vec{F}_{\text{ext}}.} \tag{3.36}$$

Esto implica que si sobre un sistema de partículas la fuerza total externa es nula, el momento lineal total, $\vec{P}$, permanece constante, las fuerzas internas entre partículas no pueden modificar el momento lineal total del sistema.

Es fácil llegar a relacionar el momento lineal total con el movimiento del centro de masas, ver demostración 3.2:

$$\boxed{\vec{P} = M\vec{v}_{CM}.} \tag{3.37}$$

En la expresión anterior hemos llamado $\vec{v}_{CM}$ a la velocidad con que se mueve el centro de masas. Derivando (3.37) respecto del tiempo:

$$\frac{\mathrm{d}\vec{P}}{\mathrm{d}t} = M\frac{\mathrm{d}\vec{v}_{CM}}{\mathrm{d}t} \quad \Rightarrow \quad \boxed{\vec{F}_{\text{ext}} = M\vec{a}_{CM},} \tag{3.38}$$

que es la misma expresión que encontramos para la dinámica de una partícula. Es sencillo, entonces, estudiar el movimiento de traslación de cualquier sistema de partículas. Solo tenemos que usar lo que sabemos de la dinámica de una partícula y sustituir el sistema de partículas por una única partícula de masa M situada en el centro de masas y que está sujeta a la acción de las fuerzas externas. Para estudiar el movimiento completo del sistema de partículas tendríamos que añadir a este movimiento del centro de masas el movimiento de las partículas relativo al centro de masas, lo que vamos a llamar **movimiento interno**.

Demostración 3.2:

Si derivamos la definición de centro de masas (3.1) respecto del tiempo:

$$\frac{d\vec{r}_{CM}}{dt} = \frac{\sum_{i=1}^{N} m_i \frac{d\vec{r}_i}{dt}}{M} = \frac{\sum_{i=1}^{N} m_i \vec{v}_i}{M} = \frac{\sum_{i=1}^{N} \vec{p}_i}{M} \Rightarrow M\vec{v}_{CM} = \vec{P}. \quad (3.39)$$

Demostración 3.3:

Es fácil comprobar que el momento lineal total interno es cero recordando la expresión (3.10):

$$\vec{P'} = \sum_{i=1}^{N} \vec{p'}_i = \sum_{i=1}^{N} m_i \vec{v'}_i = \sum_{i=1}^{N} m_i \frac{d\vec{r'}_i}{dt} = \sum_{i=1}^{N} \frac{m_i d\vec{r'}_i}{dt} = \frac{d(\sum_{i=1}^{N} m_i \vec{r'}_i)}{dt} = 0. \quad (3.40)$$

Este hecho es importante y lo usaremos en demostraciones posteriores.

Para terminar esta sección vamos a definir el momento lineal total interno, $\vec{P'}$, que es el momento lineal total medido desde el sistema de referencia centro de masas. Este momento lineal interno tiene la particularidad de que es siempre cero, ver demostración 3.3:

$$\boxed{\vec{P'} = 0.} \quad (3.41)$$

3.4. Energía cinética de un sistema de partículas

La energía cinética de un sistema de partículas es la suma de las energías cinéticas de todas las partículas que lo forman:

$$E_c = \frac{1}{2} \sum_{i=1}^{N} m_i v_i^2. \quad (3.42)$$

A partir de la expresión anterior podemos encontrar otra, ver demostración 3.4, con más sentido físico y que se conoce como **teorema de König**:

$$\boxed{E_c = \frac{1}{2} M v_{CM}^2 + \frac{1}{2} \sum_{i=1}^{N} m_i v_i'^2.} \quad (3.43)$$

El primer término es lo que se conoce como energía cinética de traslación del centro de masas y, el segundo, energía cinética interna. Sabemos que si no hay fuerzas externas el centro de masas no sufre aceleración, ecuación (3.38), por lo que la energía cinética de traslación permanece constante. Para que ese término varíe tienen que actuar fuerzas externas sobre el sistema de partículas. La energía cinética interna, en cambio, puede variar aun en ausencia de fuerzas externas; no tiene por qué ser constante. Es importante recordar que en ausencia de fuerzas externas el momento lineal total permanece constante, pero no así la energía cinética que puede variar por interacciones internas entre las partículas del propio sistema.

3.5. Momento angular o cinético y momento de una fuerza

En esta sección introducimos un par de conceptos que podríamos haber presentado antes, cuando hablamos de la dinámica de una partícula, pero no lo hicimos porque su importancia se comprende mejor cuando los utilizamos en sistemas de partículas.

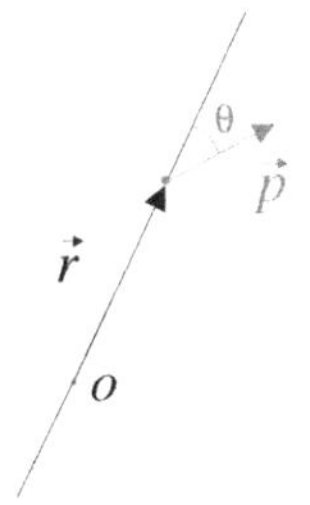

Figura 3.6

3.5.1. Momento angular

El **momento angular** o **momento cinético**, $\vec{L}$, de una partícula de masa m respecto de un punto O es el producto vectorial del vector de posición de la partícula respecto del punto O por el momento lineal de la partícula, ver figura 3.6:

$$\vec{L} = \vec{r} \times \vec{p} = \vec{r} \times m\vec{v} = m\vec{r} \times \vec{v}; \quad |L| = mrv \operatorname{sen} \theta. \tag{3.44}$$

Demostración 3.4:

Vamos a usar la relación (3.8) y que $v_i^2 = \vec{v}_i \cdot \vec{v}_i$ en la energía cinética total de un sistema de partículas:

$$
\begin{aligned}
E_c &= \frac{1}{2}\sum_{i=1}^{N} m_i v_i^2 = \frac{1}{2}\sum_{i=1}^{N} m_i \vec{v}_i \cdot \vec{v}_i = \frac{1}{2}\sum_{i=1}^{N} m_i \left(\vec{v}'_i + \vec{v}_{CM}\right)\cdot\left(\vec{v}'_i + \vec{v}_{CM}\right)\\
&= \frac{1}{2}\sum_{i=1}^{N} m_i \left(v_i'^2 + 2\vec{v}_{CM}\cdot\vec{v}'_i + v_{CM}^2\right)\\
&= \frac{1}{2}\sum_{i=1}^{N} m_i v_i'^2 + \frac{1}{2}\sum_{i=1}^{N} 2m_i\vec{v}_{CM}\cdot\vec{v}'_i + \frac{1}{2}\sum_{i=1}^{N} m_i v_{CM}^2 \qquad (3.45)\\
&= \frac{1}{2}\sum_{i=1}^{N} m_i v_i'^2 + \vec{v}_{CM}\cdot\sum_{i=1}^{N} m_i\vec{v}'_i + \frac{1}{2}v_{CM}^2\sum_{i=1}^{N} m_i\\
&= \frac{1}{2}\sum_{i=1}^{N} m_i v_i'^2 + \frac{1}{2}Mv_{CM}^2.
\end{aligned}
$$

Para el último paso hemos usado que el momento lineal total interno es cero $\vec{P}' = \sum_{i=1}^{N} m_i\vec{v}'_i = 0$, ecuación (3.41).

3.5.2. Momento de una fuerza

El **momento de una fuerza**, $\vec{M}$, que actúa sobre una partícula respecto de un punto O es igual al producto vectorial del vector de posición del punto de aplicación de la fuerza respecto del punto O por la fuerza, figura 3.7:

$$\vec{M} = \vec{r}\times\vec{F}; \quad \left|\vec{M}\right| = rF\,\text{sen}\,\theta. \qquad (3.46)$$

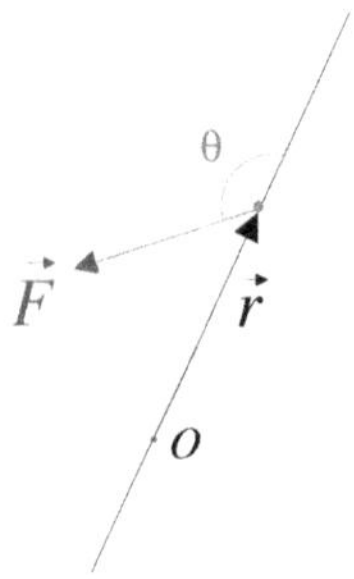

Figura 3.7

Como usamos la misma letra, la M, para el momento de una fuerza que para la masa total del sistema de partículas para distinguirlas usaremos el siguiente criterio: cuando hablemos de masa aparecerá como un escalar M. Cuando sea una cantidad vectorial estaremos refiriéndonos al momento de una fuerza $\vec{M}$. Si tenemos que escribir el módulo del momento, que es un escalar, lo haremos empleando, siempre que pueda haber confusión, la notación $\left|\vec{M}\right|$.

El momento angular juega un papel similar al del momento lineal: nos caracteriza la inercia de un sistema, pero en su movimiento alrededor de un punto. Algo similar podemos afirmar respecto de la fuerza y el momento de la fuerza. Además, estos dos conceptos están relacionados igual que el momento lineal y la fuerza. El momento angular de una partícula respecto de un punto y el momento de la fuerza sobre esa partícula respecto del mismo punto verifican, ver demostración 3.5:

$$\boxed{\frac{\mathrm{d}\vec{L}}{\mathrm{d}t} = \vec{M}.} \tag{3.47}$$

Si el momento respecto de un punto de la fuerza neta que actúa sobre una partícula es cero, entonces el momento angular de la partícula respecto de ese mismo punto es constante. Esto implica que, por ejemplo, la partícula se tiene que mover en un plano, si no lo hiciera, entonces la dirección del vector $\vec{L}$ estaría cambiando y no sería constante.

Demostración 3.5:

Derivamos el momento angular de una partícula respecto de un punto:

$$\frac{\mathrm{d}\vec{L}}{\mathrm{d}t} = \frac{\mathrm{d}}{\mathrm{d}t}(\vec{r}\times\vec{p}) = \frac{\mathrm{d}\vec{r}}{\mathrm{d}t}\times\vec{p} + \vec{r}\times\frac{\mathrm{d}\vec{p}}{\mathrm{d}t} = 0 + \vec{r}\times\vec{F} = \vec{M}. \tag{3.48}$$

Ejemplo 3.8:

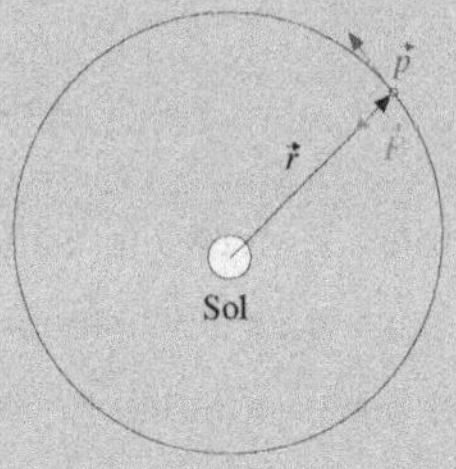

El momento de cualquier fuerza central respecto del centro de fuerzas es nulo, por lo que el momento angular respecto de ese punto será constante. Un ejemplo de fuerza central es el campo gravitatorio. En la figura vemos que el momento del peso de un objeto sujeto al campo gravitatorio respecto del centro de fuerzas (el centro del sol en la figura) va a ser cero por formar el vector $\vec{F}$ un ángulo de 180º con el vector de posición r del objeto respecto del centro de fuerzas. Cualquier objeto sujeto a fuerzas gravitatorias se mueve en una órbita plana para que el momento angular permanezca constante.

El momento angular de ese objeto sujeto al campo gravitatorio del sol vendría dado, suponiendo una órbita circular, por:

$$\vec{L} = \vec{r}\times\vec{p} \quad \Rightarrow L = rp\sin 90^{\circ} = rmv. \tag{3.49}$$

De lo anterior podemos ver que, para que L sea constante, si disminuye r

tiene que aumentar v. Esto es lo que ocurre en las órbitas elípticas de los planetas: cuando están en el perihelio (parte de la órbita más cercana al sol) su velocidad es mayor que cuando están en el afelio (parte más alejada).

3.6. Momentos angular y de fuerzas en los sistemas de partículas

El momento angular total, $\vec{L}$, de un sistema de partículas respecto de un punto O, es igual a la suma de los momentos angulares de cada partícula del sistema respecto del punto O:

$$\vec{L} = \sum_{i=1}^{N} \vec{r}_i \times \vec{p}_i = \sum_{i=1}^{N} \vec{r}_i \times m_i \vec{v}_i = \sum_{i=1}^{N} m_i \vec{r}_i \times \vec{v}_i. \tag{3.50}$$

Por medio de la demostración 3.6 llegamos a la conclusión de que la derivada de $\vec{L}$ respecto del tiempo solo depende de los momentos de las fuerzas externas:

$$\boxed{\frac{\mathrm{d}\vec{L}}{\mathrm{d}t} = \vec{M}_{\text{ext}}.} \tag{3.51}$$

$\vec{M}_{\text{ext}}$ es la suma de los momentos de las fuerzas externas respecto del punto O, el mismo respecto del cual medimos el momento angular L, y lo podemos escribir como:

$$\vec{M}_{\text{ext}} = \sum_{i=1}^{N} \vec{r}_i \times \vec{F}_{i;\text{ext}}. \tag{3.52}$$

Anteriormente vimos algo similar para el momento lineal total: su derivada es igual a la fuerza externa neta, esto es, las fuerzas internas entre partículas del sistema no modifican el momento lineal total. Ahora tenemos que el momento angular solo depende de los momentos de las fuerzas externas. Los momentos de las fuerzas internas no modifican el momento angular total del sistema. Con esto tenemos un teorema de conservación del momento angular total de un sistema de partículas. Si el momento de las fuerzas externas de un sistema de partículas respecto de un punto O es cero el momento angular total respecto del punto O permanece constante.

Ejemplo 3.9:

Si consideramos el cinturón de asteroides como un sistema de partículas tenemos que la única fuerza externa es la de interacción gravitatoria con el sol (estamos despreciando la interacción con el resto de planetas por simplicidad). Esta es una fuerza central, luego el momento total de las fuerzas externas respecto del centro del sol es cero. Por momento total de las fuerzas nos referimos a la suma de los momentos de la fuerza gravitatoria sobre cada asteroide en su interacción con el sol. Al ser este momento de las fuerzas externas igual a cero el momento angular total del cinturón de asteroides tiene que permanecer constante, a pesar de las posibles interacciones gravitatorias entre ellos.

Demostración 3.6:

Realizamos, en primer lugar, la derivada de $\vec{L}$:

$$\frac{\mathrm{d}\vec{L}}{\mathrm{d}t} = \frac{\mathrm{d}}{\mathrm{d}t}\left(\sum_{i=1}^{N} r_i \times \vec{p}_i\right) = \sum_{i=1}^{N} \vec{r}_i \times \frac{\mathrm{d}\vec{p}_i}{\mathrm{d}t} = \sum_{i=1}^{N} \vec{r}_i \times \vec{F}_i. \quad (3.53)$$

Para hacer cada una de las derivadas dentro del sumatorio hemos usado el resultado de la demostración 3.5. Ahora descomponemos la fuerza sobre cada partícula en suma de fuerza externa más fuerza interna para transformar el último término de la expresión anterior:

$$\sum_{i=1}^{N} \vec{r}_i \times \vec{F}_i = \sum_{i=1}^{N} \vec{r}_i \times \left(\vec{F}_{i;\mathrm{int}} + \vec{F}_{i;\mathrm{ext}}\right) = \sum_{i=1}^{N} \vec{r}_i \times \vec{F}_{i;\mathrm{int}} + \sum_{i=1}^{N} \vec{r}_i \times \vec{F}_{i;\mathrm{ext}}. \quad (3.54)$$

El resultado de la demostración 3.7 nos dice que $\sum_{i=1}^{N} \vec{r}_i \times \vec{F}_{i;\mathrm{int}} = 0$ por lo que obtenemos:

$$\frac{\mathrm{d}\vec{L}}{\mathrm{d}t} = \vec{M}_{\mathrm{ext}}, \quad (3.55)$$

donde llamamos $\vec{M}_{\mathrm{ext}}$ al momento total debido a las fuerzas externas:

$$\vec{M}_{\mathrm{ext}} = \sum_{i=1}^{N} \vec{r}_i \times \vec{F}_{i;\mathrm{ext}}. \quad (3.56)$$

Vamos a definir el **momento angular interno** de un sistema de partículas como el momento angular medido en el sistema de referencia centro de masas. Lo vamos a representar por $\vec{L}_{CM}$ y es igual a:

$$\vec{L}_{CM} = \sum_{i=1}^{N} \vec{r}_i' \times \vec{p}_i'. \tag{3.57}$$

$\vec{r}_i'$ es el vector de posición de la partícula i en el sistema de referencia centro de masas (el punto O respecto de cual medimos el momento es, entonces, el origen de ese sistema de referencia) y $\vec{p}_i' = m_i \vec{v}_i'$ es el momento lineal de la partícula i medida respecto del sistema de referencia centro de masas.

Vamos a llamar **momento angular orbital** de un sistema de partículas respecto de un punto O a:

$$\vec{r}_{CM} \times M\vec{v}_{CM}, \tag{3.58}$$

donde $\vec{r}_{CM}$ es el vector de posición del centro de masas respecto del punto O.

En la demostración 3.8 encontramos que la suma de los dos términos anteriores es el momento angular total del sistema de partículas respecto del punto O:

$$\boxed{\vec{L} = \vec{r}_{CM} \times M\vec{v}_{CM} + \vec{L}_{CM}.} \tag{3.59}$$

En otras palabras, podemos calcular el momento angular total respecto de un punto O como la suma de un momento angular relacionado con el desplazamiento del centro de masas respecto de ese punto O más un momento angular interno (sin ninguna relación con el punto O).

Ejemplo 3.10:

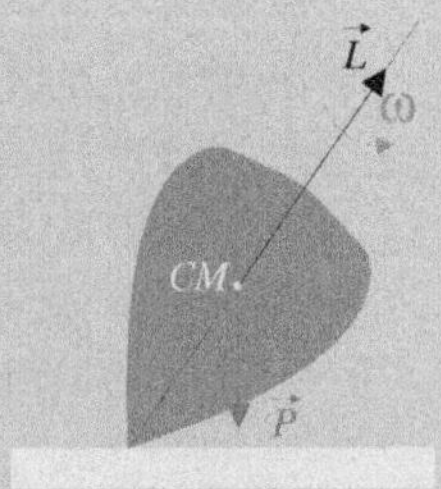

Cuando hacemos girar una peonza aparece un momento angular que tiene como dirección el eje de rotación. Si ese eje de rotación está inclinado aparece un momento del peso respecto del punto de apoyo de la peonza. Ese momento de fuerza es perpendicular al momento angular por lo que hará cambiar de dirección. El eje de rotación, que es paralelo al momento angular, comienza a describir un círculo alrededor de la vertical, que es lo que se conoce como **movimiento de precesión**. Si la peonza la colocamos inclinada, pero sin girar, el momento angular es nulo inicialmente y el momento del peso respecto del punto de apoyo hace que aparezca un momento angular paralelo respecto de ese punto que es paralelo al momento de fuerzas y que hace que la peonza caiga rotando alrededor de un eje que es paralelo a ambos momentos (perpendicular al plano del papel en la figura).

Demostración 3.7:

Vamos a ver que $\sum_{i=1}^{N} \vec{r}_i \times \vec{F}_{i;\text{int}}$ es, efectivamente, igual a cero. Si escribimos la fuerza interna sobre cada partícula como la suma de fuerzas de interacción con el resto de las partículas del sistema, ecuación 3.32):

$$\sum_{i=1}^{N} \vec{r}_i \times \vec{F}_{i;\text{int}} = \sum_{i=1}^{N} \vec{r}_i \times \sum_{j\neq i}^{N} \vec{F}_{ij} = \sum_{i=1}^{N} \sum_{j\neq i}^{N} \vec{r}_i \times \vec{F}_{ij}. \tag{3.60}$$

El último término es, en realidad, una suma de términos de la forma $\vec{r}_i \times \vec{F}_{ij}$. Recordando que $\vec{F}_{ij}$ es la fuerza que la partícula sufre por interacción con la partícula j, si en el sumatorio hay un término $\vec{r}_i \times \vec{F}_{ij}$ tiene que haber otro de la forma $\vec{r}_j \times \vec{F}_{ji}$, donde por la ley de acción y reacción sabemos que $\vec{F}_{ij} = -\vec{F}_{ji}$. Si sumamos uno cualquiera de estos pares:

$$\vec{r}_i \times \vec{F}_{ij} + \vec{r}_j \times \vec{F}_{ji} = \vec{r}_i \times \vec{F}_{ij} - \vec{r}_j \times \vec{F}_{ij} = \left(\vec{r}_i - \vec{r}_j\right) \times \vec{F}_{ij}. \tag{3.61}$$

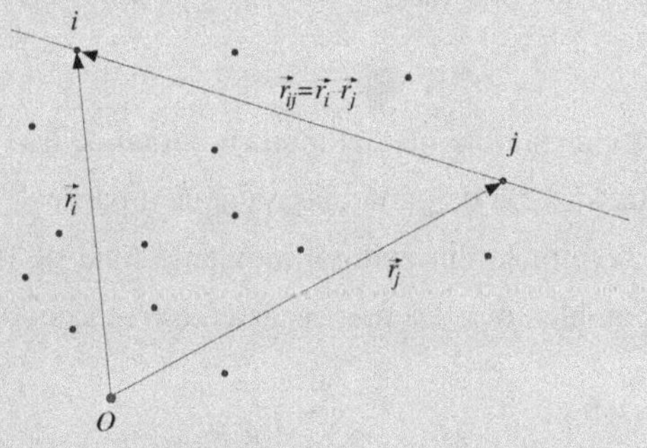

En la figura podemos comprobar que si dibujamos el vector de posición, $\vec{r}_{ij}$, de la partícula i respecto de la partícula j y le sumamos a $\vec{r}_{ij}$ el vector de posición de la partícula j, $\vec{r}_j$, obtenemos $\vec{r}_i$:

$$\vec{r}_i = \vec{r}_{ij} + \vec{r}_j \quad \Rightarrow \quad \vec{r}_{ij} = \vec{r}_i - \vec{r}_j. \tag{3.62}$$

Las fuerzas $\vec{F}_{ij}$ tienen como dirección la recta que pasa por las partículas i y j, luego $\vec{r}_i - \vec{r}_j$ y $\vec{F}_{ij}$ tienen la misma dirección y:

$$\vec{r}_i \times \vec{F}_{ij} + \vec{r}_j \times \vec{F}_{ji} = \left(\vec{r}_i - \vec{r}_j\right) \times \vec{F}_{ij} = 0. \tag{3.63}$$

Por lo que $\sum_{i=1}^{N} \vec{r}_i \times \vec{F}_{i;\mathrm{int}} = 0$, ya que cada término en el sumatorio tiene otro que lo anula.

Demostración 3.8:

Para demostrar (3.59) introducimos las igualdades $\vec{r}_i = \vec{r}\,'_i + \vec{r}_{CM}$ y $\vec{v}_i = \vec{v}\,'_i + \vec{v}_{CM}$ en la definición de momento angular total, (3.50):

$$\begin{aligned}
\vec{L} &= \sum_{i=1}^{N} m_i \vec{r}_i \times \vec{v}_i = \sum_{i=1}^{N} m_i \left(\vec{r}\,'_i + \vec{r}_{CM}\right) \times \left(\vec{v}\,'_i + \vec{v}_{CM}\right) \\
&= \sum_{i=1}^{N} m_i \left(\vec{r}\,'_i \times \vec{v}\,'_i + \vec{r}\,'_i \times \vec{v}_{CM} + \vec{r}_{CM} \times \vec{v}\,'_i + \vec{r}_{CM} \times \vec{v}_{CM}\right) \\
&= \sum_{i=1}^{N} \vec{r}\,'_i \times m_i \vec{v}\,'_i + \left(\sum_{i=1}^{N} m_i \vec{r}\,'_i\right) \times \vec{v}_{CM} + \vec{r}_{CM} \times \sum_{i=1}^{N} m_i \vec{v}\,'_i + \vec{r}_{CM} \times \vec{v}_{CM} \left(\sum_{i=1}^{N} m_i\right) \\
&= \sum_{i=1}^{N} \vec{r}\,'_i \times \vec{p}\,'_i + 0 + 0 + \vec{r}_{CM} \times M \vec{v}_{CM} = \vec{L}_{CM} + \vec{r}_{CM} \times M \vec{v}_{CM}.
\end{aligned} \tag{3.64}$$

Hemos usado en lo anterior que $\sum_{i=1}^{N} m_i \vec{v}\,'_i = \sum_{i=1}^{N} m_i \vec{r}\,'_i = 0$.

Podemos hacer algo similar para el momento total de las fuerza externas $\vec{M}_{\mathrm{ext}}$ que actúan sobre un sistema de partículas, aunque a partir de ahora escribiremos solo $\vec{M}$, pero nos seguimos refiriendo al momento total de las fuerzas externas. Vamos a definir el momento de las fuerzas externas respecto del centro de masas:

$$\vec{M}_{CM} = \sum_{i=1}^{N} \vec{r}\,'_i \times \vec{F}_{i;\mathrm{ext}}. \tag{3.65}$$

$\vec{r}\,'_i$ es el vector de posición de la partícula i respecto del sistema de referencia centro de masas. Por otro lado, tenemos el momento de las fuerzas externas medido respecto del punto O, pero como si todas las fuerzas se aplicaran a una única partícula situada en el centro de masas:

$$\vec{r}_{CM} \times \vec{F}_{\mathrm{ext}} = \vec{r}_{CM} \times \sum_{i=1}^{N} \vec{F}_{i;\mathrm{ext}}. \tag{3.66}$$

El momento total de las fuerzas externas es igual a la suma de los términos anteriores, ver demostración 3.9:

$$\boxed{\vec{M} = \vec{M}_{CM} + \vec{r}_{CM} \times \vec{F}_{\text{ext}}.} \tag{3.67}$$

Derivando al ecuación (3.59) es fácil llegar a la siguientes igualdades:

$$\boxed{\vec{r}_{CM} \times \vec{F}_{\text{ext}} = \vec{r}_{CM} \times M\vec{a}_{CM}.} \tag{3.68}$$

y

$$\boxed{\frac{\mathrm{d}\vec{L}_{CM}}{\mathrm{d}t} = \vec{M}_{CM}.} \tag{3.69}$$

Estas dos últimas expresiones nos dicen que podemos descomponer el estudio de la evolución del momento angular de un sistema de partículas en el movimiento de una partícula de masa M y situada en el centro de masas, ecuación (3.68), del sistema más un movimiento interno (momento angular medido en el sistema de referencia centro de masas) regido por los momentos de las fuerzas externas respecto del centro de masas del sistema de partículas, ecuación (3.69).

Ejemplo 3.11:

El momento angular total de la tierra respecto del sol lo podemos descomponer en un momento angular orbital y un momento angular interno debido a la rotación de la tierra alrededor de su eje, que medimos respecto del centro de masas de la tierra. El momento de la fuerza total externa aplicada sobre el centro de masas respecto del centro del sol es cero, $\vec{r}_{CM} \times \vec{F}_{\text{ext}} = 0$, por lo que el momento angular orbital, $\vec{r}_{CM} \times M\vec{v}_{CM}$, permanece constante. Por otro lado, el momento angular interno será constante si el momento de las fuerzas externas medido respecto del centro de masas es cero:

$$\vec{M}_{CM} = \sum \vec{r}_i' \times \vec{F}_{i;\text{ext}} = 0. \tag{3.70}$$

Siendo $\vec{F}_{i;\text{ext}}$ la fuerza gravitatoria con que cada partícula es atraída por el sol. Si todas las partículas estuvieran a la misma distancia del sol $\vec{F}_{i;\text{ext}} = m_i\vec{g}$, donde $\vec{g}$ es el vector aceleración constante y tendríamos que:

$$\vec{M}_{CM} = \left(\sum_{i=1}^{N} m_i \vec{r}_i' \right) \times \vec{g} = 0, \tag{3.71}$$

ya que, como sabemos, $\sum_{i=1}^{N} m_i \vec{r}_i' = 0$. Pero esto no es así en el caso de la tierra y otros objetos astronómicos. La tierra no es una esfera perfecta, está achatada por los polos, con un eje de rotación inclinado respecto al plano de su órbita. Esto produce un momento de fuerzas respecto del centro de masas, $\vec{M}_{CM}$, diferente de cero. De manera que $\vec{L}_{CM}$ no es constante, sino que varía en el tiempo. Esto no produce una variación en el módulo de $\vec{L}_{CM}$, que implicaría una variación en la velocidad de rotación, sino que la variación se produce por medio de un cambio en la dirección del vector $\vec{L}_{CM}$. Un cambio en el eje de rotación de la tierra que se conoce como **precesión de los equinoccios**. Es por eso que el cambio en las estaciones del año va variando a lo largo del tiempo.

Demostración 3.9:

De nuevo usamos la identidad $\vec{r}_i = \vec{r}_i' + \vec{r}_{CM}$:

$$\vec{M} = \sum_{i=1}^{N} \vec{r}_i \times \vec{F}_{i;\text{ext}} = \sum_{i=1}^{N} \left(\vec{r}_i' + \vec{r}_{CM}\right) \times \vec{F}_{i;\text{ext}} = \sum_{i=1}^{N} \vec{r}_i' \times \vec{F}_{i;\text{ext}} + \vec{r}_{CM} \times \sum_{i=1}^{N} \vec{F}_{i;\text{ext}}$$
$$= \vec{M}_{CM} + \vec{r}_{CM} \times \vec{F}_{\text{ext}}. \quad (3.72)$$

Problemas

1. Obtenga la posición del centro de masas de la figura sabiendo que la densidad de masa σ es constante en toda la lámina.

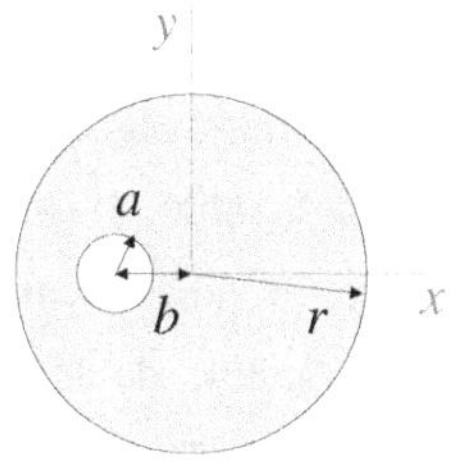

2. Usando los teoremas de Pappus-Guldin encuentre los centros de masas del alambre homogéneo con densidad de masa unidimensional λ de la figura de la izquierda y de la lámina homogénea de densidad de masa σ de la figura de la derecha.

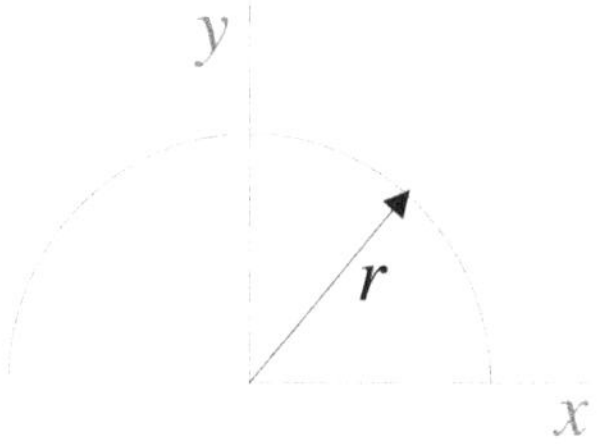

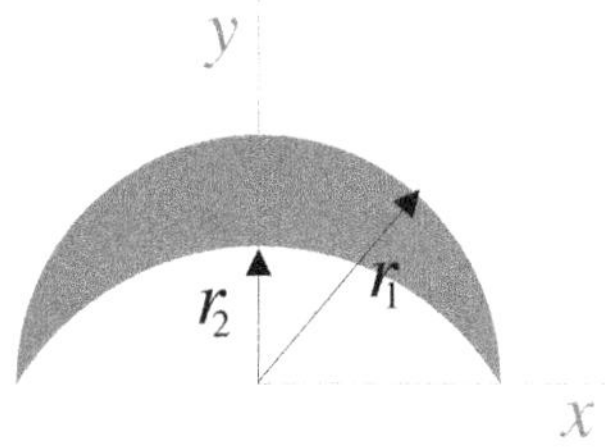

3. Calcule el momento de inercia de un cilindro hueco respecto de su eje cuyo radio exterior es R_1 y cuyo radio interior es R_2, sabiendo que es homogéneo. Compruebe que obtenemos la expresión (3.14) cuando $R_1 \approx R_2$.

4. Determine el momento de inercia de una esfera homogénea de masa M y radio R respecto de un eje que pase por su centro.

5. Dos partículas de masas $m_1 = 3$ g y $m_2 = 8$ g moviéndose sobre el eje x con velocidades $v_1 = 3$ m/s y $v_2 = -5$ m/s colisionan elásticamente (se conserva la energía cinética) y, tras la colisión, siguen moviendose en horizontal. Determine cuál es la velocidad final de ambas partículas.

6. Un objeto de masa $m_1 = 3$ kg cae desde 2 m de altura por un plano sin rozamiento inclinado 30°. Al llegar al final del plano impacta con otro objeto, que está en reposo, de masa $m_2 = 1$ kg. Si el primer objeto queda en reposo tras el choque, ¿a qué velocidad sale despedido el segundo objeto?

7. Una persona está subida en el extremo de un barco y lanza por la borda un saco de 20 kg con una velocidad horizontal de 0,75 m/s. El barco y la persona tienen una masa conjunta de 130 kg y el coeficiente de rozamiento cinético entre el agua y el barco es de 0,1. ¿Qué distancia recorrerá el barco antes de detenerse?

8. Dos esferas homogéneas de masas iguales $m = 1$ kg están unidas por una varilla de 1,5 m y masa despreciable. Si este sistema gira a razón de 3 vueltas por segundo alrededor de un eje vertical que pasa por el centro de la varilla, que está inclinada un ángulo de 15° respecto de la horizontal, calcule el momento angular interno y el total respecto del origen de coordenadas. ¿Es necesaria la existencia de un momento de fuerza? Calcule el momento angular de ese sistema respecto de cualquier punto.

9. El péndulo balístico es un dispositivo para medir las velocidades de proyectiles. Consiste en un bloque de plomo suspendido del techo por unos hilos resistentes, pero de masa despreciable. Si sobre este péndulo impacta un proyectil, que queda adherido al bloque y se elevan juntos una altura h calcule la velocidad v con que llega el proyectil. Calcule también la energía perdida en el proceso.

Tema 4

Movimiento plano del sólido rígido

En el tema anterior vimos que una forma de abordar la descripción del movimiento de un sistema de partículas es estudiando el movimiento del centro de masas como si fuera una partícula con la masa total del sistema más un movimiento interno medido en un sistema de referencia ligado al centro de masas. En este tema nos centraremos en el estudio de un sistema de partículas que se conoce como **sólido rígido** y que se define como aquel sistema de referencia en el que la distancia entre las partículas permanece constante bajo la acción de cualquier fuerza o momento de fuerza. En este tipo de sistemas el único movimiento es una rotación alrededor de un eje que pasa por el centro de masas. El **teorema de Chasles** establece precisamente que el movimiento general de un sólido rígido se puede descomponer en el movimiento de traslación de su centro de masas más una rotación alrededor de un eje que pasa por su centro de masas.

4.1. Movimiento general de un sólido rígido

El estudio del movimiento del centro de masas de un sólido rígido, como el de cualquier sistema de partículas, se reduce al estudio del movimiento de una partícula cuya masa es igual a la suma de todas las masas de las partículas que forman el sistema, sujeta a la suma de las fuerzas externas que actúan sobre todas las partículas del sistema. Tal y como hemos dicho anteriormente, el movimiento interno para un sólido rígido es simplemente un movimiento de rotación alrededor de un eje que pasa por el centro de masas. Cada partícula del sólido estará realizando un movimiento circular alrededor del eje. Como el sólido rígido, por definición, no se puede deformar, todas las partículas tienen que tener la misma velocidad angular ω, pero diferente velocidad lineal $v_i = \omega d_i$. Siendo d_i la distancia de la partícula i al eje de rotación. Por comodidad vamos a usar el sistema de referencia del centro de masas para realizar el estudio de este movimiento de rotación. Sea $\vec{\omega}$ el vector velocidad angular con que está rotando el sólido rígido:

$$\vec{\omega} = \omega_x \vec{i} + \omega_y \vec{j} + \omega_z \vec{k}. \tag{4.1}$$

Recordemos que la dirección de este vector es perpendicular al plano de movimiento de la partículas. En la demostración 4.1 se llega al resultado de que las componentes del vector momento angular $\vec{L}$ del sólido rígido respecto del centro de masas las podemos escribir como:

$$\begin{aligned} L_x &= \omega_x I_{xx} + \omega_y I_{xy} + \omega_z I_{xz} \\ L_y &= \omega_x I_{yx} + \omega_y I_{yy} + \omega_z I_{yz} \\ L_z &= \omega_x I_{zx} + \omega_y I_{zy} + \omega_z I_{zz}, \end{aligned} \tag{4.2}$$

donde I_{xx}, I_{yy}, y I_{zz} son los momentos de inercia respecto de los ejes del sistema de referencia, ver 3.18 y el resto son lo que se conoce como productos de inercia:

$$\begin{aligned} I_{xy} &= I_{yx} = -\sum_{i=1}^{N} m_i x_i y_i \\ I_{xz} &= I_{zx} = -\sum_{i=1}^{N} m_i x_i z_i \\ I_{yz} &= I_{zy} = -\sum_{i=1}^{N} m_i y_i z_i. \end{aligned} \tag{4.3}$$

La expresión (4.2) se puede escribir de manera más compacta usando matrices. Escribimos $\vec{L}$ y $\vec{\omega}$ como matrices columna:

$$\vec{L} = \begin{pmatrix} L_x \\ L_y \\ L_z \end{pmatrix}, \qquad \vec{\omega} = \begin{pmatrix} \omega_x \\ \omega_y \\ \omega_z \end{pmatrix}. \tag{4.4}$$

Definimos el **tensor de inercia** $\tilde{I}$ como una matriz 3×3 de la forma:

$$\tilde{I} = \begin{pmatrix} I_{xx} & I_{xy} & I_{xz} \\ I_{yx} & I_{yy} & I_{yz} \\ I_{zx} & I_{zy} & I_{zz} \end{pmatrix}. \tag{4.5}$$

Y la expresión (4.2) la podemos reescribir como el producto de estas tres matrices:

$$\boxed{\vec{L} = \tilde{I}\vec{\omega}.} \tag{4.6}$$

El tensor de inercia es una matriz simétrica y, por tanto, diagonalizable: Podemos rotar los ejes del sistema de referencia hasta que los productos de inercia sean igual a cero y nos quedaría:

$$\begin{pmatrix} L_x \\ L_y \\ L_z \end{pmatrix} = \begin{pmatrix} I_{xx} & 0 & 0 \\ 0 & I_{yy} & 0 \\ 0 & 0 & I_{zz} \end{pmatrix} \cdot \begin{pmatrix} \omega_x \\ \omega_y \\ \omega_z \end{pmatrix} \quad \Rightarrow \quad \vec{L} = I_{xx}\omega_x\vec{\imath} + I_{yy}\omega_y\vec{\jmath} + I_{zz}\omega_z\vec{k}. \tag{4.7}$$

Los ejes de cualquier sistema de referencia donde el tensor de inercia sea diagonal se conocen como **ejes principales**. Estos ejes principales están vinculados a las simetrías del sólido rígido. Para una esfera homogénea cualquier eje que pase por su centro es un eje principal, por lo que para cualquier sistema de referencia cuyo origen coincida con el centro de la esfera el tensor de inercia será diagonal. En caso de que el sólido esté rotando alrededor de un eje principal podemos escribir:

$$\vec{L} = I_{zz}\omega_z\vec{k} \quad \Rightarrow \quad L = I\omega. \tag{4.8}$$

En lo anterior hemos hecho que el eje z coincidiera con el eje de rotación, siendo I el momento de inercia respecto de ese eje. También podemos demostrar lo contrario: si $L = I\omega$, entonces el eje de rotación es un eje principal.

Si $\vec{L}$ y $\vec{\omega}$ no son paralelos entonces tenemos que el vector $\vec{L}$ estaría en rotación alrededor del eje, luego no sería constante. Si un sólido rígido está rotando y el momento de las fuerzas externas respecto del centro de masas es cero, entonces el eje de rotación tiene que ser un eje principal.

Demostración 4.1:

Vamos a desarrollar $\vec{L}$ teniendo en cuenta que el movimiento descrito por las partículas es una rotación alrededor de un eje que pasa por el centro de masas (el origen del sistema de referencia). Esto es, las partículas están describiendo un movimiento circular de velocidad angular ω:

$$\vec{L} = \sum_{i=1}^{N} \vec{r}_i \times m_i \vec{v}_i = \sum_{i=1}^{N} m_i \vec{r}_i \times \frac{\mathrm{d}\vec{r}_i}{\mathrm{d}t} = \sum_{i=1}^{N} m_i \vec{r}_i \times (\vec{\omega} \times \vec{r}_i). \tag{4.9}$$

Donde para el último paso hemos usado la expresión (1.64), ya que los vectores $\vec{r}_i$ están describiendo un movimiento circular. En libros de cálculo vectorial podemos encontrar la siguiente igualdad:

$$\vec{a} \times \left(\vec{b} \times \vec{c}\right) = \vec{b}(\vec{a} \cdot \vec{c}) - \vec{c}\left(\vec{a} \cdot \vec{b}\right), \tag{4.10}$$

que se cumple para cualquier trío de vectores $\vec{a}$, $\vec{b}$ y $\vec{c}$. En nuestro caso tenemos $\vec{a} = \vec{r}_i$, $\vec{b} = \vec{\omega}$ y $\vec{c} = \vec{r}_i$.

$$\vec{L} = \sum_{i=1}^{N} m_i \left[\vec{\omega}(\vec{r}_i \cdot \vec{r}_i) - \vec{r}_i(\vec{\omega} \cdot \vec{r}_i)\right] = \sum_{i=1}^{N} m_i \left[\vec{\omega} r_i^2 - \vec{r}_i \left(x_i\omega_x + y_i\omega_y + z_i\omega_z\right)\right]. \tag{4.11}$$

Escribiendo la componente x de $\vec{L}$:

$$\begin{aligned} L_x &= \sum_{i=1}^{N} m_i \left[\omega_x\left(x_i^2 + y_i^2 + z_i^2\right) - x_i\left(x_i\omega_x + y_i\omega_y + z_i\omega_z\right)\right] \\ &= \omega_x \sum_{i=1}^{N} m_i\left(y_i^2 + z_i^2\right) - \omega_y \sum_{i=1}^{N} m_i x_i y_i - \omega_z \sum_{i=1}^{N} m_i x_i z_i \\ &= \omega_x I_{xx} + \omega_y I_{xy} + \omega_z I_{xz}. \end{aligned} \tag{4.12}$$

Donde hemos usado la definición de momentos de inercia respecto de los ejes del sistema de referencia, ver sección 3.18, y la definición de productos de inercia, expresión (4.3). Hacemos algo similar para las componentes y y z y obtenemos:

$$\begin{aligned} L_y &= \omega_x I_{yx} + \omega_y I_{yy} + \omega_z I_{yz} \\ L_z &= \omega_x I_{zx} + \omega_y I_{zy} + \omega_z I_{zz}. \end{aligned} \tag{4.13}$$

Para estudiar la evolución del momento angular respecto del centro de masas tenemos la relación:

$$\frac{\mathrm{d}\vec{L}}{\mathrm{d}t} = \vec{M}. \tag{4.14}$$

Siendo M el momento de las fuerzas externas respecto del centro de masas. La ecuación anterior es la ecuación (3.69), pero donde no no hemos puesto los subíndices $_{CM}$. Usando el tensor de inercia reescribimos la última ecuación como:

$$\boxed{\frac{\mathrm{d}}{\mathrm{d}t}\left(\tilde{I}\vec{\omega}\right) = \vec{M}.} \tag{4.15}$$

Tema avanzado: Ecuaciones de Euler.

Si usamos un sistema de referencia en el que, además de coincidir su origen con el centro de masas, sus ejes coincidan con los ejes principales del sólido, podemos escribir la ecuación (4.15) como:

$$\vec{M} = \frac{\mathrm{d}}{\mathrm{d}t}\left(I_{xx}\omega_x\vec{i} + I_{yy}\omega_y\vec{j} + I_{zz}\omega_z\vec{k}\right). \tag{4.16}$$

Como los ejes coinciden con los ejes principales, si el sólido está en rotación, el sistema de referencia estará rotando con el sólido. De esta manera los vectores $\vec{i}$, $\vec{j}$ y $\vec{k}$ no serán constantes en el tiempo y habría que derivarlos usando (1.64):

$$\begin{aligned} \vec{M} =& I_{xx}\frac{\mathrm{d}\omega_x}{\mathrm{d}t}\vec{i} + I_{xx}\omega_x\frac{\mathrm{d}\vec{i}}{\mathrm{d}t} + I_{yy}\frac{\mathrm{d}\omega_y}{\mathrm{d}t}\vec{j} + I_{yy}\omega_y\frac{\mathrm{d}\vec{j}}{\mathrm{d}t} + I_{zz}\frac{\mathrm{d}\omega_z}{\mathrm{d}t}\vec{k} + I_{zz}\omega_z\frac{\mathrm{d}\vec{k}}{\mathrm{d}t} \\ =& I_{xx}\frac{\mathrm{d}\omega_x}{\mathrm{d}t}\vec{i} + I_{yy}\frac{\mathrm{d}\omega_y}{\mathrm{d}t}\vec{j} + I_{zz}\frac{\mathrm{d}\omega_z}{\mathrm{d}t}\vec{k} + \vec{\omega}\times\left(I_{xx}\omega_x\vec{i} + I_{yy}\omega_y\vec{j} + I_{zz}\omega_z\vec{k}\right). \end{aligned} \tag{4.17}$$

Haciendo el producto vectorial y escribiendo las componentes por separado:

$$\begin{aligned} I_{xx}\dot{\omega}_x + (I_{zz} - I_{yy})\omega_y\omega_z &= M_x \\ I_{yy}\dot{\omega}_y + (I_{xx} - I_{zz})\omega_x\omega_z &= M_y \\ I_{zz}\dot{\omega}_z + (I_{yy} - I_{xx})\omega_x\omega_y &= M_z. \end{aligned} \tag{4.18}$$

Ecuaciones que se conocen como **ecuaciones de Euler** para la dinámica del sólido rígido.

La ecuación (4.15), junto con $\vec{F}_{\mathrm{ext}} = M\vec{a}_{CM}$ nos permite, en principio, describir el movimiento genérico de cualquier sólido rígido, pero en la mayoría de situaciones la complejidad de (4.15) impedirá un tratamiento analítico. No vamos, por tanto, a pretender estudiar en este tema el movimiento genérico del sólido rígido, estudio que da para más de un libro.

4.2. Energía cinética de rotación

En la demostración 4.2 hemos obtenido que la energía cinética de un sólido rígido es:

$$\boxed{E_c = \frac{1}{2}Mv_{CM}^2 + \frac{1}{2}I\omega^2.} \tag{4.19}$$

El primer término, como ya sabemos, es la energía cinética de traslación del centro de masas mientras que el segundo término es lo que se conoce como **energía cinética de rotación** del sólido rígido. Comprobamos que la expresión de la energía cinética de rotación es análoga a la de la energía cinética de una partícula, $\frac{1}{2}mv^2$, haciendo la sustitución de m por I y v por ω.

Demostración 4.2:

Recordando el teorema de König de la energía, ecuación (3.43), la energía cinética de cualquier sistema de partículas la podemos descomponer en la suma de la energía cinética de traslación del centro de masas más la energía cinética interna, medida respecto del sistema de referencia centro de masas. En un sólido rígido el movimiento de las partículas respecto del sistema de referencia centro de masas es una rotación alrededor de un eje que pasa por el propio centro de masas. De esta manera podemos escribir la velocidad de la partícula i como $v'_i = \omega d_i$, donde d_i es el radio de la trayectoria circular: la distancia al eje de rotación.

$$\begin{aligned} E_c &= \frac{1}{2}Mv_{CM}^2 + \frac{1}{2}\sum_{i=1}^{N} m_i v_i'^2 = \frac{1}{2}Mv_{CM}^2 + \frac{1}{2}\sum_{i=1}^{N} m_i (\omega d_i)^2 \\ &= \frac{1}{2}Mv_{CM}^2 + \frac{1}{2}\omega^2 \sum_{i=1}^{N} m_i d_i^2. \end{aligned} \tag{4.20}$$

El último sumatorio es el momento de inercia del sólido rígido respecto del eje de rotación, luego nos queda que la energía cinética la podemos escribir como:

$$E_c = \frac{1}{2}Mv_{CM}^2 + \frac{1}{2}I\omega^2. \tag{4.21}$$

4.3. Movimiento plano

Hemos dicho anteriormente que usando por medio de las ecuaciones:

$$\vec{F} = M\vec{a}_{CM} \text{ y } \frac{\mathrm{d}}{\mathrm{d}t}\left(\tilde{I}\vec{\omega}\right) = \vec{M}, \tag{4.22}$$

es posible abordar el estudio del movimiento del sólido rígido, aunque en general suele ser bastante complicado y nosotros no trataremos de hacerlo. Cuando nos restringimos a lo que se conoce como **movimiento plano**, las ecuaciones anteriores se simplifican bastante y la descripción de la dinámica de los sólidos rígidos no presenta mayor dificultad.

Vamos a decir que tenemos una situación de **movimiento plano** cuando tanto los centros de masas como todas las partículas de los sólidos involucrados se muevan en un plano y todas las fuerzas que actúen sobre ellas se encuentran en ese mismo plano. Al estar restringido el movimiento a un plano el movimiento interno de los sólidos rígidos será una rotación alrededor de un eje perpendicular al plano de movimiento. Luego el vector $\vec{\omega}$ será paralelo a ese eje. El momento angular de un sólido rígido respecto de cualquier punto del plano y, en concreto, respecto de su centro de masas será también perpendicular al plano. De esta manera tenemos que la velocidad angular y el momento angular son paralelos, $\vec{\omega} \parallel \vec{L}$, por lo que tenemos que el momento angular respecto del centro de masas se simplifica a una relación entre los módulos:

$$\boxed{L = I\omega,} \tag{4.23}$$

donde I es el momento de inercia del sólido rígido respecto del eje de rotación. Al estar las fuerzas en el mismo plano, nos encontramos con que el momento de esas fuerzas respecto de cualquier punto del plano y, en concreto, respecto del centro de masas, será perpendicular al plano y, por tanto, paralelo al momento angular. Por esto último la relación entre el momento angular y el de fuerzas también la podemos escribir como una relación entre sus módulos:

$$\frac{\mathrm{d}L}{\mathrm{d}t} = M \quad \Rightarrow \quad \frac{\mathrm{d}(I\omega)}{\mathrm{d}t} = M. \tag{4.24}$$

Siendo aquí M el módulo del momento de las fuerzas externas respecto del centro de masas. Para un sólido rígido en movimiento plano el momento de inercia respecto del eje de rotación es constante en el tiempo:

$$I\frac{\mathrm{d}\omega}{\mathrm{d}t} = M \quad \Rightarrow \quad I\alpha = M, \tag{4.25}$$

α es la aceleración angular: $\alpha = \frac{d\omega}{dt}$.

Ya tenemos entonces las dos ecuaciones para el estudio de la dinámica de un sólido rígido en movimiento plano. Una para el movimiento del centro de masas:

$$\boxed{\vec{F} = m\vec{a}_{CM},} \tag{4.26}$$

donde usamos m para la masa total del sólido rígido, en lugar de M, para distinguirla del módulo del momento de fuerzas. Y otra expresión para la dinámica de rotación:

$$\boxed{M = I\alpha.} \tag{4.27}$$

Ejemplo 4.1:

En la figura tenemos 3 sólidos rígidos. Uno de ellos es una polea sujeta por su centro de masas al suelo. No hay rozamiento y los hilos los suponemos sin masa e inextensibles. Tenemos que calcular la aceleración con que cae m_1. No nos tenemos que preocupar de la dinámica de rotación de los objetos m_1 y m_2 ni tampoco de la dinámica del centro de masas de la polea. Primero escribimos las ecuaciones de la dinámica lineal, la de los centros de masas:

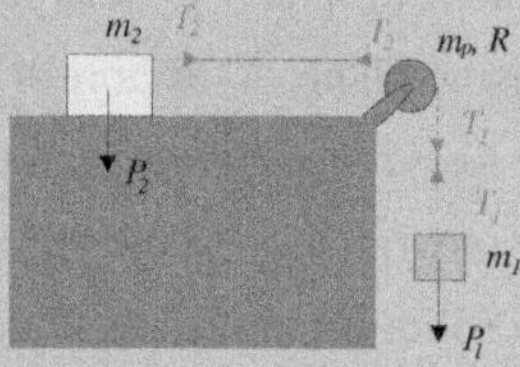

$$\begin{aligned} P_1 - T_1 &= m_1 a \quad \Rightarrow \quad m_1 g - T_1 = m_1 a, \\ T_2 &= m_2 a \quad \Rightarrow \quad T_2 = m_2 a. \end{aligned} \tag{4.28}$$

Al ser inextensible el hilo las aceleraciones de las dos masas tienen que ser iguales. Para la dinámica de rotación usamos la ecuación (4.27). En nuestro caso el momento de la fuerza es el momento neto de las dos tensiones:

$$T_1 R - T_2 R = I\alpha. \tag{4.29}$$

La polea la consideramos homogénea, luego su momento de inercia es el momento de inercia de un cilindro respecto de su eje: $I = \frac{1}{2} m_p R^2$. Aquí se cumple la condición de rodadura, ver ejemplo 4.2, ya que podemos considerar que la polea rueda sin deslizar sobre el hilo: $a = \alpha R$, siendo a la misma aceleración que llevan las otras masas:

$$T_1 - T_2 = \frac{1}{R}\frac{1}{2} m_p R^2 \frac{a}{R} = \frac{a m_p}{2}. \tag{4.30}$$

Sumando las dos ecuaciones de (4.28) y sustituyendo (4.30):

$$m_1 g - T_1 + T_2 = (m_1 + m_2)a \Rightarrow m_1 g - \frac{am_p}{2} = (m_1 + m_2)a, \tag{4.31}$$

y solo queda despejar a:

$$a = \frac{m_1 g}{m_1 + m_2 + \frac{m_p}{2}}. \tag{4.32}$$

4.4. Movimiento de un punto de un sólido rígido respecto a otro

Sean A y B dos puntos de un sólido rígido, ver Fig. 4.1, y $\vec{r}_A$ y $\vec{r}_B$ sus vectores de posición en un sistema de referencia, respectivamente. Llamamos $\vec{r}_{AB}$ al vector de posición del punto A respecto del punto B. Viendo la figura 4.1 comprobamos que

$$\vec{r}_A = \vec{r}_B + \vec{r}_{AB}. \tag{4.33}$$

Si derivamos la expresión anterior encontramos una relación entre las velocidades de ambos puntos del sólido rígido. Para derivar $\vec{r}_{AB}$ tenemos que tener en cuenta que ese vector tiene módulo constante y lo único que hace en el tiempo es describir un movimiento circular, por lo que podemos usar (1.64):

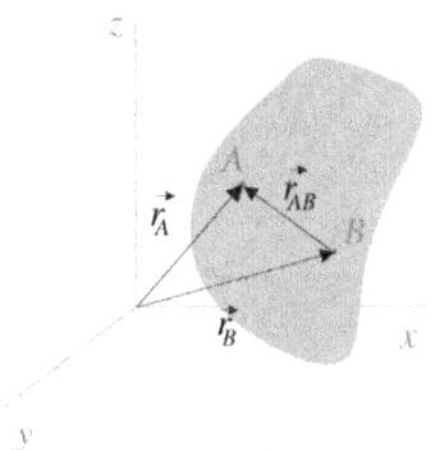

Figura 4.1 $\vec{r}_{AB}$ es el vector de posición del punto A respecto del punto B. El módulo de $\vec{r}_{AB}$ es la distancia entre esos dos puntos, que permanece constante en el tiempo.

$$\boxed{\vec{v}_A = \vec{v}_B + \vec{\omega} \times \vec{r}_{AB}.} \tag{4.34}$$

Si volvemos a derivar (4.34) respecto del tiempo encontramos la relación entre las aceleraciones de los dos puntos A y B, ver demostración 4.3:

$$\boxed{\vec{a}_A = \vec{a}_B + \vec{\alpha} \times \vec{r}_{AB} + \vec{\omega} \times (\vec{\omega} \times \vec{r}_{AB}).} \tag{4.35}$$

El vector $\vec{\alpha}$ es el vector aceleración angular. En el caso de movimiento plano este vector tiene la misma dirección que $\vec{\omega}$ y mismo sentido si ω aumenta con el tiempo o contrario si disminuye, además de que el módulo es $\alpha = \frac{d\omega}{dt}$.

Ejemplo 4.2:

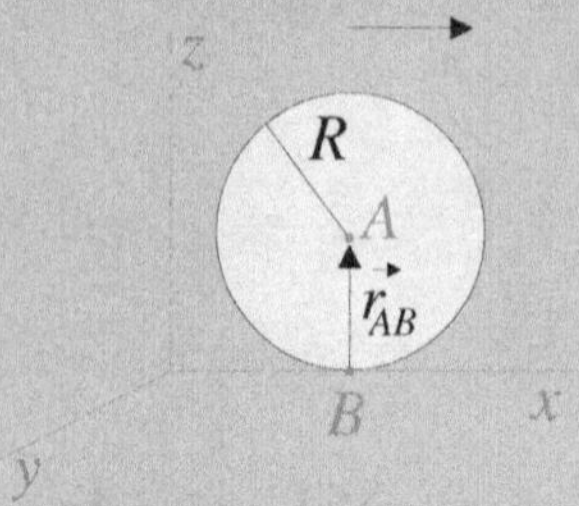

La ecuación (4.34) nos va a servir para encontrar lo que se conoce como condición de rodadura. Supongamos un cilindro, un disco o una esfera homogéneos que ruedan sobre un plano sin deslizar. Escogemos dos puntos, un punto A en el centro del sólido (en el centro de masas) y otro punto B en la zona de contacto del sólido con el plano. Al rodar sin deslizar el punto B tiene velocidad cero: $\vec{v}_B = 0$. Si $\vec{v}_B$ fuera distinto de cero, al estar el plano en reposo, entonces tendríamos deslizamiento: habría una velocidad relativa entre el plano y el punto de contacto. La ecuación (4.34) queda en este caso de la forma:

$$\vec{v}_A = \vec{\omega} \times \vec{r}_{AB}. \tag{4.36}$$

Mirando en la figura vemos que $\vec{\omega} = -\omega\vec{\jmath}$ y $\vec{r}_{AB} = R\vec{k}$. Haciendo su producto vectorial obtenemos $\vec{v}_A$:

$$\vec{v}_A = \vec{\omega} \times \vec{r}_{AB} = -\omega\vec{\jmath} \times R\vec{k} = -\omega R(-\vec{\imath}) = \omega R\vec{\imath}. \tag{4.37}$$

Por lo tanto, la velocidad del centro de masas de un disco, cilindro o esfera de radio R que ruede sin deslizar está relacionada con la velocidad angular por $\boxed{v = \omega R}$, lo que se denomina **condición de rodadura**. Si derivamos respecto del tiempo obtenemos esta condición para la aceleración: $\boxed{a = \alpha R}$.

Demostración 4.3:

Para demostrar (4.35) vamos a derivar (4.34) respecto del tiempo. Para ello tendremos que usar la fórmula de Poisson, ecuación (1.64):

$$\begin{aligned} \frac{\mathrm{d}\vec{v}_A}{\mathrm{d}t} &= \frac{\mathrm{d}\vec{v}_B}{\mathrm{d}t} + \frac{\mathrm{d}}{\mathrm{d}t}(\vec{\omega} \times \vec{r}_{AB}) = \vec{a}_B + \frac{\mathrm{d}\vec{\omega}}{\mathrm{d}t} \times \vec{r}_{AB} + \vec{\omega} \times \frac{\mathrm{d}\vec{r}_{AB}}{\mathrm{d}t} \\ &= \vec{a}_B + \vec{\alpha} \times \vec{r}_{AB} + \vec{\omega} \times (\vec{\omega} \times \vec{r}_{AB}). \end{aligned} \tag{4.38}$$

4.5. Par de fuerzas

Se llama **par de fuerzas** a dos fuerzas de mismo módulo y misma dirección, pero de sentido contrario, $\vec{F}_1 = -\vec{F}_2$. Cuando a un sólido le aplicamos un par de fuerzas la fuerza neta que produce ese par es cero:

$$\vec{F}_{\text{neta}} = \vec{F}_1 + \vec{F}_2 = \vec{F}_1 - \vec{F}_1 = 0. \qquad (4.39)$$

De lo anterior deducimos que el centro de masas de un sólido sujeto solo a la acción de un par de fuerzas no sufrirá ninguna aceleración; si estaba en reposo permanecerá en reposo.

Lo que sí puede producir un par de fuerzas sobre un sólido es un momento de fuerzas que lo haga rotar. En la demostración 4.4 llegamos a la conclusión de que el momento de un par de fuerzas, M, respecto de cualquier punto es igual a:

$$\boxed{M = Fb,} \qquad (4.40)$$

donde b es la distancia entre las rectas que en las que se apoyan los vectores fuerza, conocido como **brazo del par**, y F es el módulo de las fuerzas, $F = F_1 = F_2$. Cuando el brazo del par es cero (las fuerzas están sobre la misma recta) el momento de las fuerzas es nulo.

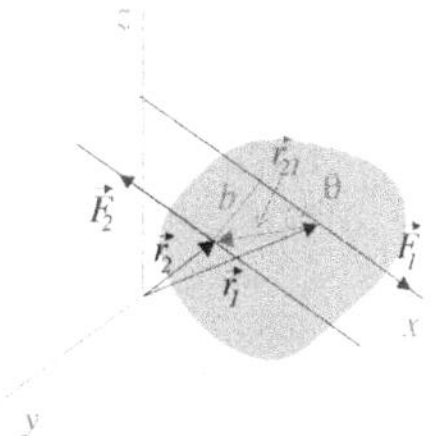

Figura 4.2 Sólido rígido al que le aplicamos un par de fuerzas iguales, pero de sentido contrario: $\vec{F}_1 = -\vec{F}_2$.

Ejemplo 4.3:

Cuando abrimos o cerramos una puerta estamos ejerciendo un par de fuerzas. Una de las fuerzas la ejercemos nosotros y la otra la reacción de las bisagras. Por esta razón los pomos se colocan en el punto más alejado de las bisagras; para que el brazo del par sea lo mayor posible. Si tratamos de abrir una puerta aplicando una fuerza en un punto intermedio comprobamos que tenemos que realizar más esfuerzo. Esto es debido a que para producir el mismo momento tenemos que aplicar una fuerza mayor al ser el brazo del par más pequeño.

Demostración 4.4:

Vamos a calcular el momento total del par de fuerzas respecto del origen de un sistema de referencia cualquiera, ver figura 4.2 recordando que en un par de fuerzas $\vec{F}_1 = -\vec{F}_2$:

$$\vec{M} = \vec{r}_1 \times \vec{F}_1 + \vec{r}_2 \times \vec{F}_2 = -\vec{r}_1 \times \vec{F}_2 + \vec{r}_2 \times \vec{F}_2 = (\vec{r}_2 - \vec{r}_1) \times \vec{F}_2. \qquad (4.41)$$

En la figura 4.2 comprobamos que $\vec{r}_2 = \vec{r}_{21} + \vec{r}_1$ luego $\vec{r}_2 - \vec{r}_1 = \vec{r}_{21}$,

$$\vec{M} = (\vec{r}_2 - \vec{r}_1) \times \vec{F}_2 = \vec{r}_{21} \times \vec{F}_2 \quad \Rightarrow \quad \left|\vec{M}\right| = F r_{21} \operatorname{sen}\theta, \tag{4.42}$$

donde hemos llamado F al módulo de cualquiera de las dos fuerzas, $F = F_1 = F_2$. En la figura 4.2 podemos comprobar que $b = r_{21} \operatorname{sen}\theta$, siendo b la distancia que hay entre las rectas paralelas que nos marcan la dirección de ambas fuerzas. El módulo del momento de fuerzas del par es:

$$M = bF. \tag{4.43}$$

Al haberlo calculado respecto del origen de un sistema de referencia cualquiera este resultado es independiente del punto respecto del cual lo calculemos.

Ejemplo 4.4:

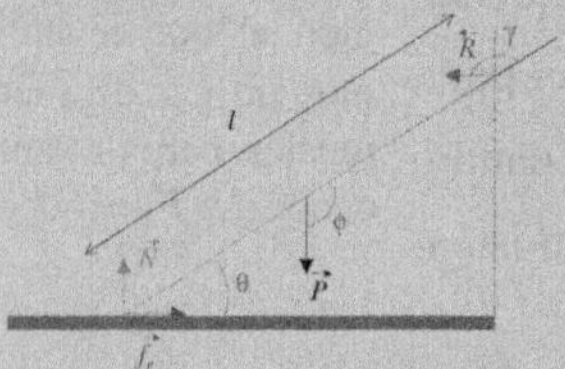

Vamos a plantear las condiciones de equilibrio para averiguar el ángulo θ mínimo para que la escalera de la figura, de longitud l, no deslice. No hay rozamiento entre la escalera y la pared, pero sí entre el suelo y la escalera con coeficiente μ_e. Tenemos 4 fuerzas: el rozamiento con el suelo $\vec{f}_r$, la reacción normal de la pared $\vec{R}$, la reacción normal del suelo $\vec{N}$ y el peso de la escalera $\vec{P}$.

Suponemos que la escalera es homogénea y, por tanto, su centro de masas está en la mitad de la escalera. Vamos a plantear la primera condición de equilibrio:

$$\vec{P} + \vec{R} + \vec{N} + \vec{f}_r = 0. \tag{4.44}$$

Como dos vectores solo tienen componente horizontal y los otros dos solo vertical escribimos:

$$R = f_r \quad y \quad N = P. \tag{4.45}$$

Y ahora la segunda condición de equilibrio tomando los momentos respecto del punto de apoyo de la escalera con el suelo. De esta manera el momento de $\vec{f}_r$ y de $\vec{N}$ es nulo por coincidir el punto de aplicación de esas fuerza con el punto respecto del cual calculamos los momentos:

$$\vec{r}_R \times \vec{R} + \vec{r}_P \times \vec{P} = 0. \tag{4.46}$$

En la figura podemos comprobar que esos dos momentos tienen la misma dirección, pero sentido contrario. Nos basta con plantear la condición para los módulos de los momentos:

$$lN \operatorname{sen}\gamma = \frac{l}{2} P \operatorname{sen}\phi. \tag{4.47}$$

Ahora hay que buscar una relación entre los ángulo θ, γ y ϕ para poder dejar la relación (4.47) en función solo de θ, lo que se deja como ejercicio. Una vez hecho lo anterior comprobaríamos que R aumenta conforme θ disminuye. Como $R = f_r$, y el rozamiento estático tiene un valor máximo, cuando el ángulo haga que R alcance ese valor máximo el rozamiento estático ya no es capaz de impedir que la escalera resbale.

4.6. Estática

Vamos a terminar este tema con una brevísima introducción a la estática. Esta es una rama de la física que estudia las condiciones de sistemas en equilibrio; sistemas en los que no varía la distancia relativa entre sus constituyentes. Para esto se tienen que dar dos condiciones: que la suma de todas las fuerzas sea cero y que la suma de todos los momentos de las fuerzas respecto de un punto O también sea cero:

$$\sum_{i=1}^{N} \vec{F}_i = 0 \ \ y \ \ \sum_{i=1}^{N} \vec{M}_i = \sum_{i=1}^{N} \vec{r}_i \times \vec{F}_i = 0, \tag{4.48}$$

donde hemos llamado $\vec{r}_i$ al vector de posición del punto de aplicación de la fuerza i respecto del punto O. A la relación de la izquierda en (4.48) se la conoce como primera condición de equilibrio y la de la derecha como segunda condición de equilibrio. En el ejemplo 4.4 vemos una aplicación de estos conceptos.

Problemas

1. Calcule el ángulo máximo con la horizontal que tiene que tener un plano inclinado para que un cilindro macizo y homogéneo de masa m y radio R pueda caer rodando sin deslizar sabiendo que el coeficiente de rozamiento estático es μ_e.

2. Un cilindro macizo y homogéneo de masa m_1 y radio R_1 está rotando con velocidad angular ω_1 alrededor de su eje. Si encima de él colocamos otro cilindro macizo y homogéneo de masa m_2 y radio R_2, inicialmente en reposo, calcule la velocidad angular con que terminan girando ambos cilindros y diga si la energía cinética se conserva.

3. Tenemos dos discos unidos como en la figura. El disco que tiene un radio $R_1 = 30$ cm posee una masa $m_1 = 2$ kg, mientras que el disco de radio $R_2 = 14$ cm tiene una masa $m_2 = 500$ g y una cuerda enrollada a su alrededor. El coeficiente de rozamiento estático entre el disco y el suelo es $\mu_e = 0{,}8$. Determine el valor máximo de la fuerza con la que podemos tirar de la cuerda para que el sistema ruede sin deslizar.

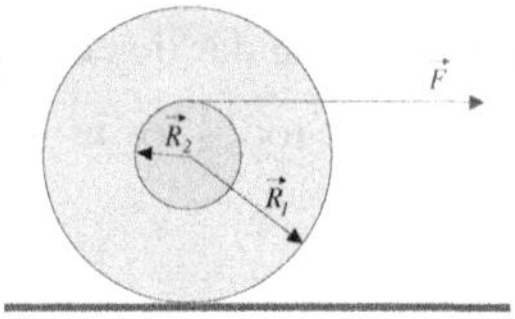

4. Un camión va cargado de tal manera que su centro de masas está a 2,75 m de altura. El ancho entre las ruedas es de 2,3 m y quiere tomar una curva de 10 m de radio sin volcar. ¿Cuál es la velocidad máxima que puede llevar?

5. Dos poleas de radio R y masa m_p están colocadas como en la figura. Una de ellas está sujeta al techo mientras que la otra es móvil. Calcule el valor mínimo que tiene que tener m_1 para que m_2 suba a velocidad constante. Si le damos a m_1 un valor doble del valor mínimo obtenido anteriormente, calcule la aceleración con que se moverían ambas masas.

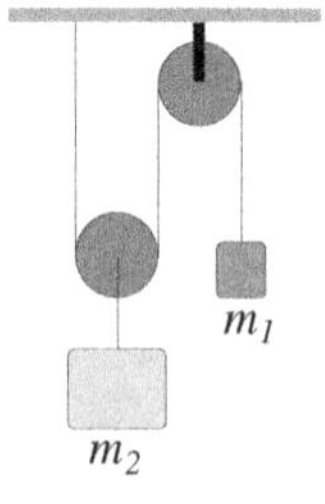

6. Un disco de radio R rueda sin deslizar con una velocidad angular ω. ¿Qué velocidad lleva el punto del disco que está a mayor altura? ¿Cuál es su dirección y sentido?

7. Una varilla homogénea de longitud $2l$ y peso P está alojada entre una pared lisa y una clavija lisa (que no tienen rozamiento). Calcule el ángulo entre la pared y la varilla correspondiente al equilibrio y, además, las reacciones en A y B.

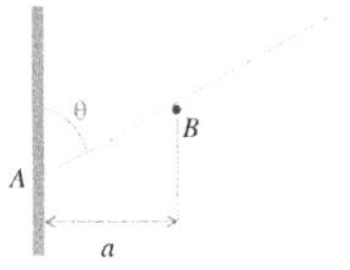

Tema 5

Movimiento ondulatorio, ondas sonoras

Una onda es una perturbación que se propaga. Muchos fenómenos físicos pueden ser descritos por medio de un tipo de onda que se conoce como **onda armónica**. En estas ondas la perturbación es un movimiento armónico simple (MAS). Este es el tipo de movimiento que sigue una masa que cuelga de un muelle cuando la desplazamos de su posición de equilibrio y la soltamos. En general, los MAS siguen una expresión de la forma:

$$y(t) = y_0 \cos \omega t. \tag{5.1}$$

Donde y_0 es la amplitud del movimiento y ω es la frecuencia angular, que está relacionada con el periodo por:

$$\omega = \frac{2\pi}{T}. \tag{5.2}$$

La frecuencia angular se mide en rad/s. Esta frecuencia angular está relacionada con la frecuencia, f, medida en hertz (hercios coloquialmente) por:

$$\omega = 2\pi f \quad \Rightarrow \quad f = \frac{1}{T}. \tag{5.3}$$

5.0.1. Ondas en una cuerda

El ejemplo típico de onda armónica es el de una onda en una cuerda. El desplazamiento vertical de una cuerda horizontal que transporta una onda viene dado por una expresión del tipo:

$$y(x,t) = y_0 \operatorname{sen}(kx - \omega t)\,, \tag{5.4}$$

donde k es el **número de onda**.

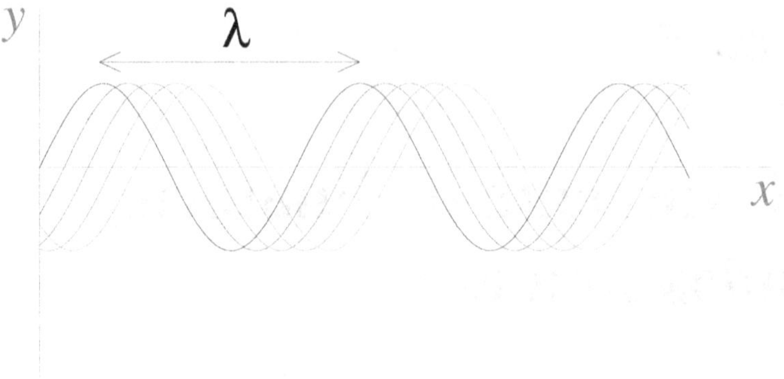

Figura 5.1

Si nos fijamos en una posición concreta de la cuerda (x constante), vemos que la cuerda lo que hace es describir un MAS en su desplazamiento vertical. En la figura 5.1 vemos esta onda en diferentes instantes. Para $t = 0$ tenemos dibujada en negro en la figura 5.1 la forma de la cuerda $y(x,0) = y_0 \operatorname{sen}(kx)$, mientras que con distintos tonos de gris vemos la forma de la cuerda en diversos instantes posteriores. La longitud de onda λ la podemos definir como la distancia entre dos máximos consecutivos para un instante concreto. En la demostración 5.1 obtenemos la relación entre λ y el número de onda k:

$$k = \frac{2\pi}{\lambda}. \tag{5.5}$$

Los puntos de la cuerda describen un movimiento vertical. La velocidad con la que se mueve cada punto de la cuerda la obtenemos derivando (5.4):

$$v_y = \frac{\mathrm{d}y}{\mathrm{d}t} = -y_0\omega \cos(kx - \omega t)\,. \tag{5.6}$$

Para obtener la aceleración de cada punto solo tendríamos que derivar (5.6). Por otro lado, vemos que cada máximo de la cuerda va desplazándose hacia la derecha, en el caso que estamos considerando. La onda se desplaza en horizontal, a pesar de que los puntos de la cuerda se desplazan en vertical. La velocidad de propagación de la onda, v, la obtenemos dividiendo la longitud de onda por el tiempo que la onda tarda en propagarse esa distancia. Este último tiempo es precisamente el periodo, T, del movimiento armónico simple, ya que es el tiempo que transcurre entre que un punto pasa de ser un máximo a volver a serlo:

$$v = \frac{\lambda}{T} = \frac{2\pi}{T}\frac{\lambda}{2\pi} \quad \Rightarrow \quad \boxed{v = \frac{\omega}{k}.} \tag{5.7}$$

5.0.2. Tipos de ondas

Según la relación entre la dirección de propagación y dirección de la perturbación podemos clasificar las ondas en dos tipos:

Transversales Ondas en las que la dirección de la perturbación es perpendicular a la dirección de la propagación. Las ondas en una cuerda son el ejemplo típico de este tipo de ondas.

Longitudinales Aquellas en las que la perturbación es paralela a la dirección de propagación. Si colocamos unos objetos encima de una mesa y los interconectamos por medio de muelles tendríamos un ejemplo de un sistema que tendría ondas longitudinales. Las ondas sonoras que veremos a más adelante son otro ejemplo de ondas longitudinales.

Demostración 5.1:

Para $t = 0$ tenemos que la coordenada x de los primeros máximos de una onda con la función de onda (5.4) vendrían dados por:

$$kx_1 = \pi \quad \text{y} \quad kx_2 = \pi + 2\pi. \tag{5.8}$$

La longitud de onda sería $\lambda = x_2 - x_1$, restando las dos expresiones anteriores:

$$k(x_2 - x_1) = \pi + 2\pi - \pi \quad \Rightarrow \quad k\lambda = 2\pi \quad \Rightarrow \quad \boxed{k = \frac{2\pi}{\lambda}.} \tag{5.9}$$

5.1. Intensidad de una onda

Las ondas por lo general no transportan materia, pero sí transportan energía. Para caracterizar la energía que transporta una onda vamos a introducir el concepto de intensidad, I, de una onda (no confundir con la intensidad de una corriente, concepto nada relacionado). Se define la intensidad de una onda como la cantidad de energía, U, que transmite una onda a través de la unidad de superficie, S, perpendicular a la dirección de propagación por unidad de tiempo:

$$I = \frac{U}{S\,t}. \tag{5.10}$$

La unidad para la intensidad es J/(m^{2}s)=W/m^2.

Tema avanzado: Ecuación de onda

En cualquier sistema físico en que el que una propiedad u pueda escribirse como solución de la siguiente ecuación:

$$\frac{\partial^2 u}{\partial t} = c^2 \nabla^2 u \;\Rightarrow\; \frac{\partial^2 u}{\partial t^2} = c^2 \left(\frac{\partial^2 u}{\partial x^2} + \frac{\partial^2 u}{\partial y^2} + \frac{\partial^2 u}{\partial z^2} \right), \tag{5.11}$$

tendremos que esa propiedad u se propaga como una onda, siendo c una constante que es igual a la velocidad de propagación. La expresión (5.11) recibe el nombre de **ecuación de onda**. Este sería el caso general de ondas propagándose en tres dimensiones. En el caso de ondas unidimensionales, como las ondas en una cuerda, (5.11) se reduce a:

$$\frac{\partial^2 u}{\partial t^2} = c^2 \frac{\partial^2 u}{\partial x^2}. \tag{5.12}$$

Las ondas en su propagación pueden modificar el valor de su intensidad, fundamentalmente, por dos procesos: atenuación y por absorción.

5.1.1. Atenuación

En su propagación el frente de ondas puede variar su forma por lo que la misma cantidad de energía estaría repartida en un área diferente y esto conllevaría una variación en la intensidad de la onda.

Ejemplo 5.1:

Si tenemos un foco emisor de ondas esféricas (el frente de ondas es una superficie esférica), conforme la onda se propaga el radio de esta superficie esférica va aumentando. Este radio es simplemente la distancia del frente de ondas al foco emisor y, por lo tanto, la intensidad va disminuyendo. Si el foco emisor tiene una potencia P la intensidad, I, a una distancia r viene dada por:

$$\boxed{I = \frac{P}{4\pi r^2}.} \tag{5.13}$$

5.1.2. Absorción

Cuando una onda se propaga en un medio en el que hay disipación se produce una pérdida de energía por absorción. Esto acarrea una disminución en la intensidad por pérdida de energía. Cuando la onda recorre una distancia infinitesimal, $\mathrm{d}x$, en el seno de un medio disipativo la variación viene dada por:

$$\mathrm{d}I = -\gamma I \mathrm{d}x, \tag{5.14}$$

donde γ es el coeficiente de absorción del medio. Este coeficiente se mide en m^{-1}. El signo menos en (5.14) es debido a que estos procesos siempre producen una disminución de la intensidad.

Ejemplo 5.2:

Si tenemos una onda propagándose en un medio con absorción, pero donde podemos despreciar la atenuación (por ejemplo si el frente de ondas es plano), es fácil obtener cómo varía la intensidad. Si llamamos I_0 la intensidad en $x = 0$ para calcular la intensidad al recorrer una distancia x, $I(x)$ integramos (5.14):

$$\begin{aligned} &\mathrm{d}I = -\gamma I \mathrm{d}x \;\Rightarrow\; \frac{\mathrm{d}I}{I} = -\gamma \mathrm{d}x \;\Rightarrow\; \int_{I_0}^{I(x)} \frac{\mathrm{d}I}{I} = -\gamma \int_0^x \mathrm{d}x \;\Rightarrow \\ &\Rightarrow\; \ln I\Big|_{I_0}^{I(x)} = -\gamma\, x\Big|_0^x \;\Rightarrow\; \ln I(x) - \ln I_0 = -\gamma x. \end{aligned} \tag{5.15}$$

Usando las propiedades de los logaritmos y despejando tenemos:

$$\boxed{I(x) = I_0 e^{-\gamma x}.} \tag{5.16}$$

5.2. Ondas sonoras

Las ondas sonoras consisten en el movimiento oscilatorio longitudinal de las partículas de un medio. A mayor rigidez de un medio, mayor velocidad de propa-

Medio	Velocidad (m/s)
Aire (0º C)	331
Amoníaco (0º C)	415
Agua (25º C)	1593
Madera	3700
Acero	6100

Tabla 5.1 Velocidad de las ondas sonoras en distintos medios Estas velocidades pueden variar debido a la modificación de diversos parámetros (temperatura, densidad etc.).

gación de las ondas sonoras. En general, las ondas sonoras se propagan más rápido en un sólido que en un líquido, y a mayor velocidad en un líquido que en un sólido. En la tabla 5.1 se muestran la velocidad de las ondas sonoras para diversos medios. Para el caso del aire la velocidad es para una temperatura de 0º C. Al aumentar la temperatura la velocidad de las ondas sonoras aumenta en 0,6 m/s por grado centígrado.

Estas ondas las podemos clasificar en función de su frecuencia en tres tipos:

Infrasonidos. Son ondas con frecuencias inferiores a 20 Hz.

Sonidos. Ondas sonoras con frecuencias entre 20 y 20.000 Hz. Es el rango de frecuencias que, en promedio, percibe el oído humano.

Ultrasonidos. Ondas sonoras con frecuencias por encima de los 20.000 Hz.

Los sonidos, que son los que percibe el oído humano, se caracterizan fundamentalmente por su tono, que está relacionado con la frecuencia, y volumen, que está relacionado con su intensidad. Decimos que un sonido tiene un tono más agudo que otro cuando el primero tiene mayor frecuencia y que es más grave cuando tiene menor frecuencia. A mayor intensidad de un sonido, mayor es el volumen al que lo percibimos, pero nuestro oído tiene una escala que no es lineal, es más parecida a una escala logarítmica. Por esto, un sonido del doble de intensidad que otro no lo percibimos con el doble de volumen. Para poder caracterizar el volumen de un sonido empleamos una unidad que llamaremos **sensación sonora** o **nivel de intensidad** y que veremos en el apartado 5.2.1.

Podríamos añadir otras características que caracterizan los sonidos, como el timbre y la duración. El timbre es la mezcla de frecuencias que lo componen y que hacen que, entre otras cosas, podamos distinguir los sonidos de diferentes instrumentos musicales y reconocer la voz de distintas personas.

5.2.1. Sensación sonora

Como hemos dicho, para poder cuantificar el volumen de los sonidos vamos a introducir una nueva unidad que llamaremos **sensación sonora** (o **nivel de intensidad**) que representaremos por la letra β:

$$\beta = \log_{10} \frac{I}{I_{\text{ref}}}. \tag{5.17}$$

Que recibe el nombre de **bell** (**belio** coloquialmente) y se representa por B. Esta unidad es muy grande por lo que se suele usar un submúltiplo de ella:

$$\boxed{\beta = 10 \log_{10} \frac{I}{I_{\text{ref}}}.} \tag{5.18}$$

Esta unidad es el **decibell**, **decibelio** coloquialmente, y se representa por dB. El término del denominador se llama **intensidad de referencia** y es:

$$I_{\text{ref}} = 10^{-12}\,\text{W/m}^2. \tag{5.19}$$

Este valor es el valor umbral de percepción del oído humano de sonidos puros de 1.000 Hz de frecuencia. Por esto, el oído deja de percibir, en promedio, tonos puros de 1 kHz cuando la sensación sonora es < 0 dB. Estos umbrales cambian con la frecuencia, siendo nuestro oído más sensible a unas frecuencias que a otras.

Ejemplo 5.3:

Si nos llegan al oído n sonidos de igual intensidad, I_1, ¿cuál es la sensación sonora que producen? El nivel de intensidad, β_1, de un único sonido de intensidad I_1 es:

$$\beta_1 = 10 \log_{10} \frac{I_1}{I_{\text{ref}}}. \tag{5.20}$$

Cuando nos llegan los n sonidos la intensidad total es $I_n = nI_1$ y su sensación sonora, β_n, es:

$$\beta_n = 10 \log_{10} \frac{I_n}{I_{\text{ref}}} = 10 \log_{10} \frac{nI_1}{I_{\text{ref}}} = 10 \log_{10} n + 10 \log_{10} \frac{I_1}{I_{\text{ref}}}. \tag{5.21}$$

Luego:

$$\boxed{\beta_n = 10 \log_{10} n + \beta_1.} \tag{5.22}$$

Si tenemos dos sonidos de la misma intensidad, independientemente de su valor, la sensación sonora aumenta en:

$$\beta_2 = 10\log_{10} 2 + \beta_1 \quad \Rightarrow \quad \beta_2 = \beta_1 + 3\,\text{dB}. \tag{5.23}$$

Esto es, β_2 es 3 dB mayor que β_1 independientemente del valor de β_1.

Ejemplo 5.4:

Si tenemos un foco sonoro esférico de potencia P y dos observadores situados a unas distancias r_1 y r_2, respectivamente, las intensidades que les llegarán serán:

$$I_1 = \frac{P}{4\pi r_1^2} \quad \text{y} \quad I_2 = \frac{P}{4\pi r_2^2}. \tag{5.24}$$

La sensación sonora que percibirá cada uno de ellos es:

$$\begin{aligned} \beta_1 &= 10\log_{10}\frac{I_1}{I_{\text{ref}}} = 10\log_{10}\frac{P}{4\pi r_1^2 I_{\text{ref}}} \\ \beta_2 &= 10\log_{10}\frac{I_2}{I_{\text{ref}}} = 10\log_{10}\frac{P}{4\pi r_2^2 I_{\text{ref}}}. \end{aligned} \tag{5.25}$$

Restando las dos expresiones anteriores:

$$\begin{aligned} \beta_1 - \beta_2 &= 10\left(\log_{10}\frac{P}{4\pi r_1^2 I_{\text{ref}}} - \log_{10}\frac{P}{4\pi r_2^2 I_{\text{ref}}}\right) \\ &= 10\log_{10}\frac{r_2^2}{r_1^2} = 10\log_{10}\left(\frac{r_2}{r_1}\right)^2. \end{aligned} \tag{5.26}$$

Y llegamos a una expresión que relaciona la sensación sonora percibida por dos observadores situados a diferentes distancias a un foco sonoro esférico:

$$\boxed{\beta_1 - \beta_2 = 20\log_{10}\frac{r_2}{r_1}.} \tag{5.27}$$

5.2.2. Efecto Doppler

Este efecto es genérico de cualquier movimiento ondulatorio, pero se suele estudiar asociado a las ondas sonoras, ya que su efecto es percibido de forma cotidiana. Este efecto es el cambio en la frecuencia percibida por un observador cuando el emisor, el receptor o ambos están en movimiento respecto del medio de

Si el emisor se mueve			Si el receptor se mueve	
hacia el receptor	$v_e > 0$		hacia el emisor	$v_r > 0$
opuesto al receptor	$v_e < 0$		opuesto al emisor	$v_r < 0$

Tabla 5.2 Criterio de signos para el efecto Doppler. En ningún momento se habla de que se acerquen o se alejen emisor y receptor.

propagación de la onda.

Si denotamos por f' a la frecuencia percibida y f a la frecuencia emitida, tenemos que la relación que existe entre ellas por efecto Doppler es:

$$\boxed{f' = f\frac{v_s + v_r}{v_s - v_e}.} \tag{5.28}$$

v_s es la velocidad de la onda, en nuestro caso la velocidad de las ondas sonoras. v_e es la velocidad del emisor medida **respecto del medio de propagación de la onda.** v_r es la velocidad del receptor **respecto del medio de propagación de la onda.** Las velocidades del emisor y el receptor serán positivas o negativas según cual sea su dirección de movimiento. En la tabla 5.2 se describe el criterio de signos a emplear con la fórmula (5.28).

Tema avanzado: Efecto Doppler en las ondas electromagnéticas

La luz es una onda electromagnética y como onda también experimenta el efecto Doppler. La diferencia importante con las ondas materiales es que no existe un medio de propagación para este tipo de ondas. La expresión (5.28) nos puede valer para calcular la frecuencia percibida cuando las velocidades relativas entre el emisor y el receptor son pequeñas. La expresión de validez general para el efecto Doppler en las ondas electromagnéticas es:

$$f' = f\left(\frac{c + \frac{v}{c}}{c - \frac{v}{c}}\right)^{1/2}, \tag{5.29}$$

donde c es la velocidad de propagación de las ondas electromagnéticas en el vacío y v es la velocidad con que el emisor se acerca al receptor. Si el emisor se aleja v sería negativa.

Problemas

1. A qué distancia nos tenemos que poner de un foco de ondas esférico para que la intensidad que nos llegue sea una cuarta parte de la que llega en puntos situados a un metro del foco.

2. La intensidad de una onda se reduce en un 50 % cuando la distancia recorrida en un medio con absorción es de 3 m. ¿Cuánto vale el coeficiente de absorción de ese medio?

3. Percibimos un sonido con un nivel de intensidad de 80 dB, ¿cuál será su intensidad?

4. El sonido de un foco sonoro lo dejamos de percibir a 250 m. ¿Qué sensación sonora nos producirá a 45 m?

5. ¿Qué número mínimo de focos sonoros idénticos, que nos producen por separado una sensación sonora de 40 dB, es necesario para que nos produzca una sensación sonora de 80 dB?

6. Un buzo está en reposo en el lecho de un río cuya corriente discurre a 60 km/h. Río arriba respecto del buzo hay sumergido un foco que emite un sonido de 4,5 kHz. ¿Qué frecuencia percibirá el buzo?

7. Una ambulancia, que se mueve a velocidad constante, viene hacia nosotros y percibimos un incremento en la frecuencia de la sirena de un 10 %. ¿Cuanto tiempo transcurrirá desde que pasa a nuestro lado hasta que dejemos de percibir el sonido de la sirena si, a 5 m de nosotros, la sensación sonora que produce es de 40 dB?

8. Un observador, mientras se mueve, va emitiendo pulsos sonoros de una frecuencia de 8 kHz que rebotan en objetos en reposo y le llegan con una frecuencia de 9 kHz. ¿A qué velocidad se mueve?

Tema 6

Campo electrostático

En este tema vamos a estudiar los fenómenos asociados al campo eléctrico en el vacío y cuando las cargas involucradas están en reposo o se mueven a bajas velocidades. En un tema posterior veremos que las cargas en movimiento son fuentes del campo magnético. Campo que a su vez interactúa por medio de fuerzas con las cargas en movimiento. La unidad de carga en el sistema internacional es el **coulomb** (C), que coloquialmente llamaremos **culombio**.

6.1. Ley de Coulomb

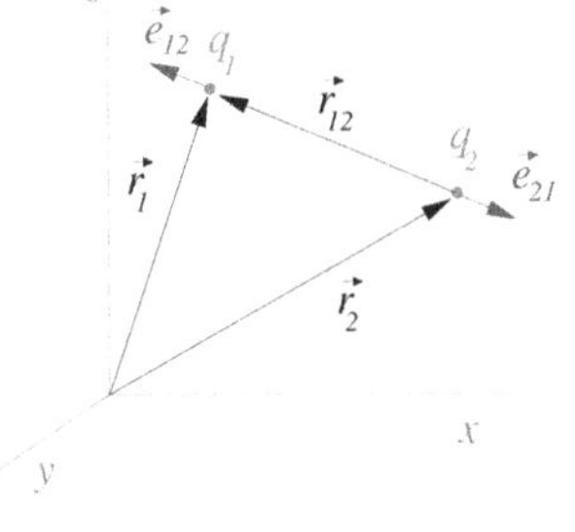

Figura 6.1 Vector de posición de la carga q_1 respecto de q_2, que llamamos $\vec{r}_{12}$. El módulo de este vector es igual a la distancia entre cargas. A partir de él calculamos un vector unitario con su misma dirección y sentido: $\vec{e}_{12} = \vec{r}_{12}/r_{12}$. El vector de posición de la carga q_2 respecto de q_1 es $\vec{r}_{21} = -\vec{r}_{12}$ y a partir de él definimos el vector unitario $\vec{e}_{21} = \vec{r}_{21}/r_{21}$. El vector $\vec{r}_{21}$ no está dibujado en la figura.

La ley de Coulomb nos dice el valor de la fuerza electrostática con la que iteractúan dos cargas puntuales q_1 y q_2 en el vacío separadas una distancia r. Si llamamos $\vec{F}_{12}$ a la fuerza que sufre la carga q_1 por interacción con la carga q_2 la ley de Coulomb nos dice que tiene un valor dado por la expresión:

$$\boxed{\vec{F}_{12} = K\,\frac{q_1 q_2}{r_{12}^2}\vec{e}_{12},} \tag{6.1}$$

donde K es una constante cuyo valor es $K = 9 \cdot 10^9\ \frac{\mathrm{Nm}^2}{\mathrm{C}^2}$. El vector $\vec{e}_{12}$ es un vector unitario con la misma dirección y sentido que $\vec{r}_{12}$, que es el vector de posición de la carga q_1 respecto de la carga q_2, ver figura 6.1:

$$\vec{e}_{12} = \frac{\vec{r}_{12}}{r_{12}}. \tag{6.2}$$

De la figura 6.1 podemos deducir que el vector $\vec{r}_{12}$ lo podemos escribir como la diferencia de los vectores de posición de las partículas:

$$\vec{r}_{12} = \vec{r}_1 - \vec{r}_2. \tag{6.3}$$

Para obtener la fuerza que sufre q_2 por interacción con la carga q_1, fuerza que llamaremos $\vec{F}_{21}$, solo tenemos que usar la ecuación (6.1), pero con el vector de posición de q_2 respecto de q_1, $\vec{r}_{21} = -\vec{r}_{12}$:

$$\boxed{\vec{F}_{21} = K\,\frac{q_1 q_2}{r_{21}^2}\vec{e}_{21},} \tag{6.4}$$

donde ahora el vector unitario es $\vec{e}_{21} = \vec{r}_{21}/r_{21} = -\vec{r}_{12}/r_{12}$. Las fuerzas electrostáticas $\vec{F}_{12}$ y $\vec{F}_{21}$ tienen el mismo módulo, misma dirección pero sentido contrario, $\vec{F}_{12} = -\vec{F}_{21}$. Cuando ambas cargas tengan el mismo signo tendremos que la fuerza entre ellas es repulsiva: las fuerzas electrostáticas tratan de alejar a estas cargas. Si las cargas son de distinto signo, las fuerzas serán ahora atractivas: tratan de acercar una carga a la otra, ver figura 6.2.

En muchas ocasiones la constante K la vamos a reescribir en función de lo que se conoce como la **permitividad eléctrica del vacío** y que representamos por medio de ϵ_0:

$$K = \frac{1}{4\pi\epsilon_0}. \tag{6.5}$$

Figura 6.2 En la figura de la izquierda tenemos dos partículas del mismo signo por lo que las fuerzas $\vec{F}_{12}$ y $\vec{F}_{21}$ tienen el mismo sentido que los vectores unitarios de la figura 6.1 y son, por lo tanto, fuerzas repulsivas. En la figura de la derecha tenemos que q_1 y q_2 son de distinto signo y las fuerzas aquí tienen sentido contrario a los vectores unitarios, por lo que son fuerzas atractivas.

A partir de (6.5) y de saber que $K = 9 \cdot 10^9 \ \frac{\mathrm{Nm}^2}{\mathrm{C}^2}$ obtenemos el valor numérico de la permitividad como:

$$\epsilon_0 = \frac{1}{4\pi \cdot 9 \cdot 10^9} \frac{\mathrm{C}^2}{\mathrm{Nm}^2}, \tag{6.6}$$

que es relativamente fácil de recordar.

Vamos a considerar a la carga eléctrica como una magnitud que varía de forma continua aunque, en realidad, es una magnitud discreta. Cualquier carga eléctrica que encontramos en la naturaleza es siempre un múltiplo entero de la carga fundamental e:

$$e = 1{,}6 \cdot 10^{-19} \ \mathrm{C}, \tag{6.7}$$

que es la carga eléctrica que tienen el electrón y el protón, negativa para el caso del electrón y positiva para el caso del protón.

6.2. Campo eléctrico

Para algunos, las fuerzas electrostáticas introducen un problema filosófico, el problema de la acción a distancia: ¿cómo pueden interactuar dos cargas en el vacío sin mediar acción material alguna? Para solventar este problema se introduce el concepto de campo eléctrico. Cada carga crea a su alrededor una entidad que vamos a llamar **campo eléctrico** y cuando colocamos otra carga en un punto donde existe ese campo, esta última carga interactúa con el campo que hay en el punto donde se coloca.

Formalmente se define el campo eléctrico, que representamos como $\vec{E}$, como la fuerza por unidad de carga:

$$\vec{E} = \frac{\vec{F}}{q}. \tag{6.8}$$

Donde q es lo que llamamos una carga de prueba. La unidad para el campo eléctrico es el N/C, aunque también se suele usar el voltio por metro, V/m, que más adelante nos aparecerá. Para medir el campo eléctrico en un punto colocamos una carga q y medimos la fuerza que sufre. Si dividimos el vector $\vec{F}$ que sufre esa carga y lo dividimos por el valor de la carga obtenemos el vector campo eléctrico, $\vec{E}$, en ese punto. A partir de la definición de campo eléctrico, expresión (6.8), llegamos fácilmente a:

$$\boxed{\vec{F} = q\vec{E},} \tag{6.9}$$

que nos dice la fuerza que sufre un carga q cuando la colocamos en un punto en el que hay un campo eléctrico $\vec{E}$. La expresión (6.9) nos dice que las cargas positivas sufren fuerzas de mismo sentido que el del campo eléctrico que le aplicamos mientras que las cargas negativas sufren fuerzas sentido contrario al campo eléctrico.

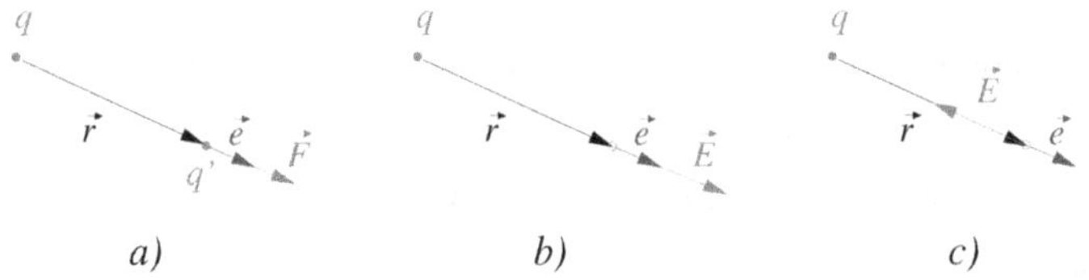

Figura 6.3 Cuando colocamos una carga q' a una distancia r de una carga q, la primera carga sufre una fuerza $\vec{F} = K\frac{qq'}{r^2}\vec{e}$, donde $\vec{e}$ es un vector unitario con la misma dirección y sentido que $\vec{r}$, el vector de posición de q' respecto de q, apartado a, donde hemos supuesto que q y q' tienen el mismo signo. Si dividimos esa fuerza por q' obtenemos el campo eléctrico $\vec{E} = K\frac{q}{r^2}\vec{e}$ en ese punto. Si q es positiva $\vec{E}$ y $\vec{e}$ tienen el mismo sentido, apartado b. Si q es negativa entonces $\vec{E}$ y $\vec{e}$ tienen sentido contrario, apartado c.

En el ejemplo 6.1 vemos que el campo eléctrico que crea una carga puntual q a su alrededor es:

$$\vec{E} = K\frac{q}{r^2}\vec{e}. \tag{6.10}$$

El vector unitario $\vec{e}$ tiene como dirección la recta que pasa por la carga y el punto donde estamos calculando el campo $\vec{E}$ y sentido contrario al lugar donde se encuentra q. Si q es positiva la ecuación (6.10) nos dice que $\vec{E}$ y $\vec{e}$ tienen el mismo sentido, figura 6.3b. Si, por contra, la carga q es negativa, los vectores $\vec{E}$ y $\vec{e}$ tienen sentido contrario, figura 6.3c. En resumen, las cargas positivas crean campos eléctricos que apuntan en sentido contrario a donde ellas se encuentran, mientras que las cargas negativas crean campos eléctricos que apuntan hacia ellas.

Ejemplo 6.1:

Vamos a calcular el campo eléctrico que crea una carga puntual q a su alrededor. Para ellos colocamos una carga de prueba q' en un punto a una distancia r de q, figura 6.3a. Usando la ley de Coulomb obtenemos que la fuerza que sufre q' por interacción con q es:

$$\vec{F} = K\frac{qq'}{r^2}\vec{e} = K\frac{qq'}{r^2}\cdot\frac{\vec{r}}{r}, \tag{6.11}$$

donde $\vec{r}$ es el vector de posición de q' respecto de q. En la figura 6.3a hemos supuesto que q y q' son del mismo signo: fuerza repulsiva. Si dividimos la fuerza que sufre q' por su valor de carga obtenemos el campo eléctrico que la carga q crea en el punto donde hemos colocado q':

$$\vec{E} = \frac{\vec{F}}{q'} = K\frac{q}{r^2}\vec{e}. \tag{6.12}$$

Cuando tengamos varias cargas eléctricas el campo eléctrico total en un punto se calcula simplemente como la suma de los campos eléctricos que cada carga crea en ese punto, y siempre recordando que estamos sumando magnitudes vectoriales:

$$\vec{E} = \sum_{i=1}^{N}\vec{E}_i = K\sum_{i=1}^{N}\frac{q_i}{r_i^2}\vec{e}_i, \tag{6.13}$$

siendo $\vec{r}_i$ el vector de posición del punto donde estamos calculando el campo eléctrico respecto de la posición de la carga q_i y $\vec{e}_i$ un vector unitario con la misma dirección y sentido que $\vec{r}_i$. Una vez obtenido el campo eléctrico en un punto creado por una determinada distribución de carga eléctrica podemos averiguar fácilmente el valor de fuerza que sufriría una carga q colocada en ese punto simplemente aplicando la expresión (6.9).

6.2.1. Distribución continua de carga eléctrica

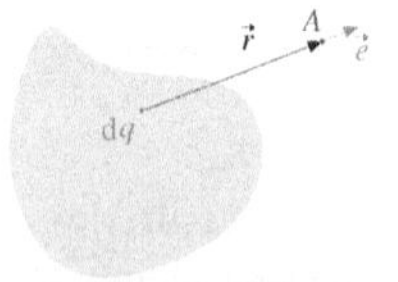

Figura 6.4

En la mayoría de los casos que nos encontramos en la práctica no vamos a tener distribuciones discretas de cargas puntuales, sino distribuciones continuas de carga. Este tipo de distribuciones las caracterizaremos por medio de las densidades de carga en cada punto del objeto cargado. Para el caso de distribuciones de carga en un volumen usaremos la densidad volumétrica de carga, ρ, que es la carga por unidad de volumen. Para la distribuciones de carga en superficies tenemos la densidad de carga superficial, σ, que es la carga por unidad de área. Por último, para distribuciones de carga en una dimensión (alambres, hilos, etc) tenemos la densidad unidimensional de carga, λ, carga por unidad de longitud:

$$\begin{aligned} \rho &= \frac{\mathrm{d}q}{\mathrm{d}v}; \quad \left(\frac{\mathrm{C}}{\mathrm{m}^3}\right) \\ \sigma &= \frac{\mathrm{d}q}{\mathrm{d}s}; \quad \left(\frac{\mathrm{C}}{\mathrm{m}^2}\right) \\ \lambda &= \frac{\mathrm{d}q}{\mathrm{d}l}; \quad \left(\frac{\mathrm{C}}{\mathrm{m}}\right). \end{aligned} \tag{6.14}$$

Cuando tenemos una distribución continua de carga no podemos usar (6.13) directamente para calcular el campo eléctrico, pero sí podemos modificarla imaginando la distribución continua de carga como la unión de cargas infinitesimales, dq, que podemos considerar como cargas puntuales que crean, cada una de ellas, un campo $\mathrm{d}\vec{E}$ en el punto A, ver figura 6.4, dado por:

$$\mathrm{d}\vec{E} = K\frac{\mathrm{d}q}{r^2}\vec{e}. \tag{6.15}$$

El campo total en ese punto será la suma de los campos creados por todas las cargas infinitesimales. Al ser la suma de cantidades infinitesimales se convierte en una integral:

$$\vec{E} = K\int \frac{\mathrm{d}q}{r^2}\vec{e}. \tag{6.16}$$

Ejemplo 6.2:

Vamos a calcular el campo que crea un hilo circular cargado homogéneamente, esto es, con una densidad unidimensional de carga, λ, constante. Nos restringirnos al cálculo en puntos que se encuentran en la vertical que pasa por el centro del círculo. Escogemos un punto de esa vertical a una altura h.

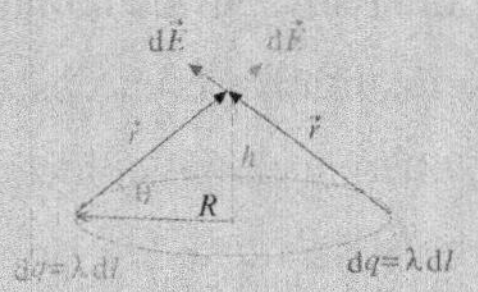

La carga infinitesimal que hay en una porción del hilo de longitud dl es igual a $\mathrm{d}q = \lambda \mathrm{d}l$ y el módulo del campo eléctrico en ese punto a una altura h es:

$$\mathrm{d}E = K\frac{\lambda \mathrm{d}l}{r^2}, \tag{6.17}$$

que es igual para cualquier porción de hilo que escojamos. Lo único que cambia es la dirección del campo producido. Si miramos el campo producido por la carga en la porción de hilo simétrica a la que escogimos en principio tenemos que las componentes horizontales de ambos campos se van a anular cuando las sumemos (misma dirección, mismo módulo y sentido contrario). Por lo tanto, para el cálculo del campo total nos basta con sumar las componentes verticales de todos los campos, $\mathrm{d}E_y = \mathrm{d}E \operatorname{sen}\theta$, donde θ es el ángulo que $\mathrm{d}\vec{E}$ forma con la horizontal y que es igual al que $\vec{r}$ forma con la horizontal:

$$E = E_y = \int \mathrm{d}E_y = \int \mathrm{d}E \operatorname{sen}\theta = K\frac{\lambda \operatorname{sen}\theta}{r^2}\int \mathrm{d}l = K\frac{\lambda \operatorname{sen}\theta}{r^2}2\pi R. \tag{6.18}$$

Usando (6.5) y algunas relaciones geométricas llegamos a la expresión:

$$E = \frac{\lambda R h}{2\epsilon_0 (R^2 + h^2)^{\frac{3}{2}}}. \tag{6.19}$$

Para hacer este cálculo en la figura hemos dado el sentido a los campos eléctricos suponiendo que λ es positiva. Si no fuera así el sentido de los campos sería el contrario.

6.2.2. Líneas del campo eléctrico

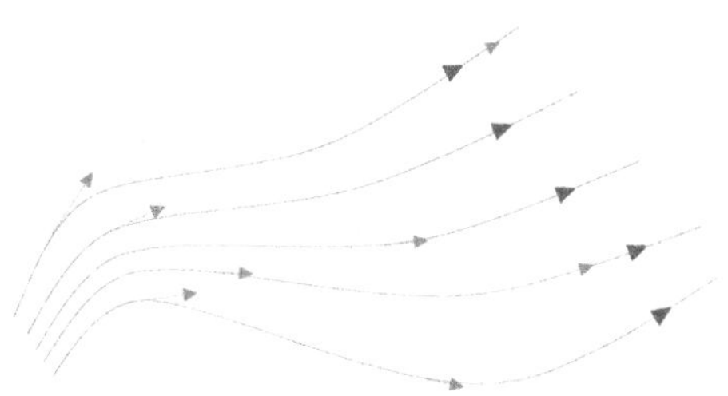

Figura 6.5 Ejemplo de líneas de campo eléctrico junto con el vector campo eléctrico dibujado para algunos puntos.

Las líneas de campo eléctrico son unas líneas orientadas tales que la tangente en cada punto nos dice cuál es la dirección del campo eléctrico en ese punto.

La orientación de las líneas nos dice el sentido del vector campo eléctrico y la densidad de ellas nos da una idea del valor del módulo; a mayor densidad, mayor módulo. Con estas líneas podemos visualizar de forma cualitativa cómo es ese campo y, por ejemplo, saber cómo serían las fuerzas que sufrirían cargas colocadas en diversos puntos de esa región. Podemos ver un ejemplo de líneas de campo eléctrico en la figura 6.5. Las líneas de campo eléctrico alrededor de las cargas puntuales son radiales y parecen emanar de las cargas positivas (su sentido es opuesto a la posición donde se encuentra la carga) y fluir hacia las cargas negativas (los campos eléctricos apuntan hacia las cargas negativas), ver figura 6.6. A la hora de dibujar estas líneas hay ciertas reglas:

- Las líneas de campo eléctrico nacen en las cargas positivas y mueren en las cargas negativas o en el infinito.
- El número de líneas de campo eléctrico que se originen en la carga positiva o lleguen a la negativa es proporcional al valor de la carga.
- Dos líneas de campo eléctrico no pueden cruzarse. Si dos líneas se cruzaran tendríamos en ese punto dos tangentes distintas; dos campos eléctricos con diferentes direcciones.

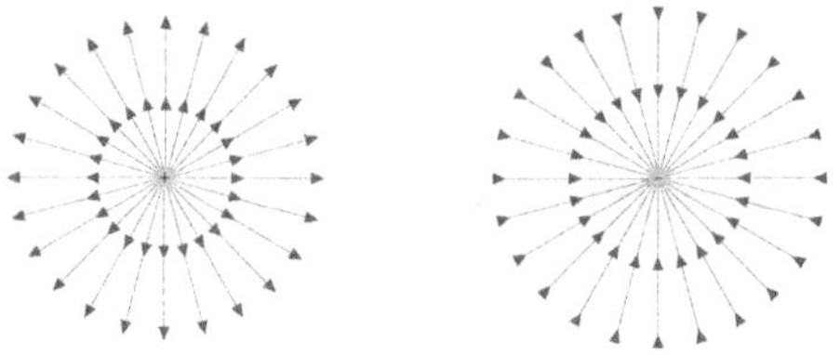

Figura 6.6 Líneas de campo eléctrico para cargas puntuales. Para la carga positiva (izquierda) las líneas salen de la carga. Para la carga negativa las líneas del campo eléctrico entran a la carga. En ambos casos son líneas radiales.

6.3. Flujo del campo eléctrico: Ley de Gauss

En el tema sobre cálculo vectorial introdujimos el concepto de flujo de un campo vectorial. Vamos a recordar lo que dijimos, pero aplicado al campo eléctrico. Se define el flujo elemental, $d\Phi$, del campo eléctrico, $\vec{E}$, que atraviesa una superficie infinitesimal, representada por un vector $\mathrm{d}\vec{S}$, como:

$$\mathrm{d}\Phi = \vec{E} \cdot \mathrm{d}\vec{S} = E\mathrm{d}S \cos\theta, \tag{6.20}$$

donde θ es el ángulo que forman los vectores $\vec{E}$ y $\mathrm{d}\vec{S}$. Recordemos también que el vector $\mathrm{d}\vec{S}$ es un vector perpendicular a la superficie y cuyo módulo es igual al área de la superficie, $\mathrm{d}S$. Cuando la superficie es cerrada el sentido del vector $\mathrm{d}\vec{S}$ apunta siempre hacia fuera de la superficie. El flujo se mide en Nm^2/C o también en Vm.

Ejemplo 6.3:

Vamos a calcular el flujo del campo eléctrico de una carga puntual, q, que atraviesa una superficie esférica cuyo centro coincide con la posición en la que se encuentra la carga.

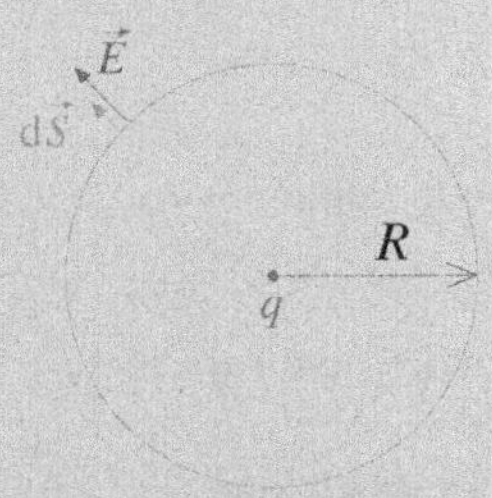

$$\Phi = \oint \vec{E} \cdot \mathrm{d}\vec{S}. \tag{6.21}$$

En la figura podemos comprobar que los vectores $\vec{E}$ y $\mathrm{d}\vec{S}$ son paralelos sobre toda la superficie (antiparalelos si la carga fuera negativa) por lo que el ángulo es constante para cualquier punto de la superficie y la integral anterior queda solo como producto de módulos:

$$\oint \vec{E} \cdot \mathrm{d}\vec{S} = \oint E\mathrm{d}S. \tag{6.22}$$

El módulo del campo eléctrico sobre toda la superficie escogida es constante: todos los puntos están a la misma distancia, R, de la carga. Podemos sacar el módulo de E de la expresión (6.22):

$$\oint E\mathrm{d}S = E \oint \mathrm{d}S = K\frac{q}{R^2} \oint \mathrm{d}S = \frac{1}{4\pi\epsilon_0}\frac{q}{R^2}4\pi R^2 = \frac{q}{\epsilon_0}. \tag{6.23}$$

Por lo que el flujo de un carga puntual, q, que atraviesa una superficie esférica cuyo centro coincide con la posición de la carga es:

$$\Phi = \frac{q}{\epsilon_0}. \tag{6.24}$$

Para calcular el flujo del campo eléctrico, Φ, que atraviesa una superficie cualquiera, S, sumamos los flujos elementales que atraviesan las superficies infinitesimales, $d\vec{S}$, con las que podemos descomponer S:

$$\Phi = \int \vec{E} \cdot d\vec{S}. \tag{6.25}$$

En el ejemplo 6.3 vemos que el flujo del campo eléctrico de una carga puntual q que atraviesa una superficie esférica cuyo centro coincide con la posición de la carga es igual a la carga q dividida por ϵ_0. Esto se puede generalizar y constituye lo que se conoce como **teorema de Gauss** o **ley de Gauss** del campo eléctrico y que podemos enunciar así: El flujo del campo eléctrico que atraviesa una superficie cerrada, sea cual sea su forma, es igual a la carga neta encerrada dividida por ϵ_0. Matemáticamente esta ley queda como:

$$\boxed{\oint \vec{E} \cdot d\vec{S} = \frac{q_{\text{int}}}{\epsilon_0},} \tag{6.26}$$

donde llamamos q_{int} a la carga neta encerrada por la superficie (o carga interior). Las cargas exteriores a una superficie cerrada no modifican el valor del flujo que atraviesa esa superficie.

Demostración 6.1:

Si escogemos una superficie cerrada tan pequeña que englobe a un volumen infinitesimal dv el teorema de la divergencia de Gauss, (0.79), lo podemos reescribir como:

$$\vec{\nabla} \cdot \vec{E}\, dv = \oint \vec{E} \cdot d\vec{S} = \frac{dq}{\epsilon_0}, \tag{6.27}$$

como la superficie encierra un volumen infinitesimal la carga encerrada por esa superficie es también infinitesimal dq.

$$\vec{\nabla} \cdot \vec{E}\, dv = \frac{dq}{\epsilon_0} \quad \Rightarrow \quad \vec{\nabla} \cdot \vec{E} = \frac{1}{\epsilon_0}\frac{dq}{dv}. \tag{6.28}$$

Como la densidad de carga es $\rho = \frac{dq}{dv}$ obtenemos la siguiente relación para la divergencia del campo eléctrico:

$$\vec{\nabla} \cdot \vec{E} = \frac{\rho}{\epsilon_0}. \tag{6.29}$$

En la demostración 6.1 se llega a la siguiente relación a partir de la ley de Gauss:

$$\boxed{\vec{\nabla} \cdot \vec{E} = \frac{\rho}{\epsilon_0}} \left(\equiv \frac{\partial E_x}{\partial x} + \frac{\partial E_y}{\partial y} + \frac{\partial E_z}{\partial z} = \frac{\rho}{\epsilon_0} \right). \tag{6.30}$$

A la relación (6.30) se la conoce como la **ley (o teorema) de Gauss en forma diferencial** y a (6.26) como **ley (o teorema) de Gauss en forma integral**

Tema avanzado: Componente normal del campo eléctrico en una superficie

Usando la relación (0.83) vamos a ver cómo cambia el campo eléctrico al atravesar una superficie que separa dos regiones diferentes, que llamaremos región 1 y región 2. Nos fijamos en los campos eléctricos que hay en un punto justo en la superficie de separación de ambas regiones. Vamos a llamar E_{1n} y E_{2n} a la componente normal de esos campos eléctricos en ese punto en cada una de las regiones. La expresión (0.83) nos da la relación entre esos campos:

$$E_{1n} - E_{2n} = \lim_{h\to 0}\left(h\vec{\nabla}\cdot\vec{E}\right) = \lim_{h\to 0}\left(h\frac{\rho}{\epsilon_0}\right). \tag{6.31}$$

Véase el apartado donde aparece la expresión (0.83) para la definición de h. La densidad de carga, ρ la podemos escribir como:

$$\rho = \frac{\mathrm{d}q_{\mathrm{int}}}{h\mathrm{d}S} \quad\Rightarrow\quad E_{1n} - E_{2n} = \lim_{h\to 0}\left(\not{h}\frac{\mathrm{d}q_{\mathrm{int}}}{\not{h}\epsilon_0\mathrm{d}S}\right) = \frac{\mathrm{d}q_{\mathrm{int}}}{\epsilon_0\mathrm{d}S} \quad\Rightarrow\quad \boxed{E_{1n} - E_{2n} = \frac{\sigma}{\epsilon_0}.} \tag{6.32}$$

Esto nos dice que al atravesar una superficie de separación entre dos regiones la componente normal del campo eléctrico a esa superficie cambia de forma abrupta si hay una densidad superficial de carga. Siendo la discontinuidad igual a la densidad superficial de carga en al superficie dividida por la permitividad eléctrica del vacío. Es importante notar que si la densidad de carga no es superficial no habría discontinuidad. En el caso de que la carga estuviera distribuida en el volumen tendríamos que $\mathrm{d}q_{\mathrm{int}}$ iría disminuyendo hasta cero al hacer el límite $h \to 0$, mientras que tendría un valor constante cuando la carga está distribuida exclusivamente por la superficie.

6.3.1. Uso de la ley de Gauss para el cálculo de campos eléctricos

La ley de Gauss nos va a permitir el cálculo de campos eléctricos creados por distribuciones de carga en las que hayan simetrías que nos faciliten el cálculo del flujo. El procedimiento genérico para este tipo de cálculos sería:

1. Calculamos el flujo del campo eléctrico, Φ_1 que atraviesa una determinada superficie cerrada que escogemos nosotros. Este flujo lo calculamos reali-

zando explícitamente la integral:

$$\Phi_1 = \oint \vec{E} \cdot \mathrm{d}\vec{S}. \tag{6.33}$$

2. Usamos la ley de Gauss para obtener el flujo, Φ_2, que atraviesa la superficie escogida en el paso anterior:

$$\Phi_2 = \frac{q_{\mathrm{int}}}{\epsilon_0}. \tag{6.34}$$

3. Los dos flujos obtenidos anteriormente tienen que ser iguales:

$$\Phi_1 = \Phi_2, \tag{6.35}$$

lo que nos permitirá obtener el valor del campo eléctrico en la superficie escogida o, al menos, en alguna parte de esa superficie.

Ejemplo 6.4:

El valor del campo eléctrico creado por una carga puntual se puede deducir a partir de la Ley de Gauss. Por simetría podemos inferir que el campo eléctrico alrededor de una carga puntual tiene que ser radial: su dirección tiene que ser la recta que pasa por la carga y por el punto donde estoy calculando el campo eléctrico creado por esa carga. Escogemos una superficie esférica S de radio r cuyo centro coincida con la posición donde se encuentra la carga para calcular el flujo Φ_1. Como el campo es radial, será perpendicular a la superficie S en cualquier punto de ella. Por lo tanto, será paralelo a los vectores $\mathrm{d}\vec{S}$ que representan cada superficie infinitesimal con las que descomponemos S. Por simetría también tenemos que el módulo de E en cualquier punto de S es el mismo, ya que cualquier punto de esa superficie esférica está a la misma distancia de la carga. Luego podemos encadenar los siguiente razonamientos matemáticos:

$$\Phi_1 = \oint \vec{E} \cdot \mathrm{d}\vec{S} = \oint E\,\mathrm{d}S = E \oint \mathrm{d}S \quad \Rightarrow \Phi_1 = E 4\pi r^2. \tag{6.36}$$

$\oint \mathrm{d}S$ es el área de la superficie S, $\oint \mathrm{d}S = 4\pi r^2$. Tenemos el flujo del campo eléctrico que atraviesa S como una función del campo E en su superficie (el campo en cualquier punto a una distancia r de la carga) y el radio r de la superficie S. En un segundo paso calculamos el flujo sobre esa misma superficie S, y le llamamos Φ_2 usando la ley de Gauss:

$$\Phi_2 = \frac{q_{\mathrm{int}}}{\epsilon_0} = \frac{q}{\epsilon_0}, \tag{6.37}$$

ya que, en este caso, la carga encerrada es simplemente q. Igualando Φ_1 a Φ_2

tenemos:

$$E4\pi r^2 = \frac{q}{\epsilon_0} \quad \Rightarrow E = \frac{q}{4\pi\epsilon_0 r^2} \quad \Rightarrow E = K\frac{q}{r^2}. \tag{6.38}$$

Ejemplo 6.5:

Vamos a calcular el campo eléctrico creado por una esfera de radio R cargada homogéneamente en toda su superficie (σ constante). Obtenemos el flujo integrando para eso nos aprovechamos del hecho de que la simetría de la distribución es la misma que la de una carga puntual, por lo que el campo será también radial. Escogemos una superficie esférica S de radio r que comparte centro con la esfera cargada. En ese caso, los vectores $\mathrm{d}\vec{S}$ y el campo eléctrico serán paralelos y, además, el módulo del campo eléctrico no variará de punto a punto de S por estar todos ellos a la misma distancia del centro de la esfera cargada:

$$\Phi_1 = \oint \vec{E} \cdot \mathrm{d}\vec{S} = \oint E\,\mathrm{d}S = E\oint \mathrm{d}S = E4\pi r^2, \tag{6.39}$$

Esto es, el flujo sobre esta superficie es igual al que obtuvimos para una carga puntual. Este resultado es independiente de si r es mayor o menor que R porque la simetría es la misma dentro y fuera de la esfera cargada. Para el calculo de Φ_2 por medio de la ley de Gauss sí que necesitamos saber si r es mayor o menor que el radio, R, de la esfera cargada. Cuando $r < R$ tenemos que la carga encerrada es cero: la carga está en la superficie de la esfera, a una distancia R del centro de la esfera S, luego fuera de ella y $\Phi_2 = 0$. Igualando Φ_1 con Φ_2:

$$E4\pi r^2 = 0 \quad \Rightarrow \quad E = 0. \tag{6.40}$$

Luego el campo eléctrico es cero en el interior de la esfera cargada. Cuando $r > R$ la carga encerrada es ahora toda la carga que hay en la esfera cargada $q_{int} = 4\pi R^2\sigma$ y $\Phi_2 = \frac{4\pi R^2\sigma}{\epsilon_0}$, igualamos Φ_1 con Φ_2:

$$E4\pi r^2 = \frac{4\pi R^2\sigma}{\epsilon_0} \quad \Rightarrow \boxed{E = \frac{\sigma R^2}{\epsilon_o r^2},} \tag{6.41}$$

para puntos a una distancia r mayor que R, puntos fuera de la esfera cargada. Si llamamos $q_T = 4\pi R^2\sigma$ a la carga total distribuida sobre toda la esfera es fácil llegar a ver que en el exterior de esa esfera cargada, el campo es el mismo que crearía una carga puntual q_T situada en el centro de la esfera:

$$\boxed{E = K\frac{q_T}{r^2}.} \tag{6.42}$$

Ejemplo 6.6:

Usando la ley de Gauss vamos a calcular el campo eléctrico creado por un hilo rectilíneo muy largo (que podemos considerar infinito) cargado homogéneamente, λ constante. Por la simetría de la distribución de carga podemos ver que el campo eléctrico en cualquier punto no tendrá componentes paralelas al hilo; será siempre perpendicular al hilo. Escogemos una superficie cilíndrica de radio r y altura L, ver figura. Primero de todo calculamos el flujo del campo eléctrico que atraviesa esa superficie cilíndrica:

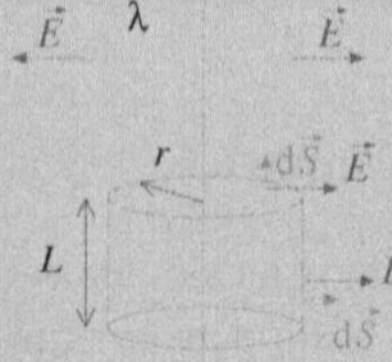

$$\Phi_1 = \oint \vec{E} \cdot \mathrm{d}\vec{S} = \int_{\text{lat}} \vec{E} \cdot \mathrm{d}\vec{S} + \int_{\text{bases}} \vec{E} \cdot \mathrm{d}\vec{S}. \tag{6.43}$$

Donde hemos escrito el flujo total como la suma del flujo sobre las bases más el flujo que atraviesa la cara lateral del cilindro. El flujo sobre las bases es cero debido a que el campo es paralelo a estas superficies (perpendicular a $\mathrm{d}\vec{S}$ en cualquier punto de las bases). Además, en la cara lateral el campo es perpendicular a la superficie (paralelo a los vectores $\mathrm{d}\vec{S}$) en cualquier punto, luego el ángulo es siempre cero entre ellos ($\cos 0^\circ = 1$):

$$\Phi_1 = \int_{\text{lat}} \vec{E} \cdot \mathrm{d}\vec{S} = \int_{\text{lat}} E \, \mathrm{d}S. \tag{6.44}$$

Como todos los puntos de la cara lateral están a la misma distancia del hilo el módulo de E tiene que ser constante y lo sacamos de la integral:

$$\Phi_1 = \int_{\text{lat}} E \, \mathrm{d}S = E \int_{\text{lat}} \mathrm{d}S = E 2\pi r L. \tag{6.45}$$

Y tenemos el flujo Φ_1 como una función de E, que es el campo eléctrico en puntos sobre la cara lateral: puntos situados a una distancia r del hilo. Usando Gauss calculamos el flujo sobre esa misma superficie:

$$\Phi_2 = \frac{q_{\text{int}}}{\epsilon_0} = \frac{\lambda L}{\epsilon_0}. \tag{6.46}$$

Igualando $\Phi_1 = \Phi_2$:

$$E 2\pi r L = \frac{\lambda L}{\epsilon_0} \quad \Rightarrow \quad \boxed{E = \frac{\lambda}{2\pi \epsilon_0 r}.} \tag{6.47}$$

6.3.2. Carga en conductores en equilibrio electrostático

En los conductores la carga puede desplazarse de un punto a otro en el interior de este tipo de materiales. Si a un conductor le añadimos carga y rompemos su neutralidad, la carga se redistribuye de manera que se alcanza lo que se conoce como equilibrio electrostático, en el que la fuerza neta sobre cada carga es cero. Esto implica que el campo eléctrico en el interior de cualquier conductor en equilibrio electrostático es cero. Si escogemos una superficie cerrada contenida completamente en el interior de un conductor en equilibrio, el flujo del campo eléctrico que atraviesa esa superficie va a ser nulo debido a que $\vec{E}$ es cero en el equilibrio electrostático. Usando el teorema de Gauss deducimos que la carga neta en cualquier punto dentro de un conductor en equilibrio va a ser siempre cero. Si el conductor no es neutro porque le hemos añadido carga eléctrica, el exceso de carga no puede estar en el interior. Es por esto que en un conductor en equilibrio electrostático la carga neta tiene que estar distribuida en la superficie del conductor.

6.4. Energía eléctrica

La ley de Coulomb, (6.1), cumple la definición de fuerza central, por lo tanto, las fuerzas electrostáticas son fuerzas conservativas y cumplen todas las propiedades de este tipo de fuerzas y que repetimos aquí aplicadas al caso concreto de la fuerza electrostática:

- El trabajo que hace la fuerza electrostática para llevar una carga de un punto a a otro punto b es independiente de la trayectoria seguida por la carga.

$$\int_{a\ C}^{b} \vec{F} \cdot \mathrm{d}\vec{r} = \int_{a\ C'}^{b} \vec{F} \cdot \mathrm{d}\vec{r}, \tag{6.48}$$

  para cualquier par de curvas C y C' entre los puntos a y b.

- El trabajo que hace la fuerza electrostática para mover una carga a lo largo de una trayectoria cerrada es cero.

$$\oint \vec{F} \cdot \mathrm{d}\vec{r} = 0. \tag{6.49}$$

- El rotacional de la fuerza electrostática es cero.

$$\vec{\nabla} \times \vec{F} = 0. \tag{6.50}$$

- La fuerza electrostática se puede escribir como el gradiente de su energía potencial, pero cambiado de signo.

$$\vec{F} = -\vec{\nabla}U. \tag{6.51}$$

Usando la relación entre fuerza y campo eléctrico $\vec{F} = q\vec{E}$ podemos transformar los tres primeros puntos anteriores a:

- La circulación del campo eléctrico entre dos puntos a y b es independiente de la trayectoria.

$$\int_{a\ C}^{b} \vec{E} \cdot \mathrm{d}\vec{r} = \int_{a\ C'}^{b} \vec{E} \cdot \mathrm{d}\vec{r}, \tag{6.52}$$

  para cualquier par de curvas C y C' entre los puntos a y b.

- La circulación del campo eléctrico sobre cualquier trayectoria cerrada es igual a cero.

$$\oint \vec{E} \cdot \mathrm{d}\vec{r} = 0. \tag{6.53}$$

- El rotacional del campo eléctrico es siempre igual a cero.

$$\vec{\nabla} \times \vec{E} = 0. \tag{6.54}$$

Las ecuaciones (6.53) y (6.54) se conocen como la **ley de Faraday** en forma integral y en forma diferencial, respectivamente. Leyes que solo son válidas en el caso electrostático y que más adelante completaremos para cualquier caso y recibirán el nombre de **ley de Faraday-Henry**.

Tema avanzado: Componentes tangenciales del campo eléctrico

En el caso electrostático tenemos que $\vec{\nabla} \times \vec{E} = 0$. Usando la expresión (0.90) llegamos a la conclusión de que al atravesar una superficie de separación de dos medios, las componentes del campo eléctrico tangenciales a esa superficie no presentan ninguna discontinuidad.

Ejemplo 6.7:

La fuerza electrostática es conservativa, luego el trabajo que hace para llevar una carga de a a b lo podemos escribir como:

$$W = -\Delta U = -(U_b - U_a) = U_a - U_b. \tag{6.55}$$

Si calculamos el trabajo que hace la fuerza electrostática para mover una carga usando la circulación y comparando con el ejemplo 6.55 obtendremos la energía potencial. Vamos a proceder calculando el trabajo que hace el campo eléctrico para mover una carga q' de un punto a a otro punto b sujeta solo a la acción de la fuerza electrostática que ejerce una carga q (que podemos suponer fija). Los puntos a y b están situados sobre una recta que pasa por q y a una distancia r_a y r_b de q, respectivamente. Para el cálculo del trabajo por medio de una integración, usamos un trayectoria rectilínea desde a hasta b. Como los dos puntos están en una línea que pasa por q, la fuerza que sufre q' y el vector desplazamiento infinitesimal, $\mathrm{d}\vec{r}$, serán paralelos.

$$
\begin{aligned}
W = \int_a^b \vec{F} \cdot \mathrm{d}\vec{r} = \int_a^b F\,\mathrm{d}r = \int_{r_a}^{r_b} K\frac{qq'}{r^2}\mathrm{d}r = Kqq' \int_{r_a}^{r_b} \frac{\mathrm{d}r}{r^2} \\
= Kqq'\left(-\frac{1}{r}\right)\Bigg|_{r_a}^{r_b} = K\frac{qq'}{r_a} - K\frac{qq'}{r_b}.
\end{aligned}
\tag{6.56}
$$

Y podemos decir que la energía potencial de un par de cargas q y q' separadas una distancia r viene dada por:

$$
\boxed{U = K\frac{qq'}{r}.} \tag{6.57}
$$

Hemos visto ejemplo 6.7 cómo calcular la energía potencial de un par de cargas y llegamos a que, si tenemos un par de cargas q_1 y q_2 separadas una distancia r, la energía potencial es:

$$
U = K\frac{q_1 q_2}{r}. \tag{6.58}
$$

Cuando nos encontremos en situaciones en las que hay más de dos cargas, la energía potencial de ese sistema la vamos a calcular sumando la energía potencial de cada par de cargas.

Ejemplo 6.8:

Tenemos tres cargas, q_1, q_2 y q_3, en los vértices de un triángulo equilátero de lado l. Vamos a calcular el trabajo que hace el campo para mover las tres cargas a los vértices de otro triángulo equilátero, pero de lado l'. Para ello usamos $W = U_0 - U_f$ y solo tenemos que calcular la energía potencial final y la inicial. La inicial es la energía cuando están en los vértices del triángulo de lado l:

$$
U_0 = K\frac{q_1 q_2}{l} + K\frac{q_1 q_3}{l} + K\frac{q_2 q_3}{l} = \frac{K}{l}\left(q_1 q_2 + q_1 q_3 + q_2 q_3\right). \tag{6.59}
$$

Algo similar para la energía potencial final:

$$U_f = \frac{K}{l'}(q_1q_2 + q_1q_3 + q_2q_3). \qquad (6.60)$$

Por lo que el trabajo sería:

$$\begin{aligned} W = U_0 - U_f &= K(q_1q_2 + q_1q_3 + q_2q_3)\cdot\left(\frac{1}{l} - \frac{1}{l'}\right) \\ &= K(q_1q_2 + q_1q_3 + q_2q_3)\cdot\left(\frac{l'-l}{ll'}\right). \end{aligned} \qquad (6.61)$$

6.4.1. Potencial eléctrico

Vamos a definir el potencial eléctrico como un campo escalar que crean las cargas a su alrededor y que es el responsable del aumento en la energía potencial del sistema cuando colocamos una carga en un punto. La definición formal del potencial eléctrico, que vamos a representar por la letra V, es energía potencial por unidad de carga:

$$V = \frac{U}{q}. \qquad (6.62)$$

El potencial se mide en volt (V), coloquialmente voltios. Como el potencial se deriva a partir de la energía potencial tampoco tiene un valor absoluto: lo único que realmente podemos medir son diferencias de potencial.

Ejemplo 6.9:

Para calcular el potencial eléctrico que crea una carga puntual a su alrededor vamos a colocar una carga q' a una distancia r. La energía potencial del sistema de dos cargas es:

$$U = K\frac{qq'}{r}. \qquad (6.63)$$

El potencial que crea q en el punto donde hemos colocado q' es la energía potencial dividida por la carga q', luego V es:

$$V = K\frac{q}{r}. \qquad (6.64)$$

En el ejemplo 6.9 encontramos que el potencial que una carga puntual q crea a una distancia r viene dado por:

$$V = K\frac{q}{r}. \tag{6.65}$$

Para calcular el potencial creado por un sistema de N cargas en un punto solo tenemos que sumar los potenciales que cada carga crea en ese punto:

$$V = \sum_{i=1}^{N} V_i = K\sum_{i=1}^{N} \frac{q_i}{r_i}, \tag{6.66}$$

donde r_i es la distancia de la carga q_i al punto. En caso de tener una distribución continua de carga vamos a calcular el potencial descomponiendo esa distribución en la unión de cargas infinitesimales, $\mathrm{d}q$, que podemos considerar como cargas puntuales. Cada una de esas cargas crea un potencial, $\mathrm{d}V$, en un punto dado por:

$$\mathrm{d}V = K\frac{\mathrm{d}q}{r}, \tag{6.67}$$

siendo r la distancia de la carga $\mathrm{d}q$ al punto donde queremos calcular el potencial. El potencial total lo obtenemos sumando todos los potenciales $\mathrm{d}V$:

$$V = K\int \frac{\mathrm{d}q}{r}. \tag{6.68}$$

Ejemplo 6.10:

Por medio de (6.68) vamos a obtener el potencial creado por la misma distribución de carga del ejemplo 6.2, y también en la misma región de ese ejemplo, la vertical que pasa por el centro del círculo. En este caso, lo que vamos a sumar son escalares. Si escogemos, como en el ejemplo 6.2, un punto situado a una altura h, el potencial, $\mathrm{d}V$, que crea un trozo de hilo de longitud $\mathrm{d}l$, que contiene una carga $\mathrm{d}q = \lambda \mathrm{d}l$, viene dado por:

$$\mathrm{d}V = K\frac{\lambda \mathrm{d}l}{r}, \tag{6.69}$$

donde r es la distancia del trozo de hilo al punto. Distancia que es la misma para todos los trozos de hilo.

$$V = \oint \mathrm{d}V = K\frac{\lambda}{r}\oint \mathrm{d}l = K\frac{\lambda}{r}2\pi R. \tag{6.70}$$

Que podemos transformar a:

$$V = \frac{\lambda R}{2\epsilon_0 (R^2 + h^2)^{\frac{1}{2}}}. \tag{6.71}$$

Reescribiendo (6.64) como $U = qV$ podemos modificar el trabajo que hace la fuerza electrostática cuando una carga q se mueve entre dos puntos a y b como:

$$W = -\Delta U = -\Delta qV \quad \Rightarrow \quad \boxed{W = -q\Delta V} = -q\,(V_b - V_a) = q\,(V_a - V_b)\,. \tag{6.72}$$

Siendo V_a el potencial eléctrico en el punto a y V_b el potencial en el punto b.

Usando de nuevo $U = qV$ y junto con la ecuación (6.9) tenemos que, a partir del trabajo que la fuerza electrostática hace sobre una carga q, encontramos:

$$\begin{aligned} \int_a^b \vec{F} \cdot \mathrm{d}\vec{r} = U_a - U_b \quad &\Rightarrow \quad q \int_a^b \vec{E} \cdot \mathrm{d}\vec{r} = q\,(V_a - V_b) \\ &\Rightarrow \quad \boxed{V_a - V_b = \int_a^b \vec{E} \cdot \mathrm{d}\vec{r}.} \end{aligned} \tag{6.73}$$

También podemos escribir (6.73) como:

$$V_b - V_a = -\int_a^b \vec{E} \cdot \mathrm{d}\vec{r} \quad \Rightarrow \quad \boxed{\Delta V = -\int_a^b \vec{E} \cdot \mathrm{d}\vec{r}.} \tag{6.74}$$

La relación(6.74) no va a permitir calcular el potencial creado por distribuciones de carga para las que conocemos el campo eléctrico creado por ellas.

Sabemos que la fuerza electrostática, como todas las fuerzas conservativas, es igual a menos el gradiente de su energía potencial. Lo que nos permite obtener una relación importante:

$$\vec{F} = -\vec{\nabla} U \quad \Rightarrow \quad q\vec{E} = -q\vec{\nabla} V \quad \Rightarrow \quad \boxed{\vec{E} = -\vec{\nabla} V.} \tag{6.75}$$

Lo que nos dice que las componentes del campo eléctrico son iguales a menos la derivada parcial del potencial respecto de cada coordenada:

$$\vec{E} = E_x\vec{\imath} + E_y\vec{\jmath} + E_z\vec{k} = -\left(\frac{\partial V}{\partial x}\vec{\imath} + \frac{\partial V}{\partial y}\vec{\jmath} + \frac{\partial V}{\partial z}\vec{k}\right). \tag{6.76}$$

Debido a que el campo eléctrico proviene de la derivada del potencial eléctrico podemos afirmar que el potencial no va a variar de forma discontinua. No puede haber saltos abruptos en el valor del potencial eléctrico al pasar de una región a otra.

Ejemplo 6.11:

Para calcular el potencial creado por una esfera de radio R cargada homogéneamente en su superficie (que sabemos que es equivalente a decir que tenemos una esfera conductora cargada) emplearemos la relación (6.73). En el exterior de la esfera sabemos que el campo eléctrico es igual al que crearía una carga puntual situada en el centro de la esfera cuyo valor es igual al de la carga total en la superficie de la esfera, $q_t = 4\pi R^2\sigma$. Si usamos (6.73) para calcular el potencial obtendríamos que es el mismo que el que crea una carga puntual, luego para puntos situados en el exterior de la esfera ($r > R$):

$$V = K\frac{q_t}{r} = \frac{4\pi R^2\sigma}{4\pi\epsilon_o r} = \frac{\sigma R^2}{\epsilon_0 r}, \tag{6.77}$$

donde σ es la densidad de carga en la superficie de la esfera. En el interior de la esfera sabemos que el campo es nulo por lo que si escogemos dos puntos a y b, situados dentro de la esfera, la relación (6.73) nos dice que el potencial en el punto a, V_a, va ser igual al potencial en el punto b, V_b. Esto es, el potencial en cualquier punto del interior va a tener el mismo valor. Como el potencial no puede tener discontinuidades el valor del potencial en el interior tiene que ser igual al potencial que da la expresión (6.77) en la superficie, cuando $r = R$. Por lo tanto, el potencial en el interior es:

$$V = \frac{\sigma R}{\epsilon_0}. \tag{6.78}$$

Superficies equipotenciales

Se definen las superficies equipotenciales como aquellas superficies en las que el potencial eléctrico no varía. Si escogemos dos puntos a y b tan cercanos que podemos ir de uno a otro por medio de un desplazamiento infinitesimal, $\mathrm{d}\vec{r}$, la relación (6.74) la podemos escribir:

$$\vec{E} \cdot \mathrm{d}\vec{r} = -\mathrm{d}V. \tag{6.79}$$

Si los puntos a y b se encuentran en una misma superficie equipotencial tenemos que $\mathrm{d}V = 0$ y de ahí que:

$$\vec{E} \cdot \mathrm{d}\vec{r} = 0. \tag{6.80}$$

Para que (6.80) sea siempre cero, la única opción es que $\vec{E}$ y $\mathrm{d}\vec{r}$ sean vectores perpendiculares. Por lo tanto, el campo eléctrico siempre es perpendicular a las superficies equipotenciales.

Ejemplo 6.12:

El potencial creado por un hilo muy largo cargado homogéneamente lo podemos obtener a partir del resultado del ejemplo 6.6 y la ecuación (6.73). Escogemos dos puntos a y b situados a distancias r_a y r_b, respectivamente. Los escogemos de tal manera que si trazamos una línea que pase por ambos puntos esta línea pasa también por el hilo cargado. Esto nos asegura que el campo eléctrico $\vec{E}$ y el vector desplazamiento $d\vec{r}$ a lo largo de la trayectoria de a a b son paralelos. Al ser paralelos el producto escalar en el interior de la integral en (6.73) queda como producto de módulos:

$$\begin{aligned} V_a - V_b &= \int_a^b \vec{E} \cdot \mathrm{d}\vec{r} = \int_a^b E\mathrm{d}r = \int_{r_a}^{r_b} \frac{\lambda}{2\pi\epsilon_o r}\mathrm{d}r = \frac{\lambda}{2\pi\epsilon_0}\int_{r_a}^{r_b}\frac{\mathrm{d}r}{r} = \frac{\lambda}{2\pi\epsilon_0}\ln r|_{r_a}^{r_b} \\ &= \frac{\lambda}{2\pi\epsilon_0}\ln r_b - \frac{\lambda}{2\pi\epsilon_0}\ln r_b. \end{aligned} \tag{6.81}$$

Usando las propiedades de los logaritmos:

$$V_a - V_b = \frac{\lambda}{2\pi\epsilon_0}\ln\left(\frac{r_b}{r_a}\right). \tag{6.82}$$

Ejemplo 6.13:

Debido a que el potencial eléctrico a una distancia r de una carga puntual q viene dado por:

$$V = K\frac{q}{r}, \tag{6.83}$$

que solo depende de la distancia a la carga, podemos inferir que las superficies equipotenciales son superficies esféricas. Evidentemente, el campo eléctrico, que es radial, es perpendicular a las superficies equipotenciales.

Problemas

1. En los vértices de un cuadrado de 5 cm de radio colocamos 4 cargas iguales $q = 10\,\mu$C. Calcule el valor de la fuerza que sufre cualquiera de esas cargas y cuál es el valor del campo eléctrico en la posición de esa carga.

2. Partiendo de la expresión para el campo eléctrico creado por un hilo circular cargado homogéneamente, ecuación (6.19), obtenga el campo eléctrico creado por un disco circular cargado homogéneamente, σ constante, en puntos de la vertical que pasa por el centro del disco.

3. En una región del espacio tenemos un campo eléctrico dado por $\vec{E} = 14\vec{j}$ (N/C). Calcule la carga neta encerrada en un cubo de 4 cm de arista si este cubo tiene un vértice en el origen de un sistema de referencia y tres de sus aristas coinciden con los ejes de ese sistema de referencia.

4. Vuelva a realizar el problema anterior, pero para un campo eléctrico $\vec{E} = 5y\vec{j}$ (N/C).

5. Usando el teorema de Gauss calcule *a*) el campo eléctrico creado por un plano infinito cargado homogéneamente (σ constante), *b*) el campo eléctrico creado por una esfera cargada homogéneamente en todo su volumen (ρ constante), *c*) el campo eléctrico creado por un cilindro conductor de radio R muy largo y cargado homogéneamente con una densidad σ.

6. Obtenga el resultado del ejemplo 6.2 a partir del resultado del ejemplo 6.10.

7. Partiendo del resultado del problema 5*b* y 5*c* calcule el potencial eléctrico creado por *a*) una esfera cargada homogéneamente en todo su volumen con una densidad de carga ρ, *b*) un cilindro conductor de radio R muy largo y cargado homogéneamente con una densidad σ.

8. En los vértices de un cuadrado de 6 cm de lado tenemos 4 cargas iguales, $q = -4\mu$C, y las movemos para situarlas en los vértices de un rectángulo de lados 3 y 7 cm. Obtenga el valor del trabajo efectuado por el campo eléctrico.

9. Fijamos dos cargas iguales, $q = 15\ \mu\text{C}$, a 20 cm una de la otra. Colocamos una tercera carga $q' = -4\ \mu\text{C}$ en el punto medio de las dos. ¿Qué trabajo hace el campo?

10. En los vértices de un cuadrado de 5 cm de lado colocamos cuatro cargas de $-5\ \mu\text{C}$, $2\ \mu\text{C}$, $10\ \mu\text{C}$ y $-3\ \mu\text{C}$. Calcule el potencial eléctrico en el centro del cuadrado y el trabajo que haría el campo al colocar en ese punto un carga de $7\ \mu\text{C}$. ¿Quién hace el trabajo?

11. Si dejamos una carga positiva en una región donde hay un campo eléctrico, ¿hacia dónde se moverá la carga, en el sentido de los potenciales crecientes o en el de los decrecientes? ¿Y si la carga es negativa?

Tema 7

Conductores y dieléctricos

7.1. Corriente eléctrica

En el tema anterior vimos que los conductores en equilibrio electrostático tienen el mismo potencial en cualquier punto. Vamos a tomar dos esferas conductoras del mismo radio R y les añadimos una carga q_1 a una de ellas y una carga q_2 a la otra. Sabemos que el potencial al que se encuentra una esfera conductora cargada es igual a:

$$V = K\frac{q}{R}, \tag{7.1}$$

donde q es la carga que hay en la esfera y R es su radio. Estas dos esferas que hemos cargado con q_1 y q_2 tendrán un potencial V_1 y V_2 que será igual a:

$$V_1 = K\frac{q_1}{R} \text{ y } V_2 = K\frac{q_2}{R}. \tag{7.2}$$

Si q_1 es, por ejemplo, mayor que q_2 entonces $V_1 > V2$. Si ahora conectamos esas dos esferas por medio de un tercer conductor, como en la figura 7.1, aparece un campo eléctrico en ese conductor debido a que sus extremos están a diferente potencial. Ese campo mueve la carga de una esfera a la otra. Este flujo de carga hace que en una de las esferas, la que tiene mayor potencial, disminuya su carga y en la otra aumenta. En el momento en que la cantidad de carga en ambas esferas sea la misma se igualan también los potenciales y cesa el flujo de carga. Si quisiéramos mantener el flujo de carga, la corriente eléctrica, entre ambas esferas a través de ese tercer conductor tendríamos que extraer la carga conforme llega a una esfera y moverla a la otra. Tendríamos que gastar una energía en hacer un trabajo en contra del campo eléctrico para poder mantener constante la diferencia de potencial. Esto es básicamente lo que hace un pila, gasta energía química en mover internamente la carga en contra del potencial. Esa energía química gastada se convierte en energía eléctrica.

Esta corriente eléctrica que circula entra ambas esferas la vamos a caracterizar por medio de lo que se conoce como intensidad de la corriente. Se define la intensidad de corriente, I, que hay en un conductor como la carga por unidad de tiempo que atraviesa la sección de ese conductor.

$$I = \frac{\mathrm{d}q}{\mathrm{d}t}. \tag{7.3}$$

La intensidad de corriente se mide en coulomb por segundo, C/s, unidad que recibe el nombre de **ampere**, A, a la que coloquialmente llamamos **amperio**.

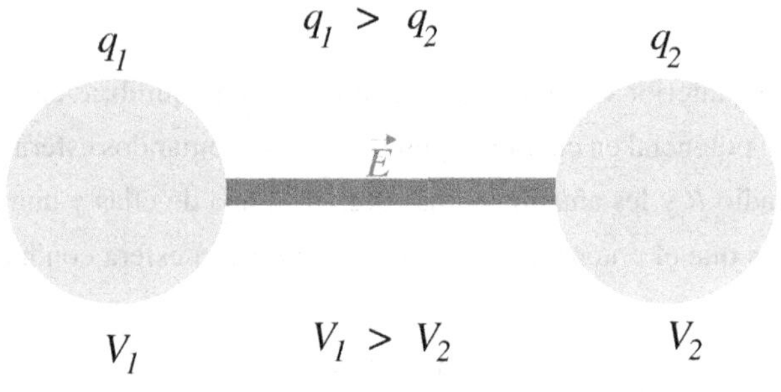

Figura 7.1 Al conectar dos conductores a distinto potencial por medio de otro conductor, aparece un campo eléctrico en ese conductor que mueve la carga entre los conductores para tratar de igualar el potencial.

7.1.1. Densidad de corriente

La densidad de corriente es una magnitud vectorial que vamos a representar por medio de $\vec{J}$, y que podemos definir como el vector que al multiplicarlo escalarmente por un vector que representa una superficie infinitesimal nos da la intensidad de corriente que atraviesa esa superficie:

$$\mathrm{d}I = \vec{J} \cdot \mathrm{d}\vec{S}. \tag{7.4}$$

La densidad de corriente se expresa en A/m^2. La corriente que atraviesa cualquier superficie S la calculamos como la suma de la corrientes elementales que atraviesan cada una de la superficies infinitesimales en que descomponemos esa superficie:

$$I = \int_S \vec{J} \cdot \mathrm{d}\vec{S}. \tag{7.5}$$

Cuando tenemos una corriente constante atravesando un conductor, la ecuación (7.5) se reduce a:

$$I = JS \quad \Rightarrow \quad \boxed{J = \frac{I}{S},} \tag{7.6}$$

donde S es el área de la sección del conductor. Esta última expresión es la que usaremos habitualmente.

En la demostración 7.1 llegamos a que la densidad de corriente se puede escribir como:

$$J = nev. \tag{7.7}$$

Esto lo demostramos asumiendo que todas las cargas se mueven a la misma velocidad. Si no es así siempre podríamos escribir la densidad de corriente como:

$$J = \sum_i n_i e v_i, \tag{7.8}$$

siendo n_i la densidad de portadores de carga que se mueven con velocidad v_i. Luego veremos que no vamos muy desencaminados si suponemos que todas las cargas se mueven con una misma velocidad. La expresión (7.7) también se verifica vectorialmente:

$$\vec{J} = ne\vec{v}. \tag{7.9}$$

Con estas relaciones podemos ver que si la carga es negativa, entonces la velocidad tiene sentido contrario al del la densidad de corriente. En otras palabras, el sentido de la corriente es el sentido de movimiento de las cargas positivas o el contrario si la carga que se mueve es negativa.

Tema avanzado: Ley de conservación de la carga

Como la densidad de corriente es el vector que verifica $\vec{J} \cdot \mathrm{d}\vec{S} = \mathrm{d}I$, el flujo de la densidad de corriente sobre una superficie cerrada, S, será igual a la corriente neta que sale (si el flujo es positivo) o que entra (si el flujo es negativo) por S y, por lo tanto, será igual a la variación de carga en el interior de la superficie:

$$\oint_S \vec{J} \cdot \mathrm{d}\vec{S} = -\frac{\mathrm{d}q_{\text{int}}}{\mathrm{d}t}, \tag{7.10}$$

donde el signo menos indica que si el flujo es positivo la carga en el interior disminuye mientras que si es negativo la carga aumenta. Usando el teorema de la divergencia:

$$\oint_S \vec{J} \cdot \mathrm{d}\vec{S} = \int_V \vec{\nabla} \cdot \vec{J} \mathrm{d}v \quad \Rightarrow \quad \int_V \vec{\nabla} \cdot \vec{J} \mathrm{d}v = -\frac{\mathrm{d}q_{\mathrm{int}}}{\mathrm{d}t}. \tag{7.11}$$

V es el volumen encerrado por la superficie cerrada S. Si escogemos una superficie S tan pequeña que su interior sea un volumen infinitesimal $\mathrm{d}v$ tenemos:

$$\vec{\nabla} \cdot \vec{J} \mathrm{d}v = -\frac{\mathrm{d}q_{\mathrm{int}}}{\mathrm{d}t} \quad \Rightarrow \quad \vec{\nabla} \cdot \vec{J} = -\frac{\mathrm{d}\frac{q_{\mathrm{int}}}{\mathrm{d}v}}{\mathrm{d}t}. \tag{7.12}$$

La carga en el interior de S es ahora una cantidad infinitesimal y $\frac{q_{\mathrm{int}}}{\mathrm{d}t}$ es la densidad de carga, ρ, en el interior de S:

$$\vec{\nabla} \cdot \vec{J} = -\frac{\mathrm{d}\rho}{\mathrm{d}t} \quad \Rightarrow \quad \boxed{\vec{\nabla} \cdot \vec{J} + \frac{\mathrm{d}\rho}{\mathrm{d}t} = 0.} \tag{7.13}$$

Expresión que se conoce como ley de conservación de la carga.

Demostración 7.1:

Tenemos un cilindro conductor de sección S y le aplicamos un potencial eléctrico V_1 en su extremo izquierdo y un potencial V_2 en su extremo derecho, con $V_1 > V_2$. Esta diferencia de potencial produce un campo eléctrico, $\vec{E}$, en el interior del conductor hacia la derecha, como se puede ver en la figura. El valor del módulo del campo es $E = \frac{V_1 - V_2}{L}$. Habrá una corriente de intensidad I atravesando ese conductor.

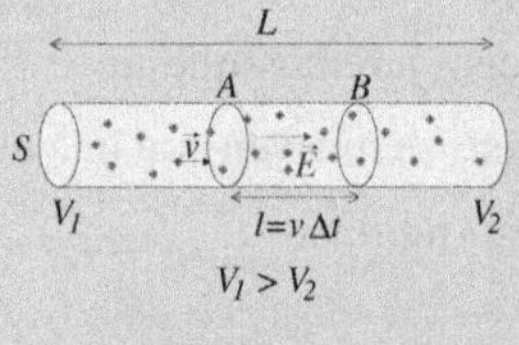

Supongamos que la carga móvil en ese conductor es positiva y que todas las cargas se mueven con la misma velocidad $\vec{v}$. Al ser las cargas positivas se moverán del potencial mayor al potencial menor bajo la acción del campo eléctrico. La carga que atraviesa la sección A del conductor durante un intervalo $\mathrm{d}t$ es $\mathrm{d}q = I\mathrm{d}t$. Aquella carga que inicialmente se encontraba atravesando A al transcurrir un intervalo $\mathrm{d}t$ se encontrará a una distancia de A dada por $l = v\mathrm{d}t$. Por lo tanto, la carga $\mathrm{d}q$ también la podemos expresar como la carga que hay contenida en un trozo de conductor de longitud l:

$$\mathrm{d}q = \rho S\, l = \rho S\, v\mathrm{d}t, \tag{7.14}$$

donde ρ es la densidad de carga que puede moverse por el interior del conductor, que en muchas ocasiones escribiremos como $\rho = ne$, donde n es la densidad de portadores de carga y e la carga de cada portador. Igualando las dos cargas:

$$I\cancel{dt} = \rho S v \cancel{dt} \quad \Rightarrow \quad \frac{I}{S} = \rho v \text{ o } \boxed{J = nev.} \tag{7.15}$$

7.1.2. Ley de Ohm microscópica

En muchos materiales se comprueba que la densidad de corriente en un punto es proporcional al campo eléctrico que hay en ese punto:

$$\boxed{\vec{J} = \sigma \vec{E},} \tag{7.16}$$

donde σ es una constante que depende del material y de la temperatura y que recibe el nombre de **conductividad** del material. Esto es lo que se denomina **ley de Ohm microscópica** y los materiales que la verifican se conocen como **materiales óhmicos**.

Modelo de Drude de la conductividad (o modelo clásico)

En este modelo vamos a considerar a las cargas como partículas clásicas, obviando los fenómenos cuánticos. Las cargas se mueven dentro del material como si fueran bolas de billar.

Demostración 7.2:

Dentro del modelo clásico podemos entender el movimiento de las cargas en un material ohmico como el movimiento de partículas sujetas a la aceleración que le produce la fuerza eléctrica:

$$F_e = eE, \tag{7.17}$$

donde E es el campo eléctrico en el interior del material. Con la segunda ley de Newton tenemos;

$$F_e = m_e a, \tag{7.18}$$

siendo m_e la masa de los portadores de carga y a la aceleración sufrida:

$$m_e a = eE \quad \Rightarrow \quad a = \frac{e}{m_e} E. \tag{7.19}$$

La velocidad en cualquier instante sería $v = at + v_0$ y tendría un aumento lineal. Esto sería así en caso de que estas partículas estuvieran moviéndose en el vacío. Al estar desplazándose en un material la partículas sufren colisiones con los núcleos del material. Vamos a llamar al tiempo transcurrido entre colisión y colisión de una carga con los núcleos de la red como **tiempo de recorrido libre medio** y lo vamos a representar por la letra griega τ. Dentro de este modelo vamos a suponer que las cargas son aceleradas por el campo eléctrico hasta que chocan con un núcleo y tras esta colisión pasan a estar en reposo. Por eso podemos decir que las partículas llevan una velocidad media que vamos a llamar **velocidad de desplazamiento**, v_d, igual a:

$$v_d = a\tau = \frac{e}{m_e}E\tau. \tag{7.20}$$

Tenemos una situación donde podemos afirmar que todas las cargas se mueven con una misma velocidad v_d, luego la densidad de corriente queda como:

$$J = nev_d = ne\frac{e}{m_e}E\tau \quad \Rightarrow \quad J = \frac{ne^2\tau}{m_e}E. \tag{7.21}$$

El factor de proporcionalidad entre J y E es lo que hemos llamado conductividad, luego en el modelo de Drude la conductividad viene dada por:

$$\sigma = \frac{ne^2\tau}{m_e}. \tag{7.22}$$

En la demostración 7.2 llegamos a calcular la conductividad en función de parámetros microscópicos:

$$\boxed{\sigma = \frac{ne^2\tau}{m_e}.} \tag{7.23}$$

La conductividad depende de τ, que es el tiempo medio que transcurre entre colisión y colisión de una carga con los núcleos del material. Este tiempo depende del material, cuanto mayor sea ese tiempo en un material mejor conductor será. Además, τ depende de la temperatura. En general, al aumentar la temperatura en un material τ disminuye por lo que en los conductores la conductividad disminuye con la temperatura. Esto no siempre es así debido a que en algunos materiales puede aumentar la densidad de portadores de carga, n, por lo que nos encontramos con cierto tipo de materiales en los que el aumento de la temperatura produce un aumento en su conductividad.

7.1.3. Resistencia

En los materiales ohmicos se verifica que cuando aplicamos una diferencia de potencial entre los extremos de una muestra de ese material aparece una corriente cuya intensidad es directamente proporcional a la diferencia de potencial aplicada. La constante de proporcionalidad depende de la geometría de la muestra y del material y recibe el nombre de **conductancia**. La inversa de la conductancia se conoce como **resistencia**, R, de conductor. Esa relación de proporcionalidad entre diferencia de potencial e intensidad se conoce como **ley de Ohm** macroscópica o, simplemente, ley de Ohm:

$$\boxed{I = \frac{V_1 - V_2}{R}.} \tag{7.24}$$

La unidad de la resistencia es el V/A, que recibe el nombre de ohm, coloquialmente ohmio, y que se representa por la letra griega Ω. En el ejemplo 7.1 calculamos el valor de resistencia de un conductor cilíndrico de longitud L sección S y hecho con un material de conductividad σ. Obtuvimos la expresión:

$$R = \frac{L}{S\sigma} = \frac{\rho L}{S}, \tag{7.25}$$

donde $\rho = 1/\sigma$ es lo que se conoce como **resistividad** del material. A partir de (7.25) podemos calcular la unidad de σ y ρ. Encontramos que la resistividad se mide en Ωm y la conductividad en $(\Omega\text{m})^{-1}$.

En los circuitos eléctricos y electrónicos vamos a tener unos dispositivos que vamos a denominar **resistencias** y que nos permiten modificar el comportamiento de los mismos. En la figura 7.2 se muestran los símbolos más comunes a la hora de representarlos en un circuito. Las resistencias se pueden asociar entre sí y en las secciones siguientes vamos a ver las leyes de asociación de estos elementos de circuito.

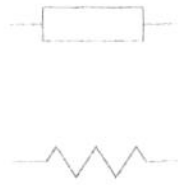

Figura 7.2

Ejemplo 7.1:

Tenemos un conductor cilíndrico en las mismas condiciones que la figura de la demostración 7.1. Partiendo de la ley de Ohm microscópica podemos hacer:

$$J = \sigma E \quad \Rightarrow \quad \frac{I}{S} = \sigma \frac{V_1 - V_2}{L} \quad \Rightarrow \quad I = \frac{\sigma S}{L}(V_1 - V_2). \tag{7.26}$$

Encontramos una relación de proporcionalidad entre diferencia de potencial e intensidad. El inverso de la constante de proporcionalidad lo vamos a denominar resistencia, R, del conductor:

$$R = \frac{L}{\sigma S}. \tag{7.27}$$

Asociación de resistencias en serie

En la asociación en serie de resistencias conectamos N resistencias de manera que el segundo terminal de una resistencia lo conectamos al primer terminal de la resistencia siguiente, ver figura 7.3. Conectamos el primer terminal de la primera resistencia, R_1, a un potencial V_A y el segundo terminal de la última resistencia, R_N, a un potencial V_B. Siendo $V_A > V_B$, lo que implica que la corriente circula de izquierda a derecha.

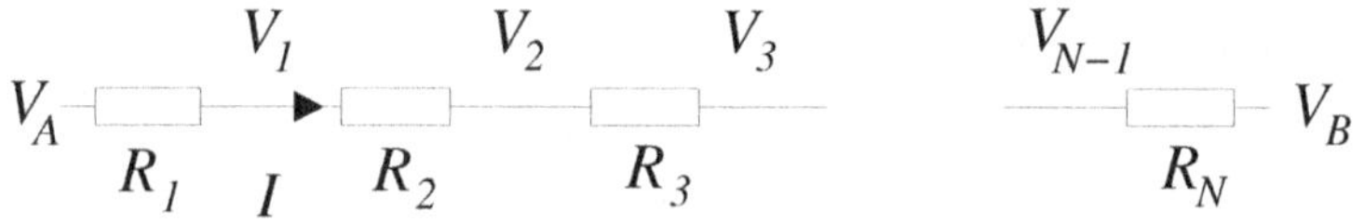

Figura 7.3 Interconexión de N resistencias en serie. Por cada una de las resistencias pasa la misma intensidad I.

En la demostración 7.3 vemos que esta asociación de resistencias se comporta como una resistencia equivalente cuyo valor es la suma de los valores de todas las resistencias de la asociación:

$$\boxed{R_{eq} = \sum_{i=1}^{N} R_i.} \tag{7.28}$$

Cuando asociamos resistencias en serie tenemos que la intensidad de corriente que pasa por cada resistencia es la misma (y es la misma que pasaría por la resistencia equivalente) y la diferencia de potencial total (la diferencia de potencial en los extremos de la resistencia equivalente) es la suma de las diferencias de potencial en cada una de las resistencias:

$$V_A - V_B = \sum_{i=0}^{N-1} (V_{i+1} - V_i), \tag{7.29}$$

donde $V_0 = V_A$ y $V_N = V_B$ y V_i es el potencial eléctrico entre la resistencia R_i y R_{i+1}.

Demostración 7.3:

Al conectar las resistencias en serie, figura 7.3, la intensidad que pasa por cada resistencia es la misma. Escribimos la ley de Ohm para cada una de las resistencias en la asociación y las sumamos:

$$\left.\begin{aligned} V_A - V_1 &= IR_1 \\ V_1 - V_2 &= IR_2 \\ V_2 - V_3 &= IR_3 \\ &\cdot \\ &\cdot \\ &\cdot \\ V_{N-1} - V_B &= IR_N \end{aligned}\right\} \Rightarrow \quad V_A - V_B = I\sum_{i=1}^{N} R_i. \tag{7.30}$$

Vemos que esta asociación se comporta como una única resistencia equivalente cuyo valor es la suma de los valores de todas las resistencias en la asociación:

$$R_{eq} = \sum_{i=1}^{N} R_i. \tag{7.31}$$

Asociación de resistencias en paralelo

En la asociación en paralelo conectamos el primer terminal de cada resistencia a un conductor común y el segundo terminal a otro conductor común, ver figura 7.4. Cada uno de esos conductores lo conectamos a unos potenciales V_A y V_B tales que $V_A > V_B$, por lo que la corriente irá del V_A a V_B.

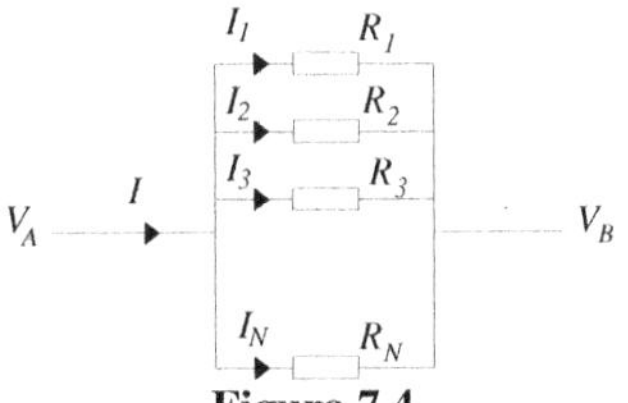

Figura 7.4

En la demostración 7.4 obtenemos que esta asociación se comporta como una única resistencia equivalente cuyo valor viene dado por:

$$\boxed{\frac{1}{R_{eq}} = \sum_{i=1}^{N} \frac{1}{R_i}.} \tag{7.32}$$

La diferencia de potencial en cada resistencia es la misma (que es la diferencia de potencial que habría en la resistencia equivalente) y la intensidad que pasa por cada una es diferente, pero su suma es igual a la intensidad total (que es la intensidad que pasaría por la resistencia equivalente):

$$I = \sum_{i=1}^{N} I_i. \tag{7.33}$$

Donde I_i es la intensidad que pasa por la resistencia R_i.

Demostración 7.4:

En la asociación en paralelo de resistencias todas tienen la misma diferencia de potencial, $V_A - V_B$. La suma de las intensidades que pasan por cada una de las resistencias tiene que ser igual a la intensidad total que entra al circuito. Si llamamos I_i a la intensidad que pasa por R_i tenemos:

$$I = \sum_{i=1}^{N} I_i. \tag{7.34}$$

Escribimos la ley de Ohm para cada resistencia de la asociación y las sumamos:

$$\left.\begin{aligned} I_1 &= \frac{V_A - V_B}{R_1} \\ I_2 &= \frac{V_A - V_B}{R_2} \\ I_3 &= \frac{V_A - V_B}{R_3} \\ &\ \ \vdots \\ I_N &= \frac{V_A - V_B}{R_N} \end{aligned}\right\} \Rightarrow \sum_{i=1}^{N} I_i = (V_A - V_B)\left(\frac{1}{R_1} + \frac{1}{R_2} + \frac{1}{R_3} + \dots + \frac{1}{R_N}\right), \tag{7.35}$$

que podemos escribir como la ley de Ohm para una única resistencia:

$$I = \frac{V_A - V_B}{R_{eq}}, \tag{7.36}$$

donde la resistencia equivalente, R_{eq} la obtenemos por medio de:

$$\frac{1}{R_{eq}} = \sum_{i=1}^{N} \frac{1}{R_i}. \tag{7.37}$$

Si conectamos en paralelo N resistencias iguales R tenemos que la resistencia equivalente vale:

$$\frac{1}{R_{eq}} = \sum_{i=1}^{N} \frac{1}{R} = \frac{N}{R} \quad \Rightarrow \quad R_{eq} = \frac{R}{N}. \tag{7.38}$$

Obtenemos, entonces, una resistencia equivalente, R_{eq} cuyo valor es igual a R dividida por el número de resistencias colocadas en la asociación.

En muchas ocasiones nos encontraremos con dos resistencias, R_1 y R_2, en paralelo. En este caso la resistencia equivalente viene dada por:

$$R_{eq} = \frac{R_1 \cdot R_2}{R_1 + R_2}. \tag{7.39}$$

A partir de ahora, por economía, cuando hablemos de la diferencia de potencial en una resistencia R_i usaremos la notación V_i en lugar de darla como la resta de dos potenciales.

Ejemplo 7.2:

Vamos a ver en este ejemplo cómo calcular la resistencia equivalente de una asociación en la que las resistencias no están en serie o en paralelo, como el circuito del apartado *a*) de la figura.

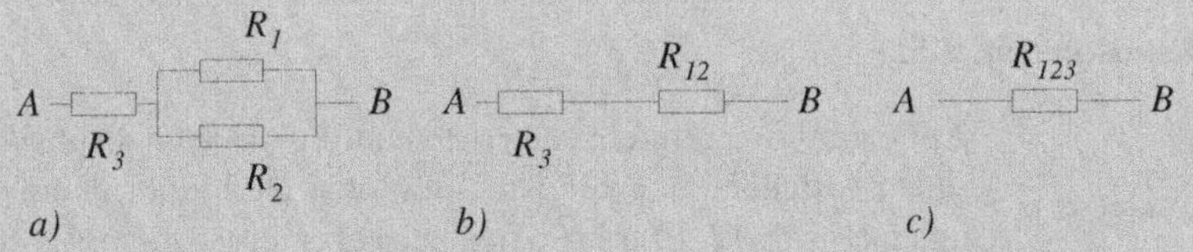

En este caso vamos simplificando el circuito paso a paso. En este ejemplo vemos que R_1 y R_2 están en paralelo y las podemos sustituir por una resistencia equivalente, R_{12} dada por:

$$R_{12} = \frac{R_1 \cdot R_2}{R_1 + R_2}. \tag{7.40}$$

Llegamos al circuito del apartado *b*) de la figura en el que tenemos dos resistencias en serie luego la resistencia equivalente, R_{123}, es la suma de las dos resistencias:

$$R_{123} = R_{12} + R_3. \tag{7.41}$$

Y tenemos el circuito simple del apartado *c*) de la figura. Si conectamos una diferencia de potencial V a R_{123} por esa resistencia pasaría una corriente de intensidad $I_{123} = V/R_{123}$, que es la misma intensidad que pasaría por R_3 y R_{12} ya que están en serie. Esas resistencias tendrían una diferencia de potencial dada por:

$$V_{12} = R_{12}I_{123} \ \ y \ \ V_3 = R_3 I_{123}. \tag{7.42}$$

La diferencia de potencial en R_{12} es la misma que encontraríamos en R_1 y R_2 ya que están en paralelo. La intensidad que circularía por ellas sería:

$$I_1 = \frac{V_{12}}{R_1} \ \ y \ \ I_2 = \frac{V_{12}}{R_2}. \tag{7.43}$$

7.1.4. Energía consumida por un corriente eléctrica

Cuando una corriente circula por un conductor hay un campo eléctrico moviendo la carga por medio de la fuerza que ejerce sobre ellas. Por lo tanto, el campo eléctrico estará realizando un trabajo positivo y, de esta manera, convirtiendo energía eléctrica en otro tipo de energía. En la demostración 7.5 obtuvimos que, cuando a un dispositivo le aplicamos una diferencia de potencial V y por él circula una intensidad I, la potencia (energía por unidad de tiempo) que el campo convierte en ese dispositivo es:

$$\boxed{P = VI.} \tag{7.44}$$

Demostración 7.5:

Aplicamos una diferencia de potencial $V_1 - V_2$ a un dispositivo (una resistencia, una lámpara, un motor, etc.) y por él circula una intensidad I. El trabajo que hace el campo para mover una carga elemental desde el potencial V_1 al potencial V_2 es:

$$\mathrm{d}W = -\mathrm{d}q\Delta V = -I\mathrm{d}t\,(V_2 - V_1) = I\mathrm{d}t\,(V_1 - V_2) \ \ \Rightarrow \ \ \frac{\mathrm{d}W}{\mathrm{d}t} = I\,(V_1 - V_2). \tag{7.45}$$

Donde hemos usado $I = \frac{\mathrm{d}q}{\mathrm{d}t}$ para quitar dq. Lo anterior se resume en que al aplicar una diferencia de potencial V a un dispositivo, por el que circula una intensidad I, la velocidad con que el campo eléctrico gasta energía en ese dispositivo, la potencia, es:

$$P = VI. \qquad (7.46)$$

Esta expresión nos mide la velocidad con que la energía del campo eléctrico se convierte en energía de otro tipo. Si el dispositivo fuera, por ejemplo, un motor que sube agua de un pozo la energía en la que se convierte sería energía potencial gravitatoria. Cuando ese dispositivo es una resistencia, la energía en la que se transforma es energía calorífica. Al pasar una corriente por la resistencia, esta se calienta. Además, en las resistencias tenemos una relación fija entre intensidad y diferencia de potencial, la ley de Ohm: $V = RI$. Llegamos entonces a lo que se conoce como la **ley de Joule**, que nos dice que la potencia disipada en una resistencia es:

$$\boxed{P = \frac{V^2}{R} = I^2 R.} \qquad (7.47)$$

7.1.5. Generadores

Al principio de este capítulo vimos cómo crear una corriente y dijimos que para poder mantener esa corriente teníamos que mover la carga en contra del campo eléctrico. Los generadores son unos dispositivos que se encargan de gastar energía de algún tipo para mover las cargas en contra del campo eléctrico. En la figura 7.5 vemos el símbolo que se suele usar para representar estos dispositivos en un circuito.

Los generadores se caracterizan por medio de la fuerza electromotriz (f.e.m.), ε, que se define como la energía entregada al circuito por el generador por unidad de carga desplazada:

Figura 7.5

$$\boxed{\varepsilon = \frac{\mathrm{d}W}{\mathrm{d}q}}. \qquad (7.48)$$

La unidad para la f.e.m. es el J/C, que es la misma unidad que usamos para el potencial eléctrico, donde a esa unidad la llamamos **volt**, V, coloquialmente **voltio**. Para la f.e.m. también usaremos el volt como unidad. Podemos transformar la definición de f.e.m., ecuación (7.48), dividiendo el numerador y el denominador por $\mathrm{d}t$:

$$\varepsilon = \frac{\mathrm{d}W/\mathrm{d}t}{\mathrm{d}q/\mathrm{d}t} = \frac{P}{I} \quad \Rightarrow \quad \boxed{P = \varepsilon I}. \qquad (7.49)$$

La energía por unidad de tiempo que un generador entrega al circuito al que lo conectamos es igual a su f.e.m. por la intensidad de la corriente que sale de él.

Un generador ideal entregaría al circuito toda la energía por unidad de tiempo dada por (7.49); en la práctica, no lo hace. Una parte de esa energía es disipada en el interior del propio generador. Vamos a modelar un generador real como un generador ideal con una pequeña resistencia interna, r_i, en serie con él, figura 7.6.

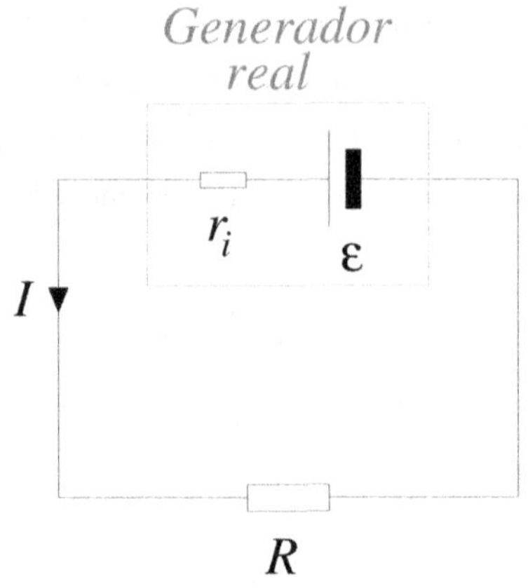

Figura 7.6 Un generador real, en el interior del rectángulo discontinuo, es un generador ideal con una resistencia interna, r_i, en serie.

En el ejemplo 7.3 llegamos a una relación entre el diferencia de potencial en la resistencia, V_R, la f.e.m. y la intensidad en el circuito de la figura 7.6:

$$V_R = \varepsilon - Ir_i. \tag{7.50}$$

Si tuviéramos un generador ideal, $r_i = 0$, la diferencia de potencial en la resistencia sería simplemente la f.e.m.

Para caracterizar la bondad de un generador real vamos a definir el rendimiento, η, de un generador, que se define como el cociente entre la potencia útil y la potencia total:

$$\eta = \frac{P_{\text{útil}}}{P_{\text{total}}}. \tag{7.51}$$

Este rendimiento mide en tanto por uno la proporción de energía que se emplea fuera del propio generador. Cuando el rendimiento vale 1 tenemos un generador ideal. Cuanto más pequeño sea el valor del rendimiento, mayor proporción de energía se pierde dentro del generador. En el ejemplo 7.4 calculamos el rendimiento del generador en el circuito simple de la figura 7.6

Ejemplo 7.3:

Vamos a hacer balance de potencias en el circuito de la figura 7.6 para poder analizarlo. La energía entregada por unidad de tiempo al circuito es εI y la que se gasta en el circuito es la disipada por las resistencias, tanto la del circuito como la interna del generador. Esta potencia disipada la podemos calcular por medio de la ley de Joule, (7.47). Igualamos energía por unidad de tiempo entregada al circuito con la energía por unidad de tiempo disipada por las resistencias:

$$\varepsilon I = I^2 R + I^2 r_i \quad \Rightarrow \quad \varepsilon = IR + Ir_i. \tag{7.52}$$

El término IR es precisamente la diferencia de potencial en los extremos de la resistencia R, que vamos a llamar V_R:

$$V_R = \varepsilon - Ir_i. \tag{7.53}$$

Ejemplo 7.4:

Vamos a calcular el rendimiento del generador conectado al circuito de la figura 7.6. La potencia útil es la potencia que se gasta fuera del generador, en este caso la que se disipa en la resistencia R. La potencia total es la energía por unidad de tiempo que el generador podría entregar al circuito, εI.

$$\eta = \frac{I^2 R}{\varepsilon I} = \frac{IR}{\varepsilon} = \frac{V_R}{\varepsilon} = \frac{\varepsilon - Ir_i}{\varepsilon} \quad \Rightarrow \quad \eta = 1 - \frac{r_i}{\varepsilon} I. \tag{7.54}$$

Hemos usado (7.50) para sustituir V_R en lo anterior. Cuanto menor es la intensidad que sale del generador mejor es su rendimiento, menos energía se pierde dentro de él. Si $r_i = 0$ tendríamos un generador ideal con $\eta = 1$.

Los generadores también los podemos asociar para construir nuevos generadores con distintas características. Al igual que con las resistencias los podemos asociar en serie o en paralelo.

Asociación en serie

En la figura 7.7 vemos una asociación en serie de N generadores. El generador i tiene una f.e.m. ε_i y una resistencia interna r_i. Esta asociación se comporta como un

Figura 7.7

único generador con una f.e.m. ε_{eq} que es la suma de las f.e.m. de cada generador de la asociación:

$$\varepsilon_{eq} = \sum_{i=1}^{N} \varepsilon_i. \tag{7.55}$$

La resistencia interna de generador equivalente, r_{eq} sería la de una asociación en serie de resistencias y, por tanto, igual a la suma de resistencias:

$$r_{eq} = \sum_{i=1}^{N} r_i. \tag{7.56}$$

Este tipo de asociación nos permite hacer generadores con mayor f.e.m., pero a costa de hacerlos más ineficientes, debido al aumento de la resistencia interna.

Asociación en paralelo

En la asociación en paralelo los generadores son todos equivalentes, ver figura 7.8. Si colocamos en paralelo generadores con diferente f.e.m. entonces tendríamos diferencias de potencial entre ellos, lo que haría que estuviera circulando corriente y, por lo tanto, gastando energía sin haberlo conectado a un circuito externo. El generador equivalente a la asociación de N generadores idénticos es un generador con la misma f.e.m., pero con una resistencia interna equivalente, r_{eq}, que proviene de la asociación en paralelo de N resistencia iguales, luego:

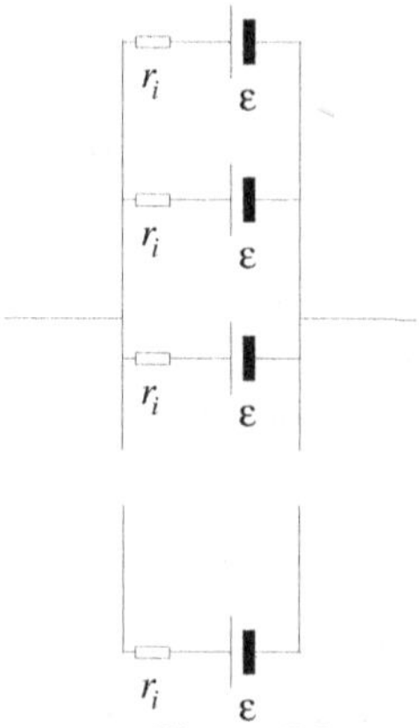

Figura 7.8

$$r_{eq} = \frac{r_i}{N}. \tag{7.57}$$

Por lo que con este tipo de asociación no tenemos ganancia en la f.e.m., pero sí obtenemos un generador más eficaz porque hemos reducido el valor de su resistencia interna.

7.2. Capacidad

En los conductores en equilibrio electrostático el potencial en cualquier punto es el mismo, son volúmenes equipotenciales. Este potencial al que se encuentran es proporcional al valor de la carga. La constante de proporcionalidad está determinada por la geometría del conductor. Vamos a definir la capacidad de un conductor, C, como la relación entre la carga que tiene ese conductor y el potencial eléctrico al que se encuentra:

$$C = \frac{q}{V}. \tag{7.58}$$

La capacidad se mide en C/V, que recibe el nombre de **faraday**, coloquialmente **faradio**, y se representa por la letra F.

Ejemplo 7.5:

Es fácil obtener la capacidad de un conductor esférico. Solo tenemos que recordar que el potencial al que se encuentra es:

$$V = K\frac{q}{R}, \tag{7.59}$$

donde R es el radio de la esfera y q es la carga que posee. Manipulando lo anterior llegamos a:

$$\frac{R}{K} = \frac{q}{V} = C \quad \Rightarrow \quad C = \frac{R}{K}. \tag{7.60}$$

Para tener una esfera conductora de capacidad 1 F el radio tiene que ser:

$$R = CK = 1 \cdot 9 \cdot 10^9 = 9 \cdot 10^9 \text{ m} = 9 \cdot 10^6 \text{ km}. \tag{7.61}$$

Comparando con el radio de la tierra, $R_T = 6,1 \cdot 10^3$ km obtenemos una idea del enorme tamaño necesario ($R \sim 1500$ veces el radio de la tierra) y comprobamos, entonces, que el faraday es una unidad muy grande.

La capacidad nos mide la facilidad que tiene un conductor para asimilar carga. Si tenemos dos conductores cuyas capacidades son C_1 y C_2 y se verifica que $C_1 > C_2$. Para un mismo valor de carga añadida a los conductores, el de mayor capacidad, C_1, tendrá un potencial menor, $V_1 < V_2$, luego habrá que hacer menos trabajo contra el campo para añadir carga adicional al de mayor capacidad.

7.2.1. Condensadores

Los condensadores son una aplicación del concepto de capacidad. Un condensador consiste en dos conductores, que no están en contacto entre ellos y que vamos a llamar **armaduras** del condensador, que almacenan una carga igual, pero de distinto signo. Definimos la capacidad de un condensador de forma análoga a la de un conductor:

$$C = \frac{q}{V}, \tag{7.62}$$

donde ahora V es la diferencia de potencial entre las armaduras. De forma evidente, la capacidad de un condensador también se mide en faraday.

El **condensador plano** es el tipo de condensador más habitual. Este dispositivo está formado por dos planos conductores paralelos. En el ejemplo 7.6 se obtiene el valor de su capacidad en función del área, A, de sus armaduras y la distancia de separación, d, entre ellas:

$$\boxed{C = \frac{A\epsilon_0}{d}.} \tag{7.63}$$

Ejemplo 7.6:

Para calcular la capacidad de un condensador plano necesitamos conocer el valor de campo creado por un plano infinito cargado homogéneamente con densidad σ. Este campo lo calculamos en un problema del tema anterior y es igual a $E = \frac{\sigma}{2\epsilon_0}$. Si tenemos dos planos paralelos de área A y separados una distancia d muy pequeña en comparación con A podemos usar la aproximación de plano infinito. Cada armadura de este condensador tiene una carga q y $-q$ respectivamente y el campo eléctrico entre ellos es igual a $E = \frac{\sigma}{\epsilon_0}$, donde $\sigma = \frac{q}{A}$. La diferencia de potencial entre las armaduras la podemos calcular como la circulación del campo eléctrico entre un punto a en la primera armadura y un punto b en la segunda:

$$V_a - V_b = \int_a^b \vec{E} \cdot \mathrm{d}\vec{r}. \tag{7.64}$$

Escogemos esos dos puntos a y b de tal manera que haya una trayectoria rectilínea entre ellos y perpendicular a las armaduras. En ese caso, $\vec{E}$ y $\mathrm{d}\vec{r}$ son paralelos y su producto escalar es el producto de módulos.

$$V_a - V_b = \int_a^b E\mathrm{d}r = \frac{\sigma}{\epsilon_0}\int_a^b \mathrm{d}r = \frac{\sigma}{\epsilon_0}d. \tag{7.65}$$

Usando $\sigma = \frac{q}{A}$:

$$V_a - V_b = \frac{qd}{\epsilon_0 A} \Rightarrow \frac{A\epsilon_0}{d} = \frac{q}{V_a - V_b} = C \Rightarrow C = \frac{A\epsilon_0}{d}. \qquad (7.66)$$

El condensador se usa como un elemento de circuito. En la figura 7.9 vemos el símbolo que se suele usar para representar al condensador en un circuito. Al igual que con las resistencias podemos asociarlos entre sí de manera que se comporten como un único condensador con un valor diferente de capacidad. Tenemos dos tipos de formas de asociarlos, tal y como teníamos en las resistencias, asociación en paralelo y en serie.

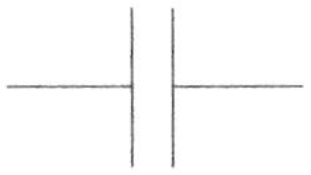

Figura 7.9

Asociación de condensadores en paralelo

En la asociación de condensadores en paralelo conectamos a un mismo conductor la primera armadura de cada uno de los condensadores y la segunda armadura a un segundo conductor, ver figura 7.10. Todos los condensadores están a la misma diferencia de potencial $V_A - V_B$. Esta asociación de condensadores se comporta como un único condensador cuya capacidad, ver demostración 7.6, viene dada por:

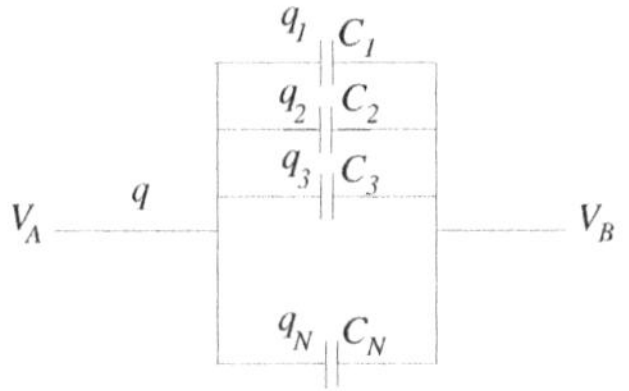

Figura 7.10

$$\boxed{C_{eq} = \sum_{i=1}^{N} C_i.} \qquad (7.67)$$

La carga total, q, que entra al circuito, que es la carga que habría en el condensador equivalente, es igual a:

$$q = \sum_{i=1}^{N} q_i. \qquad (7.68)$$

Donde q_i es la carga que tiene el condensador C_i.

Demostración 7.6:

Para calcular la capacidad equivalente de una asociación en paralelo de condensadores vamos a escribir la relación entre carga, capacidad y diferencia de potencial para cada uno de ellos. Tenemos que tener en cuenta que la diferencia de potencial que hay en cada condensador tiene que ser la misma. La carga no tiene por qué ser la misma, pero su suma es igual a la carga total, q, que ha entrado a la asociación:

$$q = \sum_{i=1}^{N} q_i, \tag{7.69}$$

donde q_i es la carga que hay en el condensador i.

$$\left.\begin{aligned} q_1 &= C_1 (V_A - V_B) \\ q_2 &= C_1 (V_A - V_B) \\ q_3 &= C_3 (V_A - V_B) \\ &. \\ &. \\ &. \\ q_N &= C_N (V_A - V_B) \end{aligned}\right\} \Rightarrow \quad q = (V_A - V_B) \sum_{i=1}^{N} C_i. \tag{7.70}$$

Luego esta asociación se comporta como un condensador con una capacidad equivalente dada por:

$$C_{eq} = \sum_{i=1}^{N} C_i. \tag{7.71}$$

Asociación de condensadores en serie

En la asociación en serie conectamos la segunda armadura de cada condensador a la primera armadura del siguiente, tal y como se ve en la figura 7.11. En esta asociación todos los condensadores contienen la misma carga q, pero no la misma diferencia de potencial.

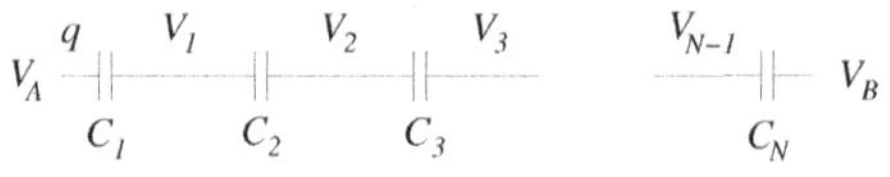

Figura 7.11

Demostración 7.7:

En la asociación en serie de condensadores la carga en cada condensador es la misma, no así la diferencia de potencial. Vamos a llamar V_i al potencial que hay en el segundo terminal del condensador C_i, que es el mismo que en el primer terminal del condensador C_{i+1}. Escribimos las relaciones entre carga, diferencia de potencial y capacidad para cada condensador y las sumamos:

$$\left.\begin{array}{r} V_A - V_1 = \dfrac{q}{C_1} \\ V_1 - V_2 = \dfrac{q}{C_2} \\ V_2 - V_3 = \dfrac{q}{C_3} \\ \cdot \\ \cdot \\ \cdot \\ V_{N-1} - V_B = \dfrac{q}{C_N} \end{array}\right\} \Rightarrow V_A - V_B = q\sum_{i=1}^{N}\frac{1}{C_i}. \tag{7.72}$$

De donde podemos deducir que esta asociación se comporta como un condensador con una capacidad equivalente:

$$\frac{1}{C_{eq}} = \sum_{i=1}^{N}\frac{1}{C_i}. \tag{7.73}$$

La capacidad equivalente de esta asociación, ver demostración 7, viene dada por:

$$\boxed{\frac{1}{C_{eq}} = \sum_{i=1}^{N}\frac{1}{C_i}.} \tag{7.74}$$

En esta asociación la diferencia de potencial total es igual a la suma de las diferencias de potencial que hay en cada condensador. A partir de ahora, igual que hicimos para las resistencias, la diferencia de potencial en el condensador i la representaremos como V_i en lugar de expresarla como la diferencia de dos potenciales.

Cuando tenemos N condensadores iguales, C, en serie la capacidad equivalente es igual a:

$$C_{eq} = \frac{C}{N}. \tag{7.75}$$

Si solo tenemos dos condensadores, C_1 y C_2, en serie su capacidad equivalente viene dada por la expresión:

$$C_{eq} = \frac{C_1 \cdot C_2}{C_1 + C_2}. \tag{7.76}$$

Si tuviéramos que calcular la capacidad equivalente de un circuito en el que los condensadores no estuvieran solo en serie o paralelo, procederíamos como hicimos en el ejemplo 7.2 para las resistencias. Tendríamos que ir simplificando el circuito por pasos sustituyendo aquellos elementos que estuvieran en serie o paralelo por su condensador equivalente.

7.2.2. Energía en un condensador

Para cargar un condensador, o un conductor aislado, tenemos que gastar una energía para vencer las fuerzas del campo eléctrico, que se oponen al añadido de cargas. Esta energía no se pierde, sino que se almacena en forma de campo eléctrico.

Demostración 7.8:

Si a un condensador con una diferencia de potencial V entre sus armaduras queremos añadir una carga $\mathrm{d}q$ tenemos que hacer un trabajo $\mathrm{d}W = \mathrm{d}qV$. Este trabajo que hacemos es igual al incremento, $\mathrm{d}U$, en la energía almacenada por el condensador. Para obtener el valor de la energía acumulada por el condensador cargado vamos a sumar todos los incrementos de energía desde que el condensador está descargado, $V = 0$ y $q = 0$, hasta que alcanza un valor final, V_f y q_f:

$$U = \int_0^{q_f} V\mathrm{d}q = \int_0^{q_f} \frac{q}{C}\mathrm{d}q = \frac{1}{2}\frac{q_f^2}{C} = \frac{1}{2}CV_f^2 = \frac{1}{2}q_f V_f. \quad (7.77)$$

La energía acumulada por un condensador cargado con una carga q y una diferencia de potencial V la hemos obtenido en la demostración 7.8 y viene dada por:

$$\boxed{U = \frac{1}{2}\frac{q^2}{C} = \frac{1}{2}CV^2 = \frac{1}{2}qV.} \quad (7.78)$$

Cualquiera de las tres expresiones anteriores nos permite conocer cuál es el valor de energía almacenada por un condensador cargado.

7.3. Dieléctricos

En esta sección vamos a estudiar en general el comportamiento del campo eléctrico en presencia de materiales aislantes, lo que se conoce como dieléctricos, y, en particular, su aplicación a los condensadores. En estos materiales la carga está vinculada fuertemente a sus núcleos por lo que no pueden desplazarse libremente, como sucede en los conductores. En los dieléctricos no aparece, por tanto, una corriente cuando aplicamos un campo eléctrico. Por lo menos hasta cierto valor de campo eléctrico que depende de cada material. Si el campo eléctrico alcanza un valor límite, conocido como rigidez dieléctrica, el material puede conducir, pero esta conducción suele ser destructiva. En el caso del aire, por ejemplo, la rigidez dieléctrica depende de la presión y está en un rango entre 0,3 MV/m y 3 MV/m. Cuando se produce un rayo o, también, cuando vemos saltar una chispa entre dos electrodos es debido a que en una región se ha superado este valor límite para el campo.

7.3.1. Dipolos eléctricos

Un dipolo eléctrico es un par de cargas iguales, pero de distinto signo, que se mantienen separadas a una distancia fija d. Definimos el vector $\vec{d}$ como el vector cuyo origen coincide con la posición de la carga negativa y su extremo es la posición de la carga positiva, ver figura 7.12. El dipolo eléctrico lo vamos a caracterizar por medio del **momento dipolar eléctrico** $\vec{m}$:

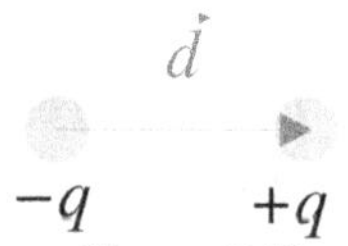

Figura 7.12

$$\vec{m} = q\vec{d}. \tag{7.79}$$

La unidad en que se mide el momento dipolar es el Cm. Si a un dipolo le aplicamos un campo eléctrico del mismo valor para ambas cargas la fuerza total sobre el dipolo es cero, por lo que el centro de masas del dipolo no modifica su estado de movimiento o reposo. Sí que pueden aparecer momentos de fuerza que hagan que entre en rotación. El momento de fuerza, $\vec{M}$, sobre un dipolo al aplicar un campo eléctrico, $\vec{E}$, que es igual para ambas cargas viene dado por:

$$\vec{M} = \vec{m} \times \vec{E}. \tag{7.80}$$

La energía potencial, U, del dipolo dentro del campo eléctrico es:

$$U = -\vec{m} \cdot \vec{E}. \tag{7.81}$$

Las dos expresiones anteriores nos indican que cuando a un dipolo le aplicamos un campo eléctrico aparece un momento que tiende a alinear el momento dipolar $\vec{m}$ con el campo ($\vec{M} = 0$ y U es mínimo cuando $\vec{m}$ y $\vec{E}$ son paralelos).

Tema avanzado: Potencial de un dipolo eléctrico

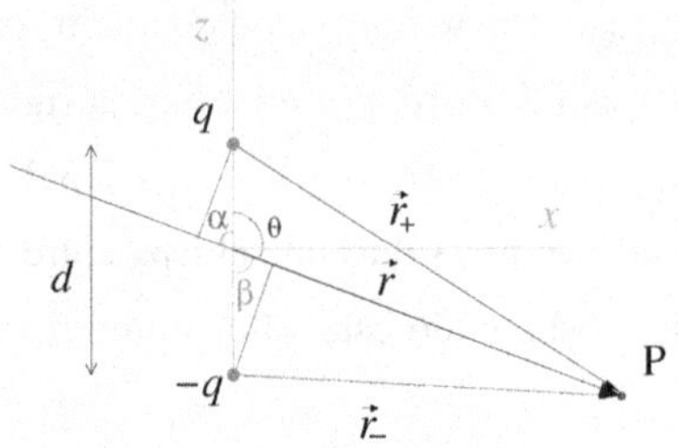

El potencial eléctrico, V, creado en un punto O por un dipolo eléctrico, lo podemos escribir como la suma de los potenciales creado por ambas cargas en ese punto:

$$V = K\frac{q}{r_+} - K\frac{q}{r_-}. \tag{7.82}$$

Trazamos el vector de posición, $\vec{r}$, del punto O respecto del punto medio del dipolo y trazamos un recta desde cada carga que corta perpendicularmente a la recta que nos da la dirección de $\vec{r}$, ver figura.

$$r_+ \approx r + \frac{d}{2}\cos\alpha \;\; \text{y} \;\; r_- \approx r - \frac{d}{2}\cos\beta. \tag{7.83}$$

El ángulo θ es el ángulo que forma $\vec{r}$ con el vector momento dipolar eléctrico $\vec{m}$ y se cumple que:

$$\cos\alpha = -\cos\theta \;\; \text{y} \;\; \cos\beta = -\cos\theta, \tag{7.84}$$

y, por tanto:

$$r_+ \approx r - \frac{d}{2}\cos\theta \;\; \text{y} \;\; r_- \approx r + \frac{d}{2}\cos\theta. \tag{7.85}$$

Aproximación que tiende a la igualdad conforme hacemos r de mayor valor respecto de la separación, d, entre cargas ($r >> d$). Sustituyendo en (7.82) y asumiendo que $r >> d$:

$$\begin{aligned} V =& Kq\left(\frac{1}{r - \frac{d}{2}\cos\theta} - \frac{1}{r + \frac{d}{2}\cos\theta}\right) = Kq\left(\frac{r + \frac{d}{2}\cos\theta - (r - \frac{d}{2}\cos\theta)}{r^2 - \frac{d^2}{4}\cos^2\theta}\right) \\ =& K\frac{qd\cos\theta}{r^2 - \frac{d^2}{4}\cos^2\theta}. \end{aligned} \tag{7.86}$$

Cuando $r >> d$ tenemos que $r^2 - \frac{d^2}{4}\cos^2\theta \approx r^2$. Además, el término $qd\cos\theta$ es igual a $\vec{m}\cdot\hat{r}$, donde $\hat{r}$ es un vector unitario con la misma dirección y sentido que $\vec{r}$:

$$\hat{r} = \frac{\vec{r}}{r}. \tag{7.87}$$

Nos queda al final que el potencial en un punto O cuyo vector de posición respecto al dipolo es $\vec{r}$, viene dado por:

$$\boxed{V = K\frac{\vec{m}\cdot\hat{r}}{r^2}} \quad \text{o} \quad \boxed{V = K\frac{\vec{m}\cdot\vec{r}}{r^3}}. \tag{7.88}$$

Expresión que es valida cuando $r >> d$, que se conoce como **aproximación dipolar**.

7.3.2. Dipolos en dieléctricos

En los materiales dieléctricos podemos encontrar dipolos moleculares debido a asimetrías en la geometría de la molécula que hacen que la carga no se reparta de forma simétrica y tengamos un exceso de carga negativa en una parte de la molécula y un exceso de carga positiva en otra parte, conformando un dipolo microscópico. Si aplicamos un campo eléctrico a este material los dipolos sufren momentos de fuerza que tratan de alinearlo con el campo aplicado. En materiales en los que no existen momentos dipolares microscópicos al aplicar un campo eléctrico pueden inducirse y también estarían alineados con el campo. Tenemos entonces unos dipolos permanentes que pueden alinearse con el campo aplicado y dipolos inducidos que también tratan de alinearse con el campo. Por otro lado, tenemos la agitación térmica que trata de desordenar el alineamiento de los dipolos. En ausencia de campo eléctrico los dipolos permanentes estarán orientados al azar. Al aplicar un campo eléctrico sufren unos momentos que tienden a alinearlos y que compiten con la agitación térmica que hace lo contrario. Cuanto mayor sea el campo aplicado, mayor será la alineación de los dipolos.

Un dipolo eléctrico crea a su alrededor un campo eléctrico. Este campo decae más rápido que el de una carga puntual. Es un campo que disminuye con el inverso del cubo de la distancia al dipolo. Cuando tenemos un material con los dipolos desordenados, el campo que crean estos dipolos está también orientado al azar, por lo que el valor neto es cero. Si a ese material le aplicamos un campo eléctrico, los dipolos, ya sean permanentes o inducidos, no están orientados al azar, sino que tienen una dirección preferente marcada por el vector campo eléctrico aplicado. Los campos eléctricos que crean esos dipolos en un punto ya no están orientados al azar, por lo que ahora tenemos un campo eléctrico creado por los dipolos. En esta situación el campo en un punto es la suma del campo aplicado más el campo que crean los dipolos.

7.3.3. Polarización

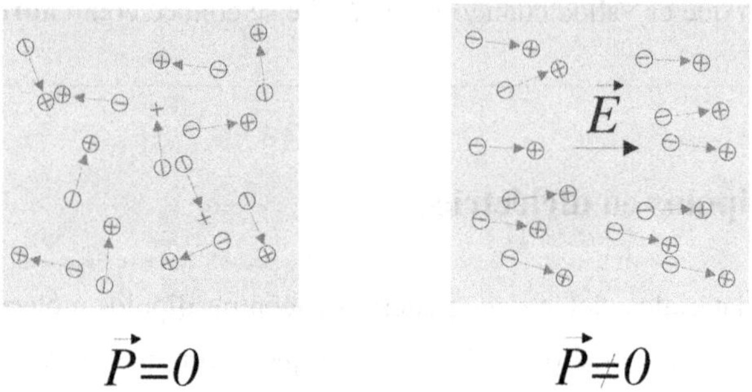

Figura 7.13 Cuando los dipolos están orientados al azar $\vec{P} = 0$. Al aplicar un campo eléctrico los dipolos tienden a alinearse en la dirección del campo eléctrico y aparece una polarización diferente de cero.

Para medir la orientación de los dipolos vamos a introducir el vector polarización, $\vec{P}$, que se define como el momento dipolar por unidad de volumen:

$$\vec{P} = \frac{\mathrm{d}\vec{m}}{\mathrm{d}v}. \tag{7.89}$$

La unidad de la polarización es el $\mathrm{C/m^2}$. En el vacío la polarización es siempre cero. En un material en el que no hay dipolos o, si hay, están desordenados, la polarización también es cero. Cuando aplicamos un campo eléctrico los dipolos tratan de orientarse con el campo y la polarización deja de ser cero, figura 7.13.

Recordando la definición de momento dipolar, (7.79), cuando dibujemos los dipolos en un dieléctrico podemos asociar su carga positiva al extremo del vector $\vec{m}$ y su carga negativa a su origen. En los diélectricos puede aparece una carga eléctrica en una región debido a la reorientación de los dipolos. Un ejemplo extremo

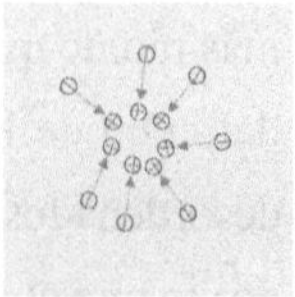

Figura 7.14

lo podemos ver en la figura 7.14 donde los dipolos se orientan de tal forma que toda la carga positiva se concentra en un punto. Esta carga, que puede aparecer por efecto de la orientación de los dipolos, la vamos a llamar **carga ligada**. A la carga que puede desplazarse la llamaremos **carga libre**. Por ejemplo, cuando cargamos un condensador lo hacemos con carga libre. Para la carga ligada vamos a usar el subíndice b (de *bound*) y para la carga libre el subíndice f (de *free*). La polarización y la densidad de carga ligada, ρ_b, están relacionadas mediante la siguiente expresión:

$$\rho_b = -\vec{\nabla} \cdot \vec{P}. \tag{7.90}$$

Si tenemos una polarización uniforme, constante espacialmente, entonces $\rho_b = 0$, ya que la divergencia es una suma de derivadas respecto de las coordenadas x, y, y z. En las caras de los dieléctricos puede aparecer una densidad bidimensional de carga ligada, σ_b, que está relacionada con la polarización en la superficie por medio de:

$$\sigma_b = \vec{P} \cdot \hat{n}, \tag{7.91}$$

donde $\hat{n}$ es un vector unitario normal a la superficie y que apunta hacia afuera del dieléctrico.

Ejemplo 7.7:

Vamos a calcular la carga ligada total, q_b, que puede haber en un dieléctrico de tamaño finito. Para eso vamos a sumar toda la carga que hay en el volumen debido a ρ_b más la carga que hay distribuida por las caras del dieléctrico con densidad σ_b.

$$q_b = \oint_S \sigma_b \mathrm{d}S + \int_{\mathrm{Vol}} \rho \mathrm{d}v = \oint_S \vec{P} \cdot \hat{n}\, \mathrm{d}S - \int_{\mathrm{Vol}} \vec{\nabla} \cdot \vec{P} \mathrm{d}v. \tag{7.92}$$

Usando el teorema de la divergencia de Gauss tenemos que:

$$\int_{\mathrm{Vol}} \vec{\nabla} \cdot \vec{P} \mathrm{d}v = \oint_S \vec{P} \cdot \mathrm{d}\vec{S} = \oint_S \vec{P} \cdot \hat{n}\, \mathrm{d}S, \tag{7.93}$$

donde hemos usado el teorema de la divergencia de Gauss y el hecho de que podemos escribir $\mathrm{d}\vec{S} = \hat{n}\mathrm{d}S$, donde $\hat{n}$ es un vector unitario perpendicular a las caras del dieléctrico y que apunta hacia fuera de él. Sustituyendo en (7.92) tenemos:

$$q_b = \oint_S \vec{P} \cdot \hat{n}\, \mathrm{d}S - \oint_S \vec{P} \cdot \hat{n}\, \mathrm{d}S \quad \Rightarrow \quad \boxed{q_b = 0.} \tag{7.94}$$

Esto es, la carga total ligada en un dieléctrico es cero. Este resultado es evidente si pensamos que esa carga aparece por la reorientación de los dipolos del dieléctrico, que es eléctricamente neutro.

Tema avanzado: Carga ligada

Vamos a calcular el potencial eléctrico creado por los dipolos de un dieléctrico. Para ello vamos a usar el potencial de un único dipolo dado por la expresión (7.88). En un volumen infinitesimal de ese dieléctrico, dv, tendremos un momento dipolar total infinitesimal d$\vec{m}$. El potencial eléctrico que crea ese momento dipolar infinitesimal en un punto lo obtenemos como:

$$\mathrm{d}V = K\frac{\mathrm{d}\vec{m}\cdot\vec{r}}{r^3}. \tag{7.95}$$

Podemos escribir d$\vec{m}$ usando la polarización d$\vec{m} = \vec{P}\mathrm{d}v$. El potencial total creado por todos los dipolos de un dieléctrico será:

$$V = \int_{\mathrm{Vol}} \mathrm{d}V = K\int_{\mathrm{Vol}} \frac{\vec{P}\cdot\vec{r}}{r^3}\mathrm{d}v. \tag{7.96}$$

Donde integramos para todo el volumen ocupado por el dieléctrico. Es fácil comprobar que se cumple lo siguiente:

$$\vec{\nabla}\left(\frac{1}{r}\right) = \frac{\hat{r}}{r^2} = \frac{\vec{r}}{r^3}. \tag{7.97}$$

Usando (0.108):

$$\vec{\nabla}\cdot\left(\frac{\vec{P}}{r}\right) = \vec{P}\cdot\vec{\nabla}\left(\frac{1}{r}\right) + \frac{\vec{\nabla}\cdot\vec{P}}{r} \Rightarrow \frac{\vec{P}\cdot\vec{r}}{r^3} = \vec{\nabla}\cdot\left(\frac{\vec{P}}{r}\right) - \frac{\vec{\nabla}\cdot\vec{P}}{r}. \tag{7.98}$$

Llevamos lo anterior a la expresión (7.96):

$$V = K\int_{\mathrm{Vol}} \vec{\nabla}\cdot\left(\frac{\vec{P}}{r}\right)\mathrm{d}v - K\int_{\mathrm{Vol}} \frac{\vec{\nabla}\cdot\vec{P}}{r}\mathrm{d}v = K\oint_S \frac{\vec{P}\cdot\hat{n}}{r}\mathrm{d}S - K\int_{\mathrm{Vol}} \frac{\vec{\nabla}\cdot\vec{P}}{r}\mathrm{d}v, \tag{7.99}$$

donde hemos usado el teorema de la divergencia de Gauss (S es la superficie que limita al dieléctrico) y hemos escrito d$\vec{S} = \hat{n}\mathrm{d}S$, siendo $\hat{n}$ un vector unitario, normal a las caras del dieléctrico y que apunta hacia fuera. Para calcular el potencial eléctrico que crea la carga ligada del dieléctrico en un punto sumaríamos la carga ligada en el volumen más la carga distribuida por la superficie S que forman las caras del dieléctrico:

$$V = K \oint_S \frac{\sigma_b \mathrm{d}S}{r} + K \int_{\mathrm{Vol}} \frac{\rho_b \mathrm{d}v}{r}. \tag{7.100}$$

Comparando (7.99) y (7.100) llegamos a las relaciones siguientes entre carga ligada y polarización:

$$\boxed{\rho_b = -\vec{\nabla} \cdot \vec{P}} \quad \text{y} \quad \boxed{\sigma_b = P \cdot \hat{n}.} \tag{7.101}$$

Demostración 7.9:

Partiendo de la ley de Gauss en forma diferencial:

$$\vec{\nabla} \cdot \vec{E} = \frac{\rho}{\epsilon_0}. \tag{7.102}$$

Aquí la densidad de carga es la suma de la densidad de carga libre y ligada.

$$\epsilon_0 \vec{\nabla} \cdot \vec{E} = \rho_b + \rho_f \Rightarrow \vec{\nabla} \cdot \left(\epsilon_0 \vec{E}\right) = -\vec{\nabla} \cdot \vec{P} + \rho_f \Rightarrow \vec{\nabla} \cdot \left(\epsilon_0 \vec{E}\right) + \vec{\nabla} \cdot \vec{P} = \rho_f. \tag{7.103}$$

Hemos usado (7.90) en lo anterior. La suma de divergencias es la divergencia de la suma:

$$\vec{\nabla} \cdot \left(\epsilon_0 \vec{E} + \vec{P}\right) = \rho_f. \tag{7.104}$$

La suma de vectores en el interior de la divergencia es un vector que vamos a llamar **vector desplazamiento eléctrico**, $\vec{D}$, que tiene las mismas unidades que la polarización.

$$\vec{D} = \epsilon_0 \vec{E} + \vec{P}. \tag{7.105}$$

Y podemos escribir:

$$\vec{\nabla} \cdot \vec{D} = \rho_f. \tag{7.106}$$

La carga libre la podemos escribir, demostración 7.9, como la divergencia de un nuevo vector que llamamos vector desplazamiento $\vec{D}$:

$$\boxed{\vec{D} = \epsilon_0 \vec{E} + \vec{P}} \quad \text{y} \quad \boxed{\vec{\nabla} \cdot \vec{D} = \rho_f}. \tag{7.107}$$

Este nuevo vector tiene un rotacional que podemos calcular fácilmente:

$$\vec{\nabla} \times \vec{D} = \epsilon_0 \vec{\nabla} \times \vec{E} + \vec{\nabla} \times \vec{P} \Rightarrow \vec{\nabla} \times \vec{D} = \vec{\nabla} \times \vec{P}. \tag{7.108}$$

Hemos usado la ley de faraday en lo anterior. Por lo tanto tenemos un campo vectorial, $\vec{D}$, cuya divergencia es igual a la densidad de carga libre y cuyo rotacional es igual al rotacional de la polarización. Recordando el teorema de Helmholtz, las fuentes del campo $\vec{D}$ son las cargas libres y también las ligadas, pero solo cuando tengamos una polarización con rotacional distinto de cero. En mucho casos vamos a tener que el rotacional de la polarización va a ser cero y, por tanto, las únicas fuentes del campo $\vec{D}$ van a ser las cargas libres. La polarización es cero en el vacío por lo que el desplazamiento eléctrico en el vacío quedaría como:

$$\vec{D} = \epsilon_0 \vec{E}. \tag{7.109}$$

Ejemplo 7.8:

En el vacío una carga puntual q produce un campo eléctrico en un punto dado por:

$$\vec{E} = \frac{q}{4\pi\epsilon_0 r^2}\vec{e}. \tag{7.110}$$

El vector desplazamiento es, simplemente, lo anterior multiplicado por la permitividad del vacío.

$$\vec{D} = \epsilon_0 \vec{E} = \epsilon_0 \frac{q}{4\pi\epsilon_0 r^2}\vec{e} \quad \Rightarrow \quad \vec{D} = \frac{q}{4\pi r^2}\vec{e}. \tag{7.111}$$

Si esa misma carga eléctrica la colocamos en el interior de un dieléctrico el campo eléctrico variará respecto del vacío debido a la orientación de los dipolos. Si el rotacional de la polarización es cero, como la única carga libre es la carga q el vector $\vec{D}$ no variará respecto de cuando estamos en el vacío, ya que no han cambiado sus fuentes.

La relación entre la polarización en un punto y el campo eléctrico en algunos materiales puede ser una relación complicada, pero existen unos materiales donde esa relación es bastante simple. Esos materiales se conocen como **materiales homogéneos, isótropos y lineales** o **materiales HIL**. Se dice que un material es homogéneo en su comportamiento eléctrico si la relación entre la polarización y el campo eléctrico es la misma en cualquier parte de ese material. Un material es isótropo cuando esa relación no depende de la dirección del vector campo eléctrico. Por último, se dice que es lineal cuando la relación entre $\vec{P}$ y $\vec{E}$ es una relación de proporcionalidad. Todo lo anterior se resume en que en un material HIL la polarización es:

$$\boxed{\vec{P} = \chi_e \epsilon_0 \vec{E}.} \tag{7.112}$$

χ_e es una constante adimensional que depende del material y de la temperatura y se conoce como **susceptibilidad eléctrica**. Esta susceptibilidad es siempre positiva:

los dipolos se alinean con el campo. Podríamos decir que el vacío es (o se comporta como) un material dieléctrico con una susceptibilidad igual a cero.

Demostración 7.10:

Partiendo de la definición de vector desplazamiento eléctrico y usando (7.112) para los materiales HIL tenemos:

$$\vec{D} = \epsilon_0\vec{E} + \vec{P} = \epsilon_0\vec{E} + \chi_e\epsilon_0\vec{E} \quad \Rightarrow \quad \vec{D} = \epsilon_0 (1 + \chi_e) \vec{E}. \tag{7.113}$$

Y llegamos a una relación de proporcionalidad entre $\vec{D}$ y $\vec{E}$. Vamos a llamar a la constante de proporcionalidad entre ellos **permitividad eléctrica**, ϵ, del material:

$$\epsilon = \epsilon_0 (1 + \chi_e), \tag{7.114}$$

con lo que escribimos:

$$\vec{D} = \epsilon\vec{E}. \tag{7.115}$$

Para los materiales HIL tenemos, ver demostración 7.10, una relación sencilla entre los campos $\vec{D}$ y $\vec{E}$:

$$\boxed{\vec{D} = \epsilon\vec{E}.} \tag{7.116}$$

La constante ϵ es la permitividad del material y es función de la susceptibilidad eléctrica $\epsilon = \epsilon_0 (1 + \chi_e)$. Se define la permitividad eléctrica relativa, ϵ_r, también conocida como **constante dieléctrica** κ como:

$$\epsilon_r = \kappa = \frac{\epsilon}{\epsilon_0}. \tag{7.117}$$

Por ser $\chi_e > 0$ (igual a cero para el vacío) tenemos que $\epsilon > \epsilon_0$ y entonces $\kappa > 1$ (igual a uno para el vacío). Para estos materiales el rotacional de $\vec{D}$ es:

$$\vec{\nabla} \times \vec{D} = \epsilon\vec{\nabla} \times \vec{E} = 0. \tag{7.118}$$

Al ser igual a cero, las únicas fuentes del vector son las cargas libres. En la demostración 7.11 obtenemos una relación entre el campo eléctrico que una distribución de carga libre crearía en el vacío, $\vec{E}_0$, y el campo que esa misma distribución de carga libre crearía en un material HIL:

$$\boxed{\vec{E} = \frac{\vec{E}_0}{\kappa}.} \tag{7.119}$$

Al ser $\kappa > 1$ deducimos que los materiales HIL disminuyen el valor del campo eléctrico, lo apantallan. A partir de ahora los dieléctricos con los que vamos a tratar serán HIL.

Demostración 7.11:

Si tenemos una distribución de carga libre, podemos calcular el campo que esa distribución crea en el vacío, $\vec{E}_0$, usando las técnicas del tema anterior. El desplazamiento en el vacío lo obtenemos a partir de $\vec{D} = \epsilon_0\vec{E}$. Si esa misma distribución de carga libre estuviera dentro de un material HIL, de permitividad ϵ, el campo eléctrico ahora, $\vec{E}$, no es igual al que habría en el vacío, $\vec{E}_0$, pero sí sigue siendo igual el campo $\vec{D}$, por ser iguales sus fuentes (las cargas libres). El campo $\vec{D}$ y el campo $\vec{E}$ están relacionados por medio de $\vec{D} = \epsilon\vec{E}$. Lo que nos permite escribir:

$$\epsilon\vec{E} = \epsilon_0\vec{E}_0 \quad\Rightarrow\quad \vec{E} = \frac{\epsilon_0}{\epsilon}\vec{E}_0 \quad\Rightarrow\quad \vec{E} = \frac{\vec{E}_0}{\kappa}. \tag{7.120}$$

Ejemplo 7.9:

El desplazamiento alrededor de una carga puntual en el vacío hemos visto que era:

$$\vec{D} = \frac{q}{4\pi r^2}\vec{e}. \tag{7.121}$$

Si esa misma carga puntual la colocamos en un material HIL, como las fuentes de $\vec{D}$ no han cambiado sigue siendo (7.121). Usando (7.116) llegamos a:

$$\vec{D} = \epsilon\vec{E} \quad\Rightarrow\quad \vec{E} = \frac{\vec{D}}{\epsilon} \quad\Rightarrow\quad \vec{E} = \frac{q}{4\pi\epsilon r^2}\vec{e}. \tag{7.122}$$

7.3.4. Condensadores con dieléctrico

De forma habitual a los condensadores se les suele llenar el espacio entre armaduras con un material dieléctrico que, aparte de aumentar su rigidez mecánica, modifica sus propiedades capacitativas. En la demostración 7.12 obtenemos que la capacidad de un condensador con un dieléctrico de constante κ, C, ha aumentado un factor igual a κ respecto de la capacidad sin dieléctrico C_0:

$$\boxed{C = \kappa C_0.} \tag{7.123}$$

Demostración 7.12:

Tomamos un condensador plano sin dieléctrico, con una carga q en sus armaduras y una diferencia de potencial V_0. El campo eléctrico en su interior es $E_0 = \frac{V_0}{d}$, donde d es la distancia de separación entre armaduras. Desconectamos el condensador del dispositivo que hemos usado para cargarlo, de manera que la carga q entre armaduras no puede variar. Introducimos un dieléctrico de constante κ que llena completamente el espacio entre armaduras. Ahora el campo eléctrico, E en el interior habrá variado, pero como la distribución de carga libre (la carga q en las armaduras) no ha cambiado podemos usar (7.119):

$$E = \frac{E_0}{\kappa} \quad \Rightarrow \quad \frac{V}{d} = \frac{\frac{V_0}{d}}{\kappa} \quad \Rightarrow \quad V = \frac{V_0}{\kappa}. \tag{7.124}$$

La capacidad del condensador antes de introducir el dieléctrico era:

$$C_0 = \frac{q}{V_0}, \tag{7.125}$$

después de introducirlo será:

$$C = \frac{q}{V} = \frac{q}{\frac{V_0}{\kappa}} = \kappa \frac{q}{V_0} \quad \Rightarrow \quad C = \kappa C_0. \tag{7.126}$$

Vemos que la capacidad con dieléctrico aumenta en un factor κ respecto a la capacidad sin dieléctrico. Si la introducción del dieléctrico la hacemos sin desconectar el generador llegaríamos al mismo resultado.

Tema avanzado: Ley de Gauss en materiales

La ley de Gauss estudiada en el tema anterior tiene validez universal. La carga a la que hace referencia es cualquier carga, ya sea libre o ligada, estemos en el vacío o en materiales. Podemos modificar la ley de Gauss para expresarla en función del desplazamiento eléctrico y de la carga libre. Ya hemos visto:

$$\vec{\nabla} \cdot \vec{D} = \rho_f. \tag{7.127}$$

Que constituiría la ley de Gauss en materiales en forma diferencial. Usando el teorema de la divergencia de Gauss y escogiendo una superficie cerrada S que encierre un volumen V:

$$\oint_S \vec{D} \cdot d\vec{s} = \int_V \vec{\nabla} \cdot \vec{D} dv = \int_V \rho_f dv \quad \Rightarrow \quad \boxed{\oint_S \vec{D} \cdot d\vec{s} = q_{f;\text{int}}.} \tag{7.128}$$

Que nos viene a decir que el flujo del desplazamiento eléctrico que atraviesa una superficie cerrada, sea cual sea su forma, es igual a la carga libre neta encerrada por esa superficie. Si esa superficie cerrada está dentro completamente de un material HIL podemos usar $\vec{D} = \epsilon\vec{E}$ para transformar lo anterior:

$$\oint_S \epsilon\vec{E} \cdot \mathrm{d}\vec{s} = q_{f;\mathrm{int}} \quad \Rightarrow \quad \boxed{\oint_S \vec{E} \cdot \mathrm{d}\vec{s} = \frac{q_{f;\mathrm{int}}}{\epsilon}.} \tag{7.129}$$

En palabras: el flujo del campo eléctrico que atraviesa una superficie cerrada, sea cual sea su forma, pero que está dentro de un material HIL de permitividad ϵ, es igual a la carga libre neta encerrada por la superficie dividida por la permitividad del material.

Problemas

1. ¿La corriente eléctrica va del potencial eléctrico mayor al potencial menor o a la inversa? ¿Es consistente con el movimiento esperado de la carga eléctrica?

2. Calcule la resistencia del conductor de la figura, cuya sección tiene un radio variable dado por:

$$r = \frac{b-a}{l}x + a$$

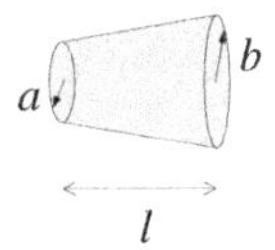

en función de la resistividad, ρ, del material y donde x es la distancia a la sección de radio a.

3. Necesitamos una resistencia de 150 Ω, pero solo disponemos de resistencias de 100 Ω, ¿cómo podríamos obtenerla?

4. Tenemos unos generadores de 50 V de f.e.m. y con una resistencia interna de 15 Ω. Queremos alimentar la resistencia de un calefactor de 500 Ω con estos generadores. ¿Cuántos generadores tenemos que conectar en paralelo para que el rendimiento del sistema sea al menos igual a $\eta = 0,99$?

5. Demuestre la expresión (7.39), que nos da la resistencia equivalente de dos resistencias en paralelo.

6. ¿Cuantas calorías por minuto desprende una resistencia de 1,5 kΩ al conectarla a una diferencia de potencial de 30 V?

7. ¿A partir de condensadores de 10 μF cómo podríamos fabricar un condensador de 7,5 μF?

8. Tenemos un condensador plano con una capacidad sin dieléctrico C_0 =15 μF. Las armaduras del condensador tienen un área A y están separadas una distancia d. Le añadimos un dieléctrico de constante κ=2,1 que no llena completamente el espacio entre armaduras, como se ve en la figura. Calcule cuál es la nueva capacidad del condensador con dieléctrico.

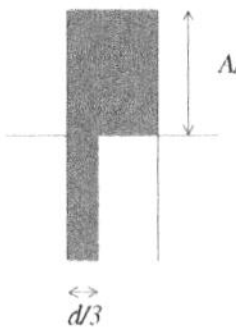

9. Obtenga la densidad de carga ligada que aparece en un dieléctrico en el interior de un condensador cargado como una función de la carga que hay en las armaduras y calcule también el valor del campo eléctrico inducido.

10. Colocamos en serie dos condensadores sin dieléctrico, $C_1 = 15$ pF y $C_2 = 30$ pF, y los conectamos a una diferencia de potencial de 12 V. Al condensador C_1 le introducimos un dieléctrico de constante $\kappa = 2{,}5$. Calcule la diferencia de potencial y la carga en ambos condensadores antes y después de la introducción del dieléctrico. ¿Hay ganancia o pérdida energética en este proceso?

11. En un material HIL de permitividad ϵ el campo eléctrico viene dado por:

$$\vec{E} = x^2\vec{\imath} + z\vec{k} \ \ (\mathrm{V/m}).$$

¿Cuánto vale la densidad de carga libre en esa región?

12. Rodeamos un hilo rectilíneo muy largo, que tiene una densidad homogénea de carga λ, con un material HIL de permitividad ϵ. ¿Cuánto vale el campo y el desplazamiento eléctrico que crea este hilo a una distancia r del mismo?

13. Tenemos 4 condensadores en un circuito como el de la figura. Las capacidades que tienen estos condensadores con dieléctrico son: $C_1 = 500$ nF, $C_2 = 6\ \mu$F, $C_3 = 2\ \mu$F y $C_4 = 850$ nF. Las tensiones de ruptura (la diferencia de potential a partir de la cual el campo eléctrico es mayor que su rigidez dieléctrica) son: $V_{1r} = 80$ V, $V_{2r} = 150$ V, $V_{3r} = 200$ V y $V_{4r} = 120$ V. Calcule la capacidad equivalente de esta asociación y cuál es el valor de diferencia de potencial máxima que podemos aplicar entre los puntos a y b.

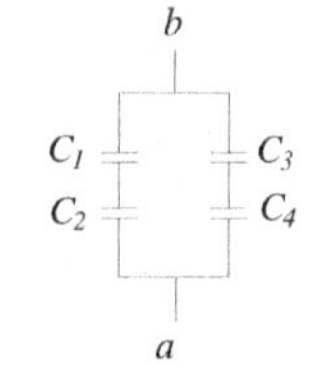

Tema 8

Campo magnético

Los fenómenos magnéticos se conocen desde hace milenios. La primera referencia que se tiene viene de Tales de Mileto en el siglo VI a. C., donde se reporta cómo un mineral conocido como magnetita atraía a los objetos de hierro. Estos minerales además se observa que sufren fuerzas atractivas o repulsivas entre sí según su orientación relativa. En estos minerales y, en general, en los que conocemos como imanes se pueden distinguir dos regiones tales que las regiones del mismo tipo se repelen mientras que las de distinto tipo se atraen. Estas regiones reciben el nombre de **polo norte** y **polo sur**. La razón para estos nombres es que si un imán lo dejamos que rote libremente, estas regiones siempre apuntan hacia el norte (el polo norte) y sur (el polo sur). Esta orientación es debida a que la tierra es un gigantesco imán con su polo norte magnético situado cerca del polo sur geográfico y, evidentemente, su polo sur magnético situado cerca del polo norte geográfico. Un brújula no es más que un pequeño imán.

Para el campo magnético no podemos aislar las cargas magnéticas, en este caso, los polos magnéticos. En el campo eléctrico sí que podíamos aislar las cargas y tener cargas positivas o negativas por separado. En el campo magnético si tratamos de obtener un único polo fracasaremos: si partimos un imán por la mitad en lugar de obtener un polo norte por un lado y un polo sur por otro lo que tendremos serán dos imanes con sus polos norte y sur cada uno de ellos.

Podemos decir que un imán a su alrededor crea un campo vectorial, que vamos a llamar **campo magnético** $\vec{B}$. Para visualizar la forma del campo alrededor de

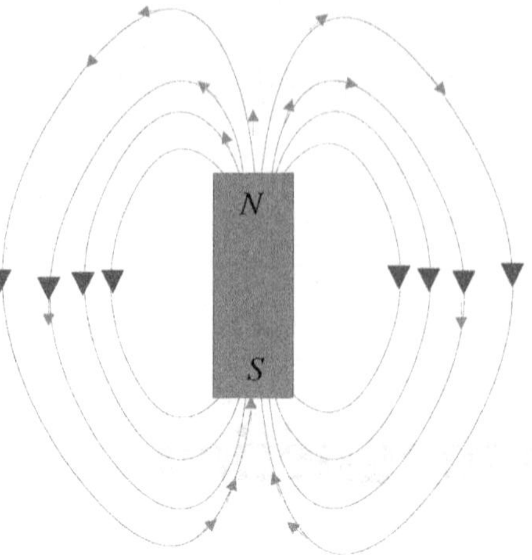

Figura 8.1 En esta figura se muestra la orientación de la brújula al colocarla alrededor del imán junto con las líneas de campo magnético.

un imán vamos a ir colocando una brújula en diversos puntos y vamos a dar al vector campo magnético la dirección y sentido dado por la orientación de la brújula en cada punto. En la figura 8.1 representamos como ejemplo la orientación que adoptan unas pequeñas brújulas en el seno del campo magnético de un imán. Si hacemos un muestreo lo suficientemente preciso podríamos saber la dirección y sentido del campo magnético que crea el imán en cualquier punto. A partir de ese muestreo podríamos dibujar las líneas de campo magnético. Estas líneas, al igual que para el campo eléctrico, son unas líneas orientadas tales que en cada punto su tangente nos dice la dirección del campo magnético y su orientación el sentido de ese campo. En la figura 8.1 hemos dibujado las líneas del campo magnético creado por un imán.

En diversas ocasiones nos encontraremos con campos magnéticos que son perpendiculares a un plano, como el plano del papel o de la pantalla donde estemos representándolo. En estos casos vamos a usar un convenio para representarlos que consiste en dibujar unas aspas, unas X, para indicar que el campo es perpendicular al papel y que apunta hacia dentro. Para representar un campo perpendicular al papel, pero que ahora apunta hacia nosotros, lo hacemos por medio de puntos, ver figura 8.2.

Figura 8.2 A la izquierda tenemos representado un campo que es perpendicular al papel y que apunta hacia dentro. A la derecha un campo perpendicular al papel y que apunta hacia nosotros.

8.1. Fuerza sobre una carga en movimiento

Cuando una carga eléctrica, q, en movimiento, pasa por una región en la que hay un campo magnético, sufre una fuerza. De forma experimental se verifica que esta fuerza es perpendicular al campo magnético (cuya dirección podemos medir con una pequeña brújula) y a la velocidad, $\vec{v}$, de la carga. También se observa que el módulo de la fuerza depende del seno del ángulo que forman el vector velocidad con el campo magnético y es proporcional al módulo del campo magnético. Esto se resume matemáticamente diciendo que la fuerza magnética, también llamada fuerza de Lorenz, es igual a:

$$\boxed{\vec{F}_m = q\vec{v} \times \vec{B}.} = qvb \operatorname{sen}\theta, \tag{8.1}$$

donde θ es el ángulo que forma $\vec{v}$ con $\vec{B}$. A partir de lo anterior podemos definir la unidad de campo magnético, que vamos a llamar **tesla** y representamos por T. El tesla lo definimos, por ejemplo, como el valor del campo magnético que produce una fuerza de 1 N a una partícula de 1 C cuando se mueve perpendicularmente al campo magnético con una velocidad de 1 m/s.

La fuerza magnética es perpendicular a $\vec{v}$ y, por lo tanto, perpendicular al desplazamiento de la partícula $\mathrm{d}\vec{r}$, ya que al velocidad de la carga y el desplazamiento son paralelos: $\vec{v} = \mathrm{d}\vec{r}/\mathrm{d}t$. Como el trabajo elemental de una fuerza sobre una partícula es:

$$\mathrm{d}W = \vec{F} \cdot \mathrm{d}\vec{r} = F\mathrm{d}r\cos\theta, \tag{8.2}$$

el trabajo elemental que la fuerza magnética hace sobre una carga en movimiento es un trabajo nulo. Esto implica que la fuerza magnética no modifica la energía cinética de la carga (recordad el teorema de las fuerza vivas). Esta fuerza, que es perpendicular a la velocidad de la carga, actúa de fuerza centrípeta modificando la dirección del vector velocidad, pero sin modificar su módulo.

Ejemplo 8.1:

Cuando una carga se mueve en un campo magnético el signo de la carga determinará el sentido final de la fuerza. En la figura podemos ver la fuerza que sufre una carga moviéndose perpendicularmente a un campo magnético según que sea una carga positiva (izquierda) o negativa (derecha).

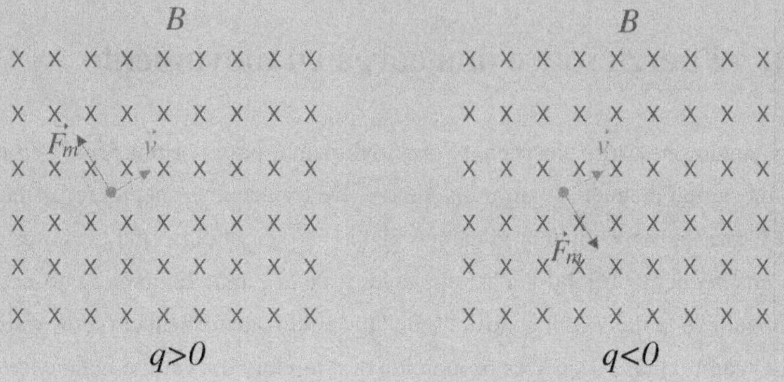

Vamos a considerar una carga que se mueve perpendicularmente a un campo magnético, $\vec{v} \perp \vec{B}$, donde ahora la fuerza magnética es:

$$F_m = qvB. \tag{8.3}$$

Como esta fuerza actúa de fuerza centrípeta tenemos que:

$$F_c = m\frac{v^2}{r} \quad \Rightarrow \quad m\frac{v^2}{r} = qvB \quad \Rightarrow \quad \boxed{r = \frac{mv}{qB}}. \tag{8.4}$$

Donde m es la masa de la carga y r es el radio de curvatura de la trayectoria. Cuando el campo magnético es uniforme tenemos que el radio de curvatura va a ser constante debido a que v no cambia, ya que la fuerza magnética no hace trabajo sobre la carga, y tampoco lo van a hacer la m ni q. Por lo tanto, una carga moviéndose perpendicularmente a un campo magnético uniforme va a describir una trayectoria de radio constante, esto es, una trayectoria circular. En la figura 8.3 vemos cómo el sentido de recorrido de esa trayectoria circular depende del signo de la carga.

Cuando una partícula describe una trayectoria circular de radio r el módulo de la velocidad, v, lo podemos relacionar con la velocidad angular por medio de $v = \omega r$. De ahí, que la ecuación (8.4) la transformamos a:

$$\boxed{\omega = \frac{q}{m}B.} \tag{8.5}$$

El radio de la trayectoria circular que describe una carga en un campo magnético depende de v y, por tanto, de su energía cinética. Pero la velocidad angular no depende de la energía cinética de la partícula. Como $\omega = \frac{2\pi}{T}$, siendo T el periodo, el tiempo que tarda una carga en describir un círculo no depende de su energía cinética. Si lanzamos un grupo de partículas en el interior de un campo magnético uniforme con la misma relación carga masa, q/m, con distintas velocidades, pero todas ellas perpendiculares al campo B, veremos que todas ellas describen un círculo en el mismo intervalo de tiempo. Aunque las cargas que se muevan más rápido describirán un círculo de radio mayor.

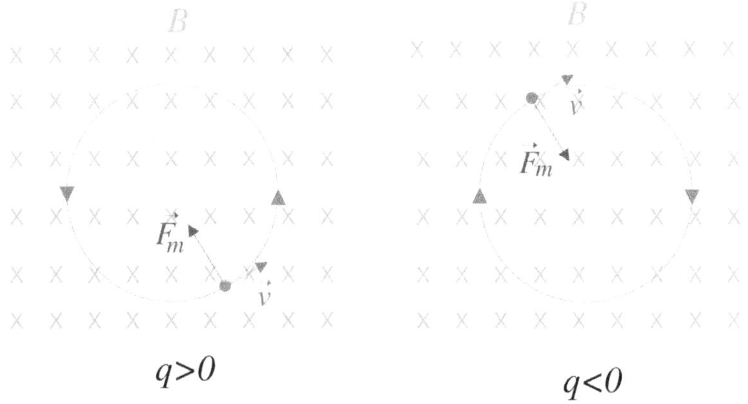

Figura 8.3 Carga con velocidad perpendicular a un campo vectorial constante. La carga describe una trayectoria circular con un sentido que depende del signo de la carga.

Cuando una carga se mueve en un campo magnético con una velocidad cualquiera en la demostración 8.1 vemos que la fuerza solo afecta a la componente de la velocidad perpendicular al campo. La componente de la velocidad paralela al campo $\vec{B}$ no está afectada por el campo magnético.

Demostración 8.1:

En el caso general, cuando una carga se mueve en un campo magnético con una velocidad que ya no es perpendicular al campo podemos escribir la velocidad como:

$$\vec{v} = \vec{v}_{\parallel} + \vec{v}_{\perp}. \qquad (8.6)$$

Donde $\vec{v}_{\parallel}$ es la componente de la velocidad paralela al campo y $\vec{v}_{\perp}$ es la componente de la velocidad perpendicular al campo. Cuando calculemos la fuerza magnética tendremos que:

$$\vec{F}_m = q\vec{v}\times\vec{B} = q\,(\vec{v}_{\parallel} + \vec{v}_{\perp})\times\vec{B} = q\vec{v}_{\parallel}\times\vec{B}+q\vec{v}_{\perp}\times\vec{B} \quad \Rightarrow \quad \vec{F}_m = q\vec{v}_{\perp}\times\vec{B}. \qquad (8.7)$$

Ya que $\vec{v}_{\parallel} \times \vec{B} = 0$, por ser $\vec{v}_{\parallel}$ y $\vec{B}$ vectores paralelos.

8.1.1. Fuerza magnética sobre una corriente

Cuando situamos una corriente de intensidad I dentro de un campo magnético $\vec{B}$ sufre una fuerza, ver demostración 8.2, dada por:

$$\boxed{\vec{F}_m = I\int_a^b \mathrm{d}\vec{l}\times\vec{B}.} \qquad (8.8)$$

Siendo a el punto inicial de la corriente y b el punto final.

Cuando el campo magnético es constante sobre toda la corriente podemos sacarlo de la integral:

$$\vec{F}_m = I\left(\int_a^b \mathrm{d}\vec{l}\right)\times\vec{B} \quad \Rightarrow \quad \boxed{\vec{F}_m = I\vec{L}\times\vec{B}.} \qquad (8.9)$$

Y donde $\vec{L} = \int_a^b \mathrm{d}\vec{l}$ es un vector cuyo origen es el punto a y cuyo extremo es el punto b, ver figura de la demostración 8.2. El módulo de $\vec{L}$ coincide con la longitud de la corriente cuando esta es rectilínea.

Demostración 8.2:

Cuando una corriente eléctrica la sometemos a un campo magnético las cargas que se mueven en el interior del conductor sufrirán una fuerza magnética que transmitirán al conductor en el seno del cual se mueven. Si nos centramos en una carga infinitesimal de esa corriente podemos escribir la fuerza magnética elemental que sufre como:

$$d\vec{F}_m = dq\vec{v} \times \vec{B}. \qquad (8.10)$$

Esa carga elemental la podemos escribir como $dq = Idt$ y tenemos:

$$d\vec{F}_m = Idt\vec{v} \times \vec{B} \quad \Rightarrow \quad d\vec{F}_m = Id\vec{l} \times \vec{B}. \qquad (8.11)$$

Donde hemos llamado $d\vec{l} = \vec{v}dt$ al vector desplazamiento que hace la carga en el interior del conductor.

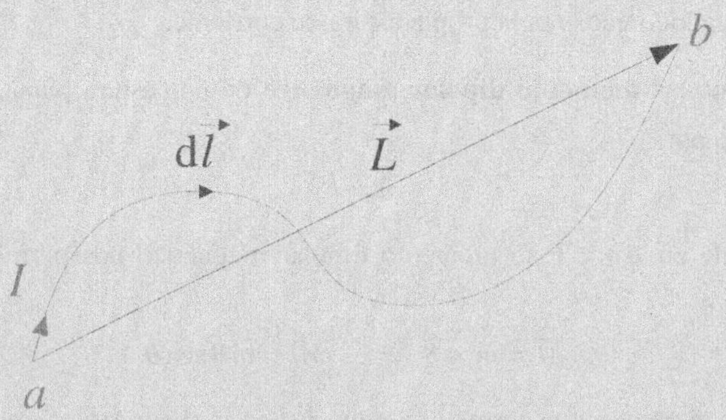

La fuerza total magnética que sufre una corriente de intensidad I que va desde un punto a a un punto b es:

$$\vec{F}_m = I \int_a^b d\vec{l} \times \vec{B}. \qquad (8.12)$$

Espira de corriente

En el caso de que tengamos una espira de corriente, una corriente que podemos considerar que comienza y termina en el mismo punto, la expresión (8.9) nos dice que la fuerza total que sufre cuando aplicamos un campo magnético constante va a ser cero debido a que $\vec{L}$ es un vector nulo. Esto no implica que la fuerza magnética sobre un tramo de esa corriente cerrada sea cero; la fuerza magnética podría deformar la espira aun cuando la fuerza total seguiría siendo cero. Considerando la espira como un sistema de partículas tenemos que el estado de movimiento de su centro de masas no se verá afectado por la fuerza magnética. La fuerza magnética sí puede producir un momento de fuerzas que haga entrar en rotación a la espira. En el caso de una espira plana por la que circula una corriente de intensidad I el momento de fuerzas, $\vec{M}$, que produce el campo magnético viene dado por, ver demostración 8.3:

$$\vec{M} = I\vec{S} \times \vec{B}. \tag{8.13}$$

$\vec{S}$ es el vector que representa a la superficie encerrado por la espira. Este vector tiene como módulo el área de esa superficie, es perpendicular al plano de la espira y su sentido aquí está determinado por el sentido de la corriente. Si ponemos los dedos de la mano derecha en el sentido de circulación de la corriente el pulgar nos indica el sentido del vector $\vec{S}$. Luego veremos que este sentido es el sentido del campo magnético que crea la propia espira de corriente.

Definimos el **momento dipolar magnético** de una espira plana, $\vec{m}$, como el vector dado por:

$$\vec{m} = I\vec{S}, \tag{8.14}$$

que se mide en Am^2. Este momento dipolar magnético nos permite reescribir (8.13) como:

$$\vec{M} = \vec{m} \times \vec{B} \quad \Rightarrow \quad \left|\vec{M}\right| = mB \operatorname{sen}\theta, \tag{8.15}$$

donde θ es el ángulo que forma el campo $\vec{B}$ con $\vec{m}$. Esta expresión luego la podremos usar con cualquier sistema al que podamos asignarle un momento dipolar magnético. También podremos aplicar la expresión que nos dice el valor de la energía potencial, U, de un dipolo magnético en el seno de un campo magnético:

$$U = -\vec{m} \cdot \vec{B}. \tag{8.16}$$

De las expresiones 8.15 y 8.16 vemos que el momento de fuerzas que produce un campo magnético sobre una espira trata de alinear el dipolo con el campo: $\theta = 0$, luego $\vec{M}$ nulo, y mínimo en la energía potencia U. Para $\theta = 180^{\circ}$ el momento $\vec{M}$ también es nulo, pero es un máximo de la energía potencial por lo que es un punto de equilibrio inestable.

Ya veremos que en los átomos o moléculas aparecen unos dipolos magnéticos microscópicos que sufrirán un momento de fuerzas que tratarán de hacer que estos dipolos se alineen con el campo aplicado.

Demostración 8.3:

En los libros de texto se suele demostrar el valor del momento de fuerzas sobre una espira plana rectangular bajo el efecto de un campo magnético constante y luego se generaliza diciendo que es válida para cualquier espira plana.

Vamos aquí, en cambio, a demostrar esa expresión de forma general para una espira plana sea cual sea su forma. Llamemos S a la superficie plana encerrada por esa espira. La fuerza magnética, $\mathrm{d}\vec{F}$, sobre un tramo infinitesimal, $\mathrm{d}\vec{r}$, de la espira sabemos que es:

$$\mathrm{d}\vec{F} = I\mathrm{d}\vec{r} \times \vec{B}. \tag{8.17}$$

El momento de fuerza, $\mathrm{d}\vec{M}$, respecto de un punto cualquiera, por ejemplo respecto del origen del sistema de referencia es:

$$\mathrm{d}\vec{M} = \vec{r} \times \left(I\mathrm{d}\vec{r} \times \vec{B}\right) = I\vec{r} \times \left(\mathrm{d}\vec{r} \times \vec{B}\right), \tag{8.18}$$

donde $\vec{r}$ es el el vector de posición del tramo de corriente. Usando la identidad vectorial (0.98) tenemos:

$$\vec{r} \times \left(\mathrm{d}\vec{r} \times \vec{B}\right) = \mathrm{d}\vec{r}\left(\vec{r} \cdot \vec{B}\right) - \vec{B}\left(\vec{r} \cdot \mathrm{d}\vec{r}\right). \tag{8.19}$$

El momento de fuerzas total sobre la espira es:

$$\vec{M} = I \oint \vec{r} \times \left(\mathrm{d}\vec{r} \times \vec{B}\right) = I\left(\oint \mathrm{d}\vec{r}\left(\vec{r} \cdot \vec{B}\right) - \oint \vec{B}\left(\vec{r} \cdot \mathrm{d}\vec{r}\right)\right). \tag{8.20}$$

No es complicado ver que la segunda integral de la expresión anterior es cero:

$$\oint \vec{B}\left(\vec{r} \cdot \mathrm{d}\vec{r}\right) = \vec{B} \oint \vec{r} \cdot \mathrm{d}\vec{r} = \vec{B} \int_S \left(\vec{\nabla} \times \vec{r}\right) \cdot \mathrm{d}\vec{r} = 0. \tag{8.21}$$

Donde hemos usado que $\vec{B}$ es constante sobre la espira, por lo que podemos sacarlo de la integral, el teorema de Stokes y el hecho de que cualquier campo vectorial central tiene un rotacional nulo. Vamos a calcular el gradiente del campo escalar $\vec{r} \cdot \vec{B}$ usando la identidad (0.99):

$$\vec{\nabla}\left(\vec{r} \cdot \vec{B}\right) = \vec{r} \times \left(\vec{\nabla} \times \vec{B}\right) + \vec{B} \times \left(\vec{\nabla} \times \vec{r}\right) + \left(\vec{r} \cdot \vec{\nabla}\right)\vec{B} + \left(\vec{B} \cdot \vec{\nabla}\right)\vec{r}. \tag{8.22}$$

Los dos primeros términos son cero, ya que $\vec{B}$ es constante, luego su rotacional es cero, y $\vec{r}$ es un campo vectorial central y, como hemos dicho antes, su rotacional también es cero. Los otros dos términos son:

$$\left(\vec{r} \cdot \vec{\nabla}\right)\vec{B} = \left(x\frac{\partial}{\partial x} + y\frac{\partial}{\partial y} + z\frac{\partial}{\partial z}\right)\vec{B} = x\frac{\partial \vec{B}}{\partial x} + y\frac{\partial \vec{B}}{\partial y} + z\frac{\partial \vec{B}}{\partial z} = 0, \tag{8.23}$$

ya que $\vec{B}$ es constante. Por último:

$$\left(\vec{B} \cdot \vec{\nabla}\right)\vec{r} = \left(B_x\frac{\partial}{\partial x} + B_y\frac{\partial}{\partial y} + B_z\frac{\partial}{\partial z}\right)\vec{r} = B_x\frac{\partial \vec{r}}{\partial x} + B_y\frac{\partial \vec{r}}{\partial y} + B_z\frac{\partial \vec{r}}{\partial z} = \vec{B}, \tag{8.24}$$

ya que:

$$\frac{\partial \vec{r}}{\partial x} = \vec{i}, \quad \frac{\partial \vec{r}}{\partial y} = \vec{j}, \quad \frac{\partial \vec{r}}{\partial z} = \vec{k}. \tag{8.25}$$

Lo que es fácil de comprobar teniendo en cuenta que $\vec{r} = x\vec{i} + y\vec{j} + z\vec{k}$. Por lo tanto, en este caso, tenemos:

$$\vec{\nabla}\left(\vec{r} \cdot \vec{B}\right) = \vec{B}. \tag{8.26}$$

Haciendo uso de la identidad (0.111):

$$\begin{aligned} \vec{M} &= I \oint \left(\vec{r} \cdot \vec{B}\right) \mathrm{d}\vec{r} = -I \int_S \vec{\nabla}\left(\vec{r} \cdot \vec{B}\right) \times \mathrm{d}\vec{S} = -I \int_S \vec{B} \times \mathrm{d}\vec{S} \\ &= -I\vec{B} \times \int_S \mathrm{d}\vec{S} = -I\vec{B} \times \vec{S} \quad \Rightarrow \quad \boxed{\vec{M} = I\vec{S} \times \vec{B}.} \end{aligned} \tag{8.27}$$

Hemos vuelto a usar que, en nuestro caso particular, el campo magnético, $\vec{B}$, es constante. El vector $\vec{S} = \int_S \mathrm{d}\vec{S}$ es el vector que representa a la superficie plana encerrada por la espira. Podemos comprobar que este momento de fuerzas no depende del punto respecto del cual lo calculamos.

8.2. Fuentes del campo magnético

Hasta ahora hemos hablado del campo magnético sin saber cuáles eran sus fuentes. En el año 1820 Hans Christian Øersted observó que las corrientes eléctricas desviaban las agujas de las brújulas, indicando que las cargas en movimiento podían ser fuentes del campo magnético. Si tenemos una carga eléctrica moviéndose en el vacío con una velocidad $\vec{v}$, esta carga crea un campo en un punto A a su alrededor dado por la expresión:

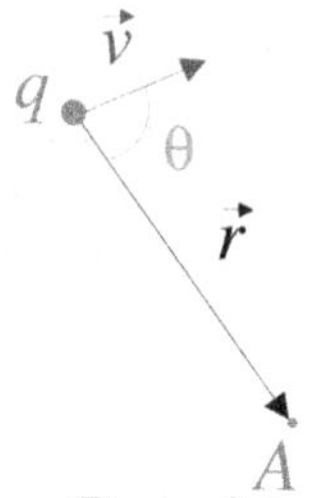

Figura 8.4

$$\vec{B} = \frac{\mu_0}{4\pi} q \frac{\vec{v} \times \vec{r}}{r^3}, \tag{8.28}$$

donde μ_0 es una constante que se conoce como permeabilidad magnética del vacío, $\vec{r}$ es el vector de posición del punto A respecto de la carga (ver figura 8.4) y r es, evidentemente, la distancia del punto A a la carga q. La permeabilidad magnética del vacío, μ_0 tiene un valor:

$$\mu_0 = 4\pi \cdot 10^{-7} \ \text{H/m}. \tag{8.29}$$

La H representa una unidad llamada henry (henrio coloquialmente), que presentaremos más adelante cuando hablemos del concepto de autoinducción.

8.2.1. Campo magnético creado por una corriente

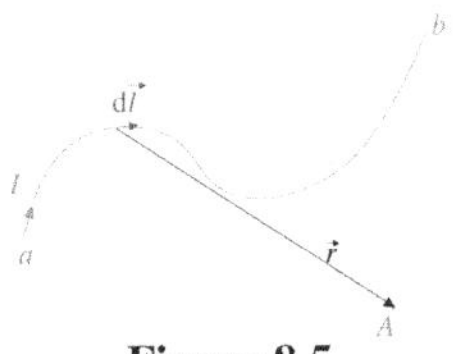

Figura 8.5

Una corriente es un conjunto de cargas en movimiento, por lo que creará un campo magnético a su alrededor. Para calcular cuánto vale el campo magnético creado por una corriente, I, en un punto A a su alrededor, figura 8.5, vamos a fijarnos en una carga infinitesimal que se mueve por el conductor que transporta esa corriente y empleamos 8.28 para llegar a una expresión que nos da el valor del campo elemental $\mathrm{d}\vec{B}$ creado en ese punto A:

$$\mathrm{d}\vec{B} = \frac{\mu_0}{4\pi}\mathrm{d}q\frac{\vec{v}\times\vec{r}}{r^3} = \frac{\mu_0}{4\pi}I\mathrm{d}t\frac{\vec{v}\times\vec{r}}{r^3}. \tag{8.30}$$

De nuevo podemos hacer $\mathrm{d}\vec{l} = \vec{v}\mathrm{d}t$, donde $\mathrm{d}\vec{l}$ es el vector desplazamiento efectuado por la carga en el seno de ese conductor.

$$\boxed{\mathrm{d}\vec{B} = \frac{\mu_0}{4\pi}I\frac{\mathrm{d}\vec{l}\times\vec{r}}{r^3}.} \tag{8.31}$$

Esto se conoce como **ley de Biot y Savart** y nos permite calcular el campo magnético creado por un tramo infinitesimal de corriente. Para el cálculo del campo total creado por un tramo de corriente que empieza en a y termina en un punto b tenemos que sumar los campos elementales $\mathrm{d}\vec{B}$; como son infinitesimales lo que hacemos en realidad es integrar:

$$\vec{B} = \frac{\mu_0}{4\pi}I\int_a^b\frac{\mathrm{d}\vec{l}\times\vec{r}}{r^3}. \tag{8.32}$$

En el ejemplo 8.2 vemos cómo es el campo magnético creado por una corriente rectilínea en lo relativo a su dirección y sentido. El módulo de ese campo se encuentra en el ejemplo 8.3, obteniendo la expresión:

$$\boxed{B = \frac{\mu_0 I}{4\pi h}\left(\operatorname{sen}\theta_f - \operatorname{sen}\theta_0\right),} \tag{8.33}$$

donde h es la distancia del punto donde calculamos el campo B a la corriente y donde θ_0 y θ_f son los ángulos θ inicial y final respectivamente, ver figura del ejemplo 8.3. Es fácil obtener, a partir de (8.33), el campo creado por una corriente rectilínea infinita. En ese caso tenemos:

$$L_0 = -\infty \quad\Rightarrow\quad \theta_0 = -\frac{\pi}{2}\ \text{rad} \qquad \text{y} \qquad L_f = \infty \quad\Rightarrow\quad \theta_f = \frac{\pi}{2}\ \text{rad}. \tag{8.34}$$

Sustituyendo en (8.33) tenemos que el campo creado por una corriente rectilínea infinita a una distancia h de la misma viene dado por:

$$\boxed{B = \frac{\mu_0 I}{2\pi h}.} \tag{8.35}$$

Ejemplo 8.2:

Vamos a ver cómo es la dirección y sentido del campo magnético que crea una corriente rectilínea a su alrededor. Para ello usamos la ley de Biot y Savart, ecuación (8.31), donde podemos ver que la dirección es una recta perpendicular tanto a $\vec{r}$ como a $\mathrm{d}\vec{l}$.

En la figura, parte izquierda, tenemos una corriente rectilínea y vemos que en los puntos A y B (que están en el mismo plano que la corriente) hay un campo creado por el elemento de corriente $\mathrm{d}\vec{l}$ que tiene que ser perpendicular al plano ya que tanto $\vec{r}$ como $\mathrm{d}\vec{l}$ están en ese plano. Si hacemos el producto vectorial $\mathrm{d}\vec{l}\times\vec{r}$ comprobamos que el sentido del campo magnético en el punto A es hacia nosotros y en el punto B es hacia dentro.

Cualquier elemento de corriente $\mathrm{d}\vec{l}$ produce un campo magnético con la misma dirección y sentido y, por lo tanto, el campo total en cualquier punto a la izquierda de la corriente es perpendicular al plano y con sentido hacia nosotros y a la derecha el campo es perpendicular también al plano, pero con sentido hacia dentro. Con esta situación las líneas del campo magnético alrededor de la corriente son líneas circulares. En la parte derecha de la figura vemos estás líneas después de rotar la corriente para que ahora esté perpendicular al plano del papel y de tal manera que el sentido de la corriente es hacia nosotros.

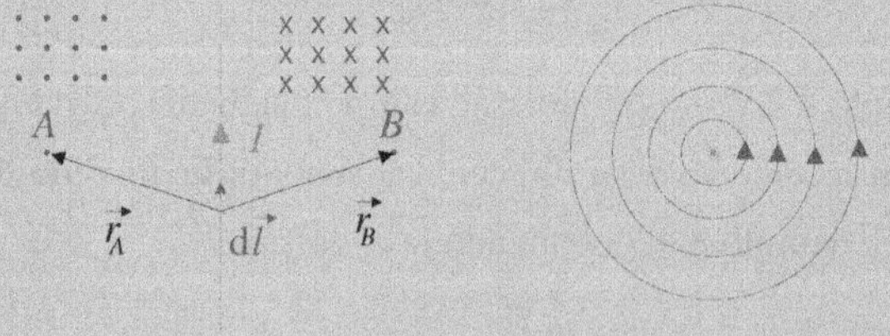

Es fácil recordar cómo es el sentido del campo creado por corrientes rectilíneas usando la regla de la mano derecha. Esta regla nos dice que si ponemos el pulgar de la mano derecha apuntando en el sentido de la corriente, el resto de dedos de esa mano nos dice el sentido del campo magnético creado por esa corriente.

Ejemplo 8.3:

En el ejemplo 8.2 hemos visto que el campo magnético que crea cualquier elemento de una corriente rectilínea en un punto tiene la misma dirección y sentido. Para calcular el campo total nos basta, entonces, con sumar los módulos de los campos elementales que crea cada elemento de corriente $d\vec{l}$:

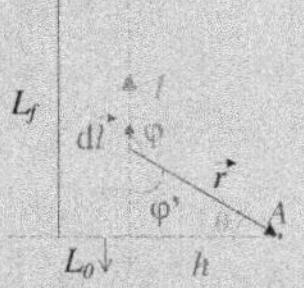

$$dB = \frac{\mu_0}{4\pi} I \frac{dl}{r^2} \operatorname{sen} \varphi. \qquad (8.36)$$

Para ello tenemos que quitar de (8.36) r, dl y φ y dejarlo todo en función del ángulo θ, ver figura, que va a ser la variable de integración:

$$\varphi' + \theta + \frac{\pi}{2} = \pi \quad \Rightarrow \quad \varphi - \theta = \frac{\pi}{2} \quad \Rightarrow \quad \operatorname{sen} \varphi = \cos\theta, \qquad (8.37)$$

$$\frac{h}{r} = \cos\theta \quad \Rightarrow \quad \frac{1}{r^2} = \frac{\cos^2\theta}{h^2}, \qquad (8.38)$$

$$\frac{l}{h} = \tan\theta \quad \Rightarrow \quad dl = \frac{h}{\cos^2\theta} d\theta. \qquad (8.39)$$

Sustituyendo lo anterior en (8.36) e integrando desde el ángulo inicial θ_0 hasta el ángulo final θ_f obtenemos (hágalo como ejercicio):

$$B = \frac{\mu_0 I}{4\pi h} \left(\operatorname{sen}\theta_f - \operatorname{sen}\theta_0 \right). \qquad (8.40)$$

Donde $\theta_0 = \tan^{-1} \frac{L_0}{h}$ y $\theta_f = \tan^{-1} \frac{L_f}{h}$.

Ejemplo 8.4:

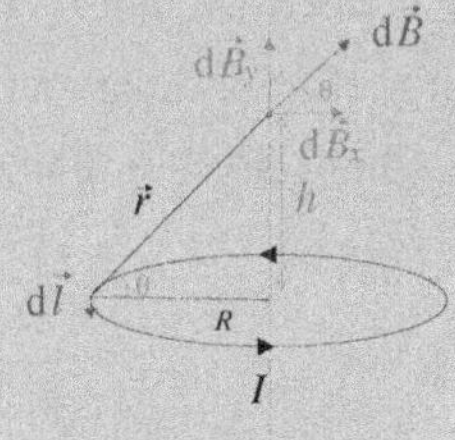

Vamos a calcular el campo magnético que crea una espira circular de radio R que transporta una corriente de intensidad I en puntos que están sobre la vertical que pasa por el centro del circulo. Escogemos un punto situado a una altura h y calculamos el campo magnético usando la ley de Biot y Savart:

$$dB = \frac{\mu_0}{4\pi} I \frac{dl}{r^2}. \qquad (8.41)$$

Hemos usado el hecho de que $\vec{r}$ y $d\vec{l}$ son perpendiculares, luego:

$$\left| d\vec{l} \times \vec{r} \right| = r dl. \qquad (8.42)$$

El módulo del campo magnético es igual para todos los elementos de corriente $d\vec{l}$ ya que la distancia r es la misma para todos. Lo que cambia es la dirección del campo magnético. Si dibujamos las componentes horizontal y vertical del campo elemental $d\vec{B}$ tenemos que:

$$dB_x = \cos\theta \, dB \quad \text{y} \quad dB_y = \operatorname{sen}\theta \, dB. \tag{8.43}$$

Estos módulos son iguales para todos los elementos de corriente (θ es igual para todos). Las componentes horizontales se van a anular dos a dos ya que para cada elemento de corriente existe un elemento simétrico que produce un campo magnético con una componente horizontal con la misma dirección, mismo módulo, pero sentido contrario. El campo magnético total solo tiene componente vertical y:

$$B = B_y = \oint dB_y = \oint \frac{\mu_0}{4\pi} I \frac{dl}{r^2} \operatorname{sen}\theta = \frac{\mu_0}{4\pi} I \frac{\operatorname{sen}\theta}{r^2} \oint dl. \tag{8.44}$$

La integral anterior es igual a la longitud de la espira de corriente:

$$B = \frac{\mu_0}{4\pi} I \frac{\operatorname{sen}\theta}{r^2} 2\pi R \quad \Rightarrow \quad B = \frac{\mu_0 I R^2}{2\left(R^2 + h^2\right)^{3/2}}. \tag{8.45}$$

En el último paso hemos usado las relaciones geométricas y trigonométricas entre r y θ con R y h.

8.2.2. Fuerzas entre corrientes

Hemos visto que cuando a una corriente le aplicamos un campo magnético sufre una fuerza, pero al mismo tiempo una corriente eléctrica crea a su alrededor un campo magnético. Si tenemos dos corrientes enfrentadas habrá un interacción magnética entre ellas. El campo que la primera corriente crea ejerce una fuerza sobre la segunda y viceversa. En el ejemplo 8.5 encontramos el valor de la fuerza por unidad de longitud que sufren unas corrientes rectilíneas muy largas (infinitas) y paralelas de intensidades I_1 e I_2:

$$\boxed{\frac{F}{L} = \frac{\mu_0 I_1 I_2}{2\pi d},} \tag{8.46}$$

donde d es la distancia de separación entre las corrientes. Estas fuerzas son atractivas o repulsivas según que el sentido de las corrientes sea el mismo o contrario.

Ejemplo 8.5:

En este ejemplo vamos a ver la fuerza de interacción magnética entre dos corrientes rectilíneas infinitas y paralelas de intensidades I_1 e I_2 separadas una distancia d. La corriente I_1 produce un campo magnético sobre I_2 igual a $B_1 = \frac{\mu_0 I_1}{2\pi d}$, mientras que I_2 produce un campo sobre I_1 igual a $B_2 = \frac{\mu_0 I_2}{2\pi d}$. Como el campo sobre cada corriente es constante podemos calcular la fuerza por medio de (8.9), pero por ser corrientes infinitas no podemos calcular la fuerza sobre toda la corriente. Vamos a calcular la fuerza sobre un tramo de longitud finita. En la figura vemos esos vectores $\vec{L}_1$ y $\vec{L}_2$ y los sentidos de los campos B_1 y B_2. Vamos a llamar $\vec{F}_1$ y $\vec{F}_2$ a las fuerzas que sufren las corrientes I_1 e I_2, respectivamente. Para $\vec{F}_1$ tenemos:

$$\vec{F}_1 = I_1\vec{L}_1 \times \vec{B}_2 \quad \Rightarrow \quad F_1 = I_1 L_1 \frac{\mu_0 I_2}{2\pi d} \quad \Rightarrow \quad \frac{F_1}{L_1} = \frac{\mu_0 I_1 I_2}{2\pi d}. \qquad (8.47)$$

Hemos usado que $\vec{L}_1$ y $\vec{B}_2$ son perpendiculares. La expresión anterior nos da la fuerza por unidad de longitud. Para $\vec{F}_2$ podemos hacer algo similar:

$$\vec{F}_2 = I_2\vec{L}_2 \times \vec{B}_1 \quad \Rightarrow \quad F_2 = I_2 L_2 \frac{\mu_0 I_1}{2\pi d} \quad \Rightarrow \quad \frac{F_2}{L_2} = \frac{\mu_0 I_1 I_2}{2\pi d}. \qquad (8.48)$$

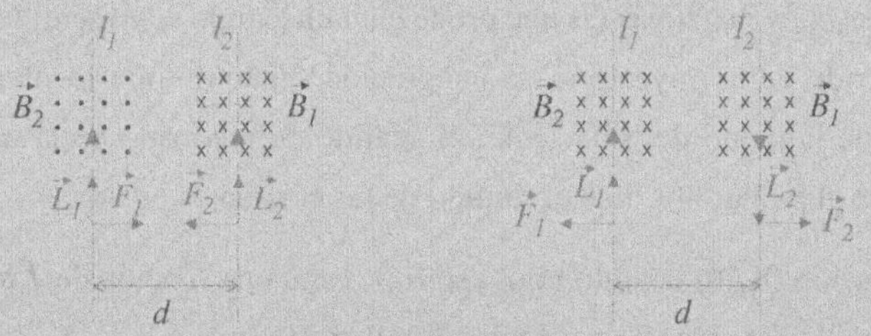

La fuerza por unidad de longitud que sufren ambas corrientes es la misma. El sentido de esas fuerzas depende de los sentidos relativos de la corrientes. Si el sentido es el mismo, esas fuerzas son atractivas, ver parte izquierda de la figura. Si el sentido es contrario (corrientes antiparalelas), las fuerzas son repulsivas, parte derecha de la figura.

Esta interacción magnética entre corrientes permitió definir la unidad de intensidad de corriente. Se definió el **ampere** como *la intensidad de corriente que transportan dos conductores muy largos y paralelos, separados un distancia de 1 m, y que produce una fuerza magnética entre ellos de* $2 \cdot 10^{-7}$ *N/m*. A partir del establecimiento del ampere como unidad fundamental se estableció la unidad de carga, el coulomb, como unidad derivada de aquella.

8.3. Ley de Ampère

En el ejemplo 8.6 vemos que la circulación del campo magnético alrededor de una trayectoria circular centrada en una corriente de intensidad I es igual a $\mu_0 I$, o $-\mu_0 I$ si invertimos el sentido de recorrido de la trayectoria. Este resultado se puede generalizar por medio de lo que se conoce como **ley de Ampère**. Esta ley dice que la circulación del campo magnético a lo largo de una trayectoria cerrada, sea cual sea su forma, es igual a μ_0 por la intensidad neta que atraviesa la superficie encerrada por la trayectoria de integración.

$$\boxed{\oint \vec{B} \cdot \mathrm{d}\vec{r} = \mu_0 I_{\text{neta}}.} \tag{8.49}$$

Para calcular esta intensidad neta tenemos que sumar todas las intensidades que atraviesan la superficie encerrada por la trayectoria de integración dándole un signo positivo o negativo según el sentido de estas corrientes. Serán positivas aquellas corrientes que creen un campo magnético que coincida con el sentido de recorrido de la trayectoria y negativas las que produzcan un campo cuyo sentido sea opuesto al de recorrido de la trayectoria de integración. Visto de otra forma: si ponemos los dedos de la mano derecha según el sentido de recorrido de la trayectoria de integración, el pulgar nos dice el sentido de las corrientes positivas.

La ecuación (8.49) la podríamos escribir como una función de $\vec{J}$ recordando la definición de la densidad de corriente: $\vec{J} \cdot \mathrm{d}\vec{S} = \mathrm{d}I$.

$$\oint_C \vec{B} \cdot \mathrm{d}\vec{r} = \mu_0 \int_S \vec{J} \cdot \mathrm{d}\vec{S}. \tag{8.50}$$

Donde hemos llamado C a la curva a lo largo de la cual realizamos la circulación y S a una superficie encerrada por esa curva.

Usando el teorema de Stokes llegamos a que, a partir de (8.49) o de (8.50), se verifica:

$$\boxed{\vec{\nabla} \times \vec{B} = \mu_0 \vec{J}.} \tag{8.51}$$

La expresión (8.51) se conoce como ley de Ampère en forma diferencial, mientras que (8.49) es la ley de Ampère en forma integral. Esta ley **no** tiene una validez general, deja de cumplirse cuando tenemos corrientes que empiezan o acaban en un punto o que no son estacionarias. Más adelante la generalizaremos y recibirá el nombre de **ley de Ampère-Maxwell**.

Tema avanzado: Discontinuidad en las componentes tangenciales del campo magnético

Cuando atravesamos una superficie que separa dos medios distintos, que llamaremos medio 1 y medio 2, puede aparecer una discontinuidad en las componentes del campo magnético que son tangenciales a esa superficie. Vimos que esa discontinuidad estaba relacionada con el rotacional del campo vectorial en cuestión, ecuación (0.90). En el caso del campo magnético la ley de Ampère nos dice que el rotacional es $\mu_0 \vec{J}$. Si seguimos el razonamiento que nos llevó a obtener (0.90) y escogemos una trayectoria de integración rectangular de lados infinitesimales que rodee a la superficie de separación de los dos medios tenemos:

$$B_{1t} - B_{2t} = \lim_{a \to 0} \left| \left(\vec{\nabla} \times \vec{B} \right)_{\|} \right| a = \mu_0 \lim_{a \to 0} J_{\|} a. \tag{8.52}$$

Donde $J_{\|}$ es la componente paralela a la superficie de separación de la densidad de corriente que atraviesa la superficie encerrada por la trayectoria rectangular. B_{1t} y B_{2t} son las componentes del campo magnético perpendiculares a $\vec{J}_{\|}$ en la superficie de separación por el lado del medio 1 y el medio 2, respectivamente. Podemos escribir la densidad de corriente como:

$$J = \frac{\mathrm{d}I}{ab} \quad \Rightarrow \quad J_{\|} = \frac{\mathrm{d}I}{ab} \cos\theta, \tag{8.53}$$

siendo θ el ángulo que $\vec{J}$ forma con la superficie de separación de los dos medios y $\mathrm{d}I$ la intensidad total de corriente que atraviesa la superficie encerrada por la trayectoria de integración:

$$B_{1t} - B_{2t} = \mu_0 \lim_{a \to 0} \frac{\mathrm{d}I}{\not{a}b} \cos\theta \cdot \not{a} = \lim_{a \to 0} \frac{\mathrm{d}I}{b} \cos\theta. \tag{8.54}$$

Conforme a tiende a cero la intensidad de corriente disminuye hasta hacerse igual a cero a no ser que la corriente discurra solo por la superficie de separación de los dos medios. En ese caso, tenemos que:

$$\lim_{a \to 0} \frac{\mathrm{d}I}{b} \cos 0 = \frac{\mathrm{d}I}{b} = K, \tag{8.55}$$

donde K es la densidad de corriente superficial, que se mide en ampere/m, y nos queda:

$$B_{1t} - B_{2t} = \mu_0 K. \tag{8.56}$$

En otras palabras, cuando atravesamos una superficie de separación de dos medios por la que circula una corriente superficial la componente del campo magnético tangencial a esa superficie cambia de forma discontinua, siendo la discontinuidad igual al valor de la densidad de corriente superficial por la permeabilidad magnética del vacío.

Una utilidad de la ley de Ampère es la de calcular el campo magnético creado por distribuciones de corrientes en las que haya alguna simetría de la que nos podamos aprovechar. El procedimiento constaría de dos pasos:

- En un primer paso escogemos una trayectoria cerrada y calculamos la circulación del campo magnético a lo largo de esa trayectoria realizando la integral.
- En un segundo paso calculamos la circulación a lo largo de esa misma trayectoria, pero usando ahora la ley de Ampère. Igualando esas dos circulaciones obtendríamos el valor de campo en una región determinada.

Ejemplo 8.6:

Vamos a calcular la circulación a lo largo de una curva cerrada del campo magnético que crea una corriente rectilínea e infinita. La curva que vamos a escoger va a coincidir con una de las líneas de campo magnético. Sabemos que las líneas del campo magnético creado por esta distribución de corriente son circulares. Escogemos, por tanto, una trayectoria circular de radio r centrada en la corriente. A la hora de calcular la circulación tenemos que escoger un sentido de recorrido de la trayectoria, si invertimos el sentido de recorrido estamos cambiando el signo de la circulación. El sentido de recorrido que escogemos va a ser el mismo que la orientación del campo magnético.

$$\oint \vec{B} \cdot \mathrm{d}\vec{r} = \oint B \mathrm{d}r = \frac{\mu_0 I}{2\pi r} \oint \mathrm{d}r = \frac{\mu_0 I}{2\pi r} 2\pi r \quad \Rightarrow \quad \boxed{\oint \vec{B} \cdot \mathrm{d}\vec{r} = \mu_0 I.} \tag{8.57}$$

En lo anterior hemos usado que $\vec{B}$ y $\mathrm{d}\vec{r}$ son vectores paralelos a lo largo de toda la trayectoria de integración. Si hubiéramos escogido un sentido contrario al de la orientación de las líneas de campo magnético, el resultado habría sido de signo contrario:

$$\oint \vec{B} \cdot \mathrm{d}\vec{r} = -\mu_0 I. \tag{8.58}$$

Ejemplo 8.7:

Vamos a calcular, usando la ley de Ampère, la circulación del campo magnético que crean las corrientes que hay a lo largo de la curva C. Hemos pintado la sección de los conductores con un punto para indicar una corriente que viene hacia nosotros y una x cuando la corriente va hacia dentro. También hemos pintado un círculo alrededor de cada corriente indicando cómo sería la orientación del campo magnético que crea esa corriente. En la curva C también hemos dibujado su sentido de recorrido. Como hemos dicho, vamos a considerar positivas aquellas corrientes cuyo campo tiene la misma orientación que el sentido de recorrido de la trayectoria de integración En la figura serían las corrientes I_1 y I_3 mientras que I_2 sería negativa. La corriente I_4 no atraviesa la superficie encerrada por la curva C, por lo que no la consideramos para calcular la circulación:

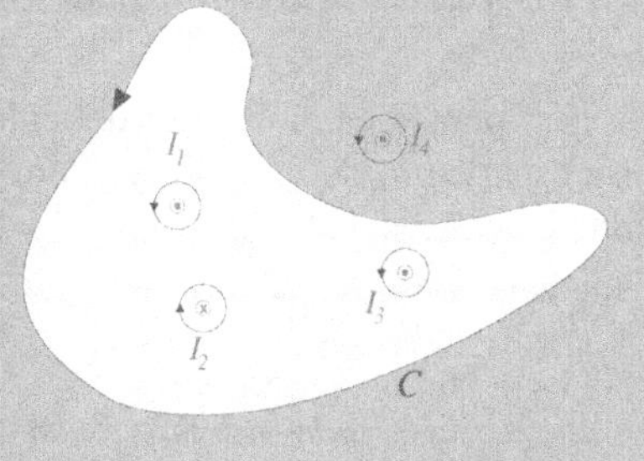

$$\oint_C \vec{B} \cdot d\vec{r} = \mu_0 (I_1 - I_2 + I_3) . \tag{8.59}$$

Ejemplo 8.8:

Queremos saber el campo magnético que crea un cilindro infinito de radio R y que transporta una corriente de intensidad I, como en la figura. Para ello vamos a usar la ley de Ampère. Esta distribución de corriente tiene la misma simetría que en el caso de una corriente rectilínea infinita. Las líneas de campo magnético también serán círculos como el dibujado en la figura. Escogemos una de estás líneas como trayectoria cerrada para calcular la circulación a lo largo de ella. La circulación que calculamos integrando es:

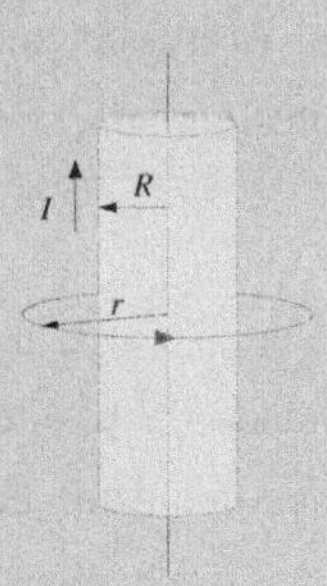

$$\oint \vec{B} \cdot d\vec{r} = B\,2\pi r. \tag{8.60}$$

Donde B es el campo magnético en cualquier punto de la trayectoria cerrada, esto es, el campo en puntos situados a una distancia r del eje del cilindro. Ahora usamos la ley de Ampère para calcular la circulación. La corriente neta que atraviesa la superficie encerrada por la trayectoria dependerá del radio r de la trayectoria. Cuando $r > R$ la intensidad neta es toda la intensidad que lleva el cilindro que, además, es positiva.

$$\oint \vec{B} \cdot \mathrm{d}\vec{r} = \mu_0 I \quad \Rightarrow \quad \mu_0 I = B\, 2\pi r \quad \Rightarrow \quad \boxed{B = \frac{\mu_0 I}{2\pi r}.} \tag{8.61}$$

Válida para puntos en el exterior del cilindro, $r > R$. Cuando $r < R$ la trayectoria está dentro del cilindro y ahora la intensidad neta es menor que I. Calculamos la densidad de corriente $J = \frac{I}{\pi R^2}$ y con ella podemos obtener la corriente neta como $I_{\text{neta}} = J\pi r^2 = I\frac{r^2}{R^2}$. Con esto podemos igualar:

$$\mu_0 I \frac{r^2}{R^2} = B\, 2\pi r \quad \Rightarrow \quad \boxed{B = \frac{\mu_0 I}{2\pi R^2} r.} \tag{8.62}$$

Válida para puntos en el interior del cilindro, $r < R$.

8.4. Ley de Gauss del campo magnético

Antes de enunciar la ley de Gauss para el campo magnético vamos a particularizar el concepto de flujo de un campo vectorial para el campo $\vec{B}$.

8.4.1. Flujo del campo magnético

El flujo elemental del campo magnético, $\mathrm{d}\Phi$, que atraviesa una superficie infinitesimal, $\mathrm{d}S$, se define como:

$$\mathrm{d}\Phi = \vec{B} \cdot \mathrm{d}\vec{S}. \tag{8.63}$$

Siendo $\mathrm{d}\vec{S}$ el vector que caracteriza la superficie elemental de área $\mathrm{d}S$. Recordemos que este vector es un vector cuyo módulo es igual al área de la superficie, cuya dirección es perpendicular a la superficie y cuyo sentido es arbitrario para una superficie abierta. Aunque el sentido del vector $\mathrm{d}\vec{S}$ es arbitrario para una superficie abierta al asignárselo estamos dando una orientación positiva de recorrido al perímetro de la superficie. Este sentido de recorrido coincide con el sentido de una corriente eléctrica que produciría un campo magnético con el mismo sentido que el vector $\mathrm{d}\vec{S}$. Recordemos también que si la superficie caracterizada por $\mathrm{d}\vec{S}$ es parte de una superficie cerrada el sentido del vector ya no es arbitrario, ahora apunta siempre hacia fuera de la superficie.

El flujo del campo magnético se mide en Tm^2. Esta unidad recibe el nombre de **weber** y se representa por Wb. Para el caso de una superficie cualquiera, S, el flujo del campo magnético que atraviesa la superficie es la suma, la integral en realidad, de todos los flujos elementales que atraviesan las superficies infinitesimales $\mathrm{d}S$ en las que podemos descomponer S:

$$\Phi = \int_S \vec{B} \cdot \mathrm{d}\vec{S}. \tag{8.64}$$

Un caso importante, que encontraremos en diversas ocasiones, es cuando el campo $\vec{B}$ es constante sobre todos los puntos de una superficie plana:

$$\Phi = \vec{B} \cdot \vec{S} = BS \cos\theta, \tag{8.65}$$

donde $\vec{S}$ es el vector que representa la superficie y θ el ángulo que forma $\vec{B}$ con $\vec{S}$.

Ya podemos enunciar la ley de Gauss del campo magnético. Antes recordemos la del campo eléctrico: *el flujo del campo eléctrico que atraviesa una superficie cerrada, sea cual sea su forma, es igual a la carga neta encerrada por la superficie dividida por la permitividad eléctrica del vacío:*

$$\Phi_E = \oint \vec{E} \cdot \mathrm{d}\vec{S} = \frac{q_{\text{int}}}{\epsilon_0}. \tag{8.66}$$

Es evidente que para el campo magnético tiene que ser algo similar. La única diferencia es que en el caso del campo magnético no podemos separar las *cargas* magnéticas, esto es, los polos magnéticos. Por esto la *carga* magnética neta encerrada por cualquier superficie cerrada siempre será cero y obtenemos que para el campo magnético la ley de Gauss nos dice que:

$$\boxed{\oint \vec{B} \cdot \mathrm{d}\vec{S} = 0.} \tag{8.67}$$

Que es la ley en su forma integral. Usando el teorema de la divergencia de Gauss obtenemos su forma diferencial:

$$\boxed{\vec{\nabla} \cdot \vec{B} = 0} \quad \text{o bien :} \quad \boxed{\frac{\partial B_x}{\partial x} + \frac{\partial B_y}{\partial y} + \frac{\partial B_z}{\partial z} = 0.} \tag{8.68}$$

Tema avanzado: Componentes normales del campo magnético

Hemos visto que la ecuación (0.83) relaciona la discontinuidad de un campo vectorial con la divergencia de este campo. Por tener el campo magnético una divergencia nula podemos deducir que las componentes normales del campo magnético a las superficies de separación de distintas regiones no sufren ninguna discontinuidad.

Tema avanzado: Potencial vector magnético

Por ser la divergencia de un rotacional siempre igual a cero, expresión (0.104), podemos escribir el campo magnético como el rotacional de un campo vectorial $\vec{A}$:

$$\vec{B} = \vec{\nabla} \times \vec{A}. \qquad (8.69)$$

A este campo vectorial $\vec{A}$ lo vamos a llamar **potencial vectorial magnético**. Cuando estudiamos el potencial eléctrico vimos que era posible añadirle una constante sin que la física se viera afectada, ya que lo que realmente podemos medir son diferencias de potencial. Algo similar ocurre en el potencial vectorial $\vec{A}$, también podemos añadirle una constante y el rotacional de este nuevo potencial vectorial seguiría dando el mismo valor de campo magnético. En realidad, para el potencial vectorial es algo más complejo, ya que podemos añadirle cualquier campo vectorial cuyo rotacional sea idénticamente nulo, lo que quiere decir que podemos añadir cualquier gradiente de cualquier función escalar, ξ:

$$\vec{A}' = \vec{A}+\vec{\nabla}\xi \;\Rightarrow\; \vec{\nabla}\times\vec{A}' = \vec{\nabla}\times\left(\vec{A} + \vec{\nabla}\xi\right) = \vec{\nabla}\times\vec{A}+\vec{\nabla}\times\vec{\nabla}\xi = \vec{\nabla}\times\vec{A} = \vec{B}, \qquad (8.70)$$

ya que el rotacional de un gradiente es siempre cero, identidad (0.110). Por lo que cualquier par de campos vectoriales, $\vec{A}$ y $\vec{A}'$, cuya diferencia sea el gradiente de una función escalar conducen al mismo campo magnético. En algunas ocasiones nos interesa restringir la libertad de elección de $\vec{A}$ y tenemos lo que se conoce como el contraste (*gauge*) de Coulomb cuando escogemos $\vec{A}$ de tal manera que verifique:

$$\vec{\nabla} \cdot \vec{A} = 0, \qquad (8.71)$$

o el contraste de Lorentz:

$$\vec{\nabla} \cdot \vec{A} + \mu_0\epsilon_0 \frac{\partial V}{\partial t} = 0. \qquad (8.72)$$

El uso de estos contrastes nos hará, en según qué casos, ciertas simplificaciones de las ecuaciones involucradas.

Si calculamos la circulación del potencial vector a lo largo de una curva cerrada, C, y usamos el teorema de Stokes podemos relacionarlo con el flujo del campo magnético que atraviesa la superficie, S, encerrada por la curva:

$$\oint_C \vec{A} \cdot \mathrm{d}\vec{r} = \int_S \vec{\nabla} \times \vec{A} \cdot \mathrm{d}\vec{S} \quad \Rightarrow \quad \boxed{\oint_C \vec{A} \cdot \mathrm{d}\vec{r} = \int_S \vec{B} \cdot \mathrm{d}\vec{S}.} \tag{8.73}$$

Tema avanzado: Potencial vector a partir de la densidad de corriente

Partiendo de la ley de Ampére en forma diferencial dada por la ecuación (8.51):

$$\mu_0 \vec{J} = \vec{\nabla} \times \vec{B} = \vec{\nabla} \times \vec{\nabla} \times \vec{A} = \vec{\nabla}\left(\vec{\nabla} \cdot \vec{A}\right) - \nabla^2 \vec{A}. \tag{8.74}$$

Donde para el último paso hemos empleado (0.105). Si usamos el contraste de Coulomb, $\vec{\nabla} \cdot \vec{A} = 0$, para escoger el potencial vector:

$$\nabla^2 \vec{A} = -\mu_0 \vec{J}. \tag{8.75}$$

Esta es una expresión vectorial, para cada una de las componentes tendríamos:

$$\nabla^2 A_x = -\mu_0 J_x, \quad \nabla^2 A_y = -\mu_0 J_y \;\; \text{y} \;\; \nabla^2 A_z = -\mu_0 J_z. \tag{8.76}$$

Recordando que para el potencial eléctrico tenemos una expresión similar que lo relaciona con la densidad de carga y que, a su vez, el potencial en un punto lo podemos calcular usando la densidad de carga:

$$\nabla^2 V = -\frac{\rho}{\epsilon_0} \quad \Rightarrow \quad V = \frac{1}{4\pi\epsilon_0} \int \frac{\rho \mathrm{d}v}{r^2}, \tag{8.77}$$

donde r es la distancia de $\mathrm{d}v$ al punto donde estamos calculando el potencial. Por tanto, para el potencial vector podemos escribir una expresión similar:

$$\boxed{\vec{A} = \frac{\mu_0}{4\pi} \int \frac{\vec{J} \mathrm{d}v}{r^2}.} \tag{8.78}$$

Problemas

1. En un dispositivo como el de la figura tenemos un campo magnético uniforme B. Si por el orificio D entran electrones a la región donde hay campo B con velocidades únicamente con componente vertical, ¿por cuál de los otros orificios podrían salir del dispositivo? ¿Cuánto tiene que valer el campo magnético para que los electrones que escapen por A o por C sean aquellos que tengan una velocidad de 100 m/s?

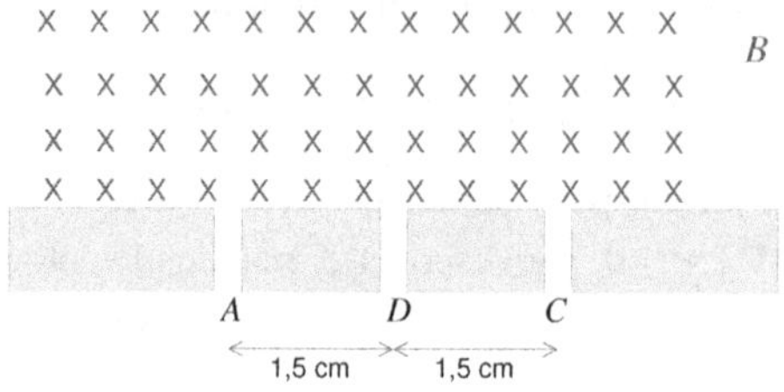

2. Por el interior de un condensador plano, con una distancia entre armaduras de 1 cm y cargado a 15 V, hay un campo magnético B que hace que un electrón se desplace con una velocidad rectilínea de 300 km/h paralelo a las armaduras del condensador. Calcule el valor de ese campo magnético.

3. Escriba la ecuación (8.45) en función del momento dipolar magnético de la espira. ¿Coincide el sentido del vector momento dipolar magnético con el del campo creado por la espira?

4. Calcule la fuerza magnética de las corrientes de la figura si el campo magnético B es uniforme. Datos: $I = 100$ mA, $R = 30$ cm y $B = 800$ mT en ambos casos.

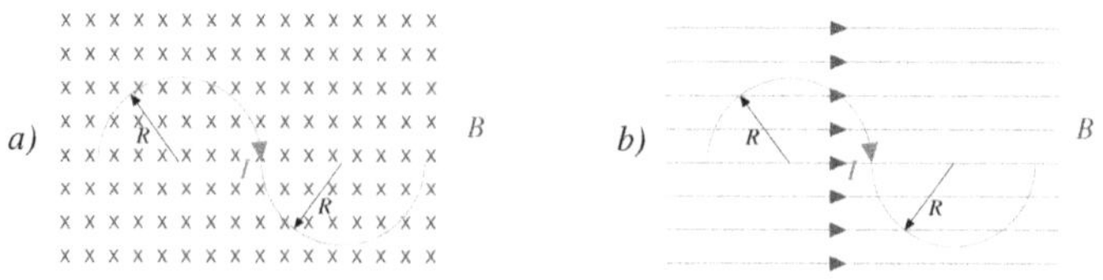

5. Calcule, usando la ley de Ampère, el campo magnético creado por una bobina solenoidal en función del número de espiras, la longitud y la corriente que circula por ella.

Tema 9

Inducción magnética

En este tema vamos a completar la ley de Ampère y la ley de Faraday para darles validez universal. Estas leyes, junto con las leyes de Gauss del campo eléctrico y del campo magnético, componen lo que se conoce como las leyes de Maxwell del electromagnetismo.

9.1. Ley de Ampère-Maxwell

La ley de Ampère nos relaciona la circulación del campo magnético a lo largo de una curva cerrada con la corriente que atraviesa la superficie, S, encerrada por la trayectoria de integración:

$$\oint_C \vec{B} \cdot \mathrm{d}\vec{r} = \mu_0 I_{\mathrm{neta}} = \mu_0 \int_S \vec{J} \cdot \mathrm{d}\vec{S}. \tag{9.1}$$

Maxwell introdujo un término adicional a la ley de Ampère para darle validez universal. Ese término se conoce como corriente de desplazamiento de Maxwell, I_d, y es igual a:

$$I_d = \epsilon_0 \frac{\mathrm{d}}{\mathrm{d}t}\left(\int_S \vec{E} \cdot \mathrm{d}\vec{S}\right). \tag{9.2}$$

Donde S es una superficie encerrada por la trayectoria de integración C. La ley así generalizada, que se conoce como ley de Ampère-Maxwell, queda como:

$$\int_C \vec{B} \cdot \mathrm{d}\vec{r} = \mu_0 \left(I_{\mathrm{neta}} + I_d\right) = \mu_0 \left\{\int_S \vec{J} \cdot \mathrm{d}\vec{S} + \epsilon_0 \frac{\mathrm{d}}{\mathrm{d}t}\left(\int_S \vec{E} \cdot \mathrm{d}\vec{S}\right)\right\}. \tag{9.3}$$

Tema avanzado: Corriente de desplazamiento

Anteriormente vimos la ley de la conservación de la carga:

$$\vec{\nabla} \cdot \vec{J} + \frac{\mathrm{d}\rho}{\mathrm{d}t} = 0. \tag{9.4}$$

Podemos comprobar que la ley de Ampère incumple esta ley aplicando el operador divergencia a ambos lados de la ley de Ampère en forma diferencial:

$$\vec{\nabla} \cdot \vec{\nabla} \times \vec{B} = \vec{\nabla} \cdot \mu_0 \vec{J} \quad \Rightarrow \quad 0 = \mu_0 \vec{\nabla} \cdot \vec{J}. \tag{9.5}$$

Ya que la divergencia de un rotacional es siempre cero, identidad (0.104). Este incumplimiento nos dice que esta ley no es completamente general. Para forzar a que la ley de Ampère verifique la ley de la conservación de la carga vamos a añadir un término $\vec{J}_d$, que vamos a llamar **densidad de corriente de desplazamiento**:

$$\vec{\nabla} \times \vec{B} = \mu_0 \vec{J} + \mu_0 \vec{J}_d \quad \Rightarrow \quad \vec{\nabla} \cdot \vec{\nabla} \times \vec{B} = \vec{\nabla} \cdot \left(\mu_0 \vec{J} + \mu_0 \vec{J}_d\right) \quad \Rightarrow$$
$$\Rightarrow \quad 0 = \mu_0 \vec{\nabla} \cdot \vec{J} + \mu_0 \vec{\nabla} \cdot \vec{J}_d \quad \Rightarrow \quad \vec{\nabla} \cdot \vec{J} + \vec{\nabla} \cdot \vec{J}_d = 0. \tag{9.6}$$

Comparando con (9.4) se tiene que cumplir que:

$$\vec{\nabla} \cdot \vec{J}_d = \frac{\mathrm{d}\rho}{\mathrm{d}t} = \frac{\mathrm{d}\left(\epsilon_0 \vec{\nabla} \cdot \vec{E}\right)}{\mathrm{d}t} = \vec{\nabla} \cdot \left(\epsilon_0 \frac{\mathrm{d}\vec{E}}{\mathrm{d}t}\right) \quad \Rightarrow \quad \boxed{\vec{J}_d = \epsilon_0 \frac{\mathrm{d}\vec{E}}{\mathrm{d}t}.} \tag{9.7}$$

Por lo tanto, la ley de Ampère se completa añadiendo la densidad de corriente de desplazamiento, $\vec{J}_d$, y pasa a conocerse como **ley de Ampère-Maxwell**:

$$\vec{\nabla} \times \vec{B} = \mu_0 \left(\vec{J} + \epsilon_o \frac{\mathrm{d}\vec{E}}{\mathrm{d}t}\right) \quad \Rightarrow \quad \oint_C \vec{B} \cdot \mathrm{d}\vec{r} = \mu_0 I_{\text{neta}} + \mu_0 \epsilon_0 \frac{\mathrm{d}}{\mathrm{d}t}\left(\int_S \vec{E} \cdot \mathrm{d}\vec{S}\right). \tag{9.8}$$

Donde hemos usado el teorema de Stokes para obtener la forma integral y el hecho de que la intensidad es:

$$I_{\text{neta}} = \int_S \vec{J} \cdot \mathrm{d}\vec{S}. \tag{9.9}$$

Y usando el teorema de Stokes llegamos a su formulación diferencial:

$$\vec{\nabla} \times \vec{B} = \mu_0 \left(\vec{J} + \vec{J}_d\right) = \mu_0 \left(\vec{J} + \epsilon_0 \frac{\mathrm{d}\vec{E}}{\mathrm{d}t}\right), \tag{9.10}$$

donde $\vec{J}_d = \epsilon_0 \frac{\mathrm{d}\vec{E}}{\mathrm{d}t}$ es lo que se conoce como densidad de corriente de desplazamiento. Aquí vemos que, usando el teorema de Helmholtz, las fuentes del campo magnético no son solo las cargas en movimiento, $\vec{J}$, sino también los campos eléctricos variables.

9.2. Ley de Faraday-Henry

Cuando estamos en el caso electrostático ya vimos que se verificaba lo siguiente:

$$\vec{\nabla} \times \vec{E} = 0 \text{ y } \oint \vec{E} \cdot \mathrm{d}\vec{r} = 0. \tag{9.11}$$

Que denominamos como **ley de Faraday**. Estas leyes se pueden generalizar para ser válidas universalmente, no solo en el caso electrostático, de la siguiente forma:

$$\boxed{\vec{\nabla} \times \vec{E} = -\frac{\mathrm{d}\vec{B}}{\mathrm{d}t}.} \tag{9.12}$$

Ley que se conoce como ley de Faraday-Henry en forma diferencial. El teorema de Helmholtz nos dice que las fuentes de un campo vectorial son su rotacional y su divergencia. De esta manera, los campos magnéticos variables en el tiempo son también fuentes del campo eléctrico.

Por medio del teorema de Stokes encontramos la ley de Faraday-Henry en forma integral:

$$\boxed{\oint_C \vec{E} \cdot \mathrm{d}\vec{r} = -\frac{\mathrm{d}}{\mathrm{d}t}\left(\int_S \vec{B} \cdot \mathrm{d}\vec{S}\right).} \tag{9.13}$$

S es una superficie encerrada por la curva cerrada C. En otras palabras, la ley (9.13) nos dice que la circulación del campo magnético a lo largo de una trayectoria cerrada es igual a la derivada temporal del flujo del campo magnético que atraviesa una superficie, S, encerrada por la trayectoria cerrada C.

Tema avanzado: El campo eléctrico y el potencial vector magnético

Partiendo de la ley de Faraday-Henry en forma diferencial, ecuación (9.12):

$$\vec{\nabla} \times \vec{E} = -\frac{\mathrm{d}\vec{B}}{\mathrm{d}t} = -\frac{\partial \vec{\nabla} \times \vec{A}}{\partial t} = -\vec{\nabla} \times \frac{\partial \vec{A}}{\partial t} \quad \Rightarrow \quad \vec{\nabla} \times \left(\vec{E} + \frac{\partial \vec{A}}{\partial t}\right) = 0, \tag{9.14}$$

Lo que hay dentro del paréntesis es un vector cuyo rotacional es cero, por lo que lo podemos escribir como (menos) el gradiente de una función escalar:

$$\vec{E} + \frac{\partial \vec{A}}{\partial t} = -\vec{\nabla} V \quad \Rightarrow \quad \boxed{\vec{E} = -\frac{\partial \vec{A}}{\partial t} - \vec{\nabla} V.} \tag{9.15}$$

En el caso estático, la derivada del potencial vector es cero y tenemos la expresión conocida de la electrostática de que el campo eléctrico es igual a menos el gradiente del potencial.

9.2.1. Inducción

La ley de Faraday-Henry en su formulación integral, (9.13), tiene importantes implicaciones prácticas. Recordemos que la circulación del campo eléctrico entre dos puntos a y b es igual a la diferencia de potencial entre esos dos puntos:

$$V_a - V_b = \int_a^b \vec{E} \cdot \mathrm{d}\vec{r}, \tag{9.16}$$

lo que implica que si entre esos dos puntos colocamos un conductor aparecerá una corriente eléctrica debido a esa diferencia de potencial. La ley (9.13) nos está diciendo que si tenemos una espira conductora y hay un flujo magnético variable atravesando la superficie encerrada por la espira aparecerá una corriente inducida por ese flujo variable. Podemos reescribir (9.13) de forma más compacta como:

$$\boxed{\varepsilon_{\text{ind}} = -\frac{\mathrm{d}\Phi}{\mathrm{d}t}.} \tag{9.17}$$

ε_{ind} es la f.e.m. inducida en la espira y Φ es el flujo del campo magnético que atraviesa la superficie encerrada por la espira. El signo menos en (9.17) es debido a lo que se conoce como **ley de Lenz**, que dice que *el sentido de la corriente inducida por un flujo magnético variable es tal que crea un campo magnético que se opone a esa variación de flujo.* En los ejemplos 9.1 y 9.2 vemos una ilustración de la ley de Lenz.

Ejemplo 9.1:

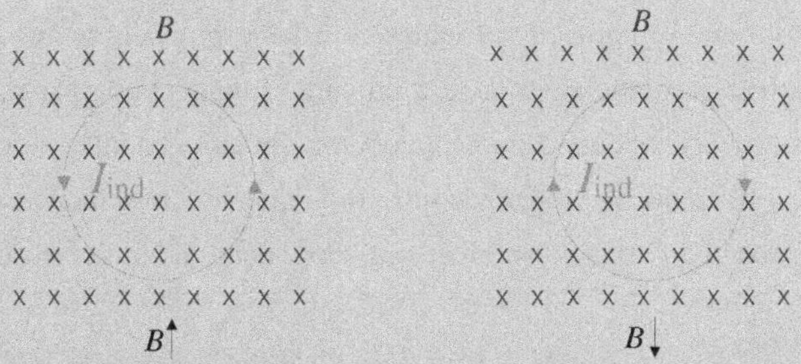

En la figura tenemos una espira conductora circular perpendicular a un campo magnético uniforme, pero que podemos hacer variar en el tiempo. Si el módulo del campo magnético aumenta en el tiempo, eso hace que el flujo que atraviesa la superficie encerrada por la espira aumente. La corriente inducida se va a oponer a este aumento creando un campo magnético opuesto al campo aplicado. Como el campo aplicado es hacia dentro del papel, la corriente creará un campo que apunta hacia fuera del papel y, por lo tanto, su sentido será antihorario (figura de la izquierda). Si, por el contrario, hacemos que el módulo del campo disminuya en el tiempo, el flujo magnético ahora disminuye y la corriente creará un campo que trata de compensar esta pérdida de flujo creando un campo con el mismo sentido que el campo aplicado. Por lo tanto, el sentido de la corriente ahora será horario (figura de la derecha).

Si nos restringimos al caso en que tenemos un campo magnético uniforme y una espira plana el flujo del campo que atraviesa la superficie encerrada por la espira lo calculamos como:

$$\Phi = \vec{B} \cdot \vec{S} \quad \Rightarrow \quad \Phi = BS\cos\theta. \tag{9.18}$$

Podemos conseguir un flujo variable haciendo variar en el tiempo cualquiera de los tres términos: B, S o θ. Ya sea un solo término, una combinación de dos de ellos o, incluso, los tres al mismo tiempo. Cuando escogemos el sentido del vector $\vec{S}$ estamos escogiendo también el sentido de las corrientes positivas. Este sentido es el de la corriente que produciría un campo magnético con el mismo sentido que el vector $\vec{S}$. Es fácil recordar la relación entre el sentido de $\vec{S}$ y el de la corriente positiva usando la regla de la mano derecha: si colocamos el pulgar de la mano derecha según el sentido del vector $\vec{S}$, los dedos de la mano nos dicen el sentido de la corriente positiva.

La inducción magnética es el fundamento de los dispositivos de generación de energía eléctrica. Estos dispositivos emplean energía de algún tipo para mover una configuración de espiras conductoras dentro de un campo magnético (se hace que varíe θ) con lo que se inducen corrientes en estas espiras. Tenemos que recordar que cuando una corriente se somete a un campo magnético aparece una fuerza magnética sobre la corriente. Lo mismo ocurre con las corrientes inducidas: cuando una espira se mueve en el seno de un campo magnético se inducen corrientes y el campo ejerce una fuerza sobre ellas que se opone al movimiento de las espiras.

Ejemplo 9.2:

El mismo caso del ejemplo 9.1 lo podemos abordar de una forma más rigurosa usando (9.17). Primero calculamos el flujo Φ del campo magnético que atraviesa la superficie encerrada por la espira. Al ser una superficie plana y un campo uniforme lo podemos escribir como:

$$\Phi = \vec{B} \cdot \vec{S}. \tag{9.19}$$

$\vec{S}$ es el vector que representa la superficie encerrada por la espira: un vector cuyo módulo es el área de la superficie, cuya dirección es normal a la superficie (perpendicular al papel en este caso). El sentido es, por ser una superficie abierta, arbitrario, y lo podemos escoger nosotros, pero, al escogerlo, estamos escogiendo también el sentido de recorrido del perímetro de la superficie: el sentido de la corriente positiva en la espira. Escogemos para $\vec{S}$ un sentido apuntando hacia fuera del papel lo que nos dice que el sentido de las corrientes positivas es antihorario. Con el sentido escogido para $\vec{S}$ tenemos:

$$\Phi = \vec{B} \cdot \vec{S} = BS \cos 180^{\circ} = -BS. \tag{9.20}$$

Ya que $\vec{S}$ y $\vec{B}$ son antiparalelos (ver figura del ejemplo 9.1). Calculamos ε_{ind} por medio de (9.17):

$$\varepsilon_{\text{ind}} = -\frac{\mathrm{d}\Phi}{\mathrm{d}t} = -\frac{\mathrm{d}}{\mathrm{d}t}(-BS) \;\Rightarrow\; \varepsilon_{\text{ind}} = S\frac{\mathrm{d}B}{\mathrm{d}t}. \tag{9.21}$$

Si ahora hacemos aumentar el valor de B tenemos que $\frac{\mathrm{d}B}{\mathrm{d}t} > 0$ lo que hace que ε_{ind} sea también positivo por lo que la corriente inducida (que es igual a $I_{\text{ind}} = \varepsilon_{\text{ind}}/R$, donde R es la resistencia de la espira) será también positiva y su sentido será antihorario. Si ahora hacemos disminuir el valor de B en el tiempo tenemos $\frac{\mathrm{d}B}{\mathrm{d}t} < 0$, y la f.e.m. y la corriente inducida serán negativas y el sentido de la corriente será horario. Podemos comprobar que estos sentidos de las corrientes coinciden con los del ejemplo 9.1.

9.2.2. Autoinducción

Cuando tenemos un circuito eléctrico, la corriente que circula por él crea a su alrededor un campo magnético. Este campo produce un flujo magnético que atraviesa la superficie encerrada por el circuito. Si la corriente y la geometría del circuito son constantes en el tiempo, el flujo también lo es, por lo que no aparecen fuerzas electromotrices inducidas. Si, en cambio, la corriente y/o la geometría cambian en el tiempo, entonces el flujo será variable y aparecerán fuerzas electromotrices autoinducidas en el propio circuito.

El flujo del campo magnético creado por la corriente del circuito y que atraviesa la superficie encerrada por el circuito es proporcional a la corriente. La constante de proporcionalidad depende de la geometría del circuito. A esta constante se la conoce como **coeficiente de autoinducción** y se suele representar por la letra L. Matemáticamente:

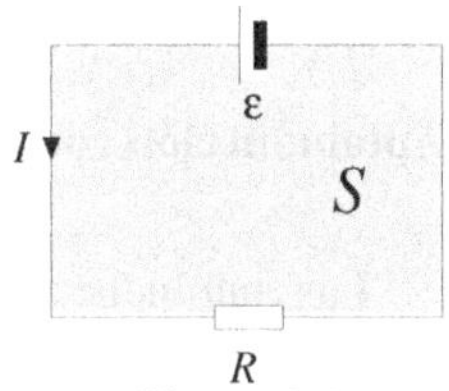

Figura 9.1

$$\boxed{\Phi = LI.} \tag{9.22}$$

Este coeficiente de autoinducción se mide en Wb/A=Tm^2/A, que recibe el nombre de **henry**, coloquialmente **henrio**, y se representa por la letra H. En el ejemplo 9.3 vemos cómo calcular el coeficiente de autoinducción de una bobina solenoidal.

Ejemplo 9.3:

Sabemos que el campo magnético en el interior de una bobina solenoidal es $B = \mu_0 nI$, donde n es el número de espiras por unidad de longitud: $n = N/l$, siendo N el número total de espiras y l es la longitud de la bobina. El flujo que atraviesa la superficie encerrada por una espira, Φ_1, es:

$$\Phi_1 = BS, \tag{9.23}$$

donde S es el área la superficie encerrada por la espira. El flujo total, Φ, sobre toda la bobina es:

$$\Phi = N\Phi_1 = NBS. \tag{9.24}$$

Sustituyendo el valor del campo B:

$$\Phi = N\mu_0 \frac{N}{l} S \quad \Rightarrow \quad \Phi = \mu_0 \frac{N^2 S}{l} I. \tag{9.25}$$

Y vemos que el flujo Φ es proporcional a la corriente y la constante de proporcionalidad es, precisamente, el coeficiente de autoinducción L:

$$L = \mu_0 \frac{N^2 S}{l}. \tag{9.26}$$

Por lo general la geometría del circuito no variará en el tiempo, por lo que L será constante. La fuerza electromotriz autoinducida en una autoinducción, ε_L, la podemos calcular por medio de (9.17):

$$\varepsilon_L = -\frac{\mathrm{d}\Phi}{\mathrm{d}t} = -\frac{\mathrm{d}}{\mathrm{d}t}(LI) \Rightarrow \boxed{\varepsilon_L = -L\frac{\mathrm{d}I}{\mathrm{d}t}.} \tag{9.27}$$

Autoinducción como elemento de circuito

Las autoinducciones son otro dispositivo que podemos emplear en un circuito, al igual que los condensadores y resistencias estudiados anteriormente. En la figura 9.2 vemos el símbolo que se suele emplear para representar una autoinducción en un circuito eléctrico. En el ejemplo 9.4 vemos cómo evoluciona la corriente en un circuito en el que hay una autoinducción al establecerse la corriente. Ahí podemos ver que esta corriente se establece de forma suave, siguiendo una curva exponencial, porque no se pueden producir saltos abruptos en la intensidad de corriente que pasa por la autoinducción; la f.e.m. autoinducida es igual a la derivada temporal de la corriente.

Figura 9.2

Ejemplo 9.4:

Partimos de un circuito como el de la figura de arriba, en el que hay un interruptor, S, que mantiene el circuito abierto; no hay corriente inicialmente por lo tanto. Al cerrar el interruptor, figura de abajo, comienza a circular una intensidad por el circuito. La ecuación del circuito es:

$$\varepsilon = -\varepsilon_L + IR \Rightarrow \varepsilon = L\frac{\mathrm{d}I}{\mathrm{d}t} + IR. \tag{9.28}$$

Empezamos a medir el tiempo cuando cerramos el interruptor S, esto es, cerramos cuando $t = 0$. En ese instante la corriente en el circuito tiene que ser cero, $I_0 = I(t = 0) = 0$, ya que antes de cerrar el interruptor era cero y no puede saltar de forma abrupta porque implicaría la aparición de una ε_L infinita.

La intensidad va estableciéndose de forma suave hasta que se alcance un valor constante I_e. Al ser la intensidad constante $\frac{dI}{dt} = 0$ y $I_e = \varepsilon/R$.

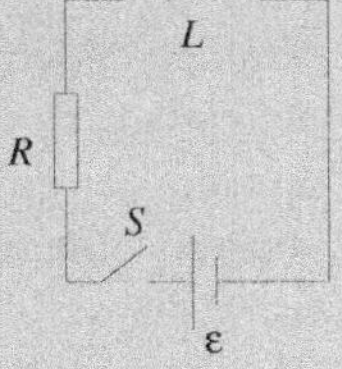

Dividimos la ecuación (9.28) por R:

$$\varepsilon/R = \frac{L}{R}\frac{dI}{dt} + I \quad \Rightarrow \quad I_e - I = \frac{L}{R}\frac{dI}{dt} \quad \Rightarrow \quad \frac{dt}{\tau} = \frac{dI}{I_e - I}. \tag{9.29}$$

Donde $\tau = \frac{L}{R}$ es lo que se conoce como constante de tiempo del circuito RL (un H entre un Ω es igual a un segundo). Integramos la expresión anterior entre $t = 0$ y un t arbitrario:

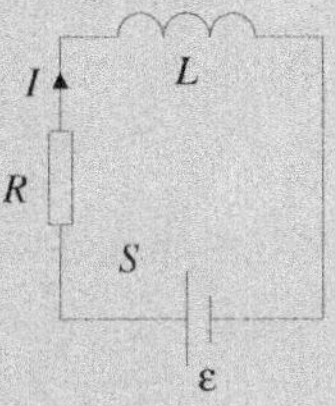

$$\int_0^t \frac{dt}{\tau} = \int_0^{I(t)} \frac{dI}{I_e - I} \quad \Rightarrow \quad \frac{t}{\tau} = -\ln(I_e - I)\big|_0^{I(t)} \quad \Rightarrow$$

$$\Rightarrow \quad -\frac{t}{\tau} = \ln(I_e - I(t)) - \ln I_e \quad \Rightarrow \quad -\frac{t}{\tau} = \ln\left(\frac{I_e - I(t)}{I_e}\right) \quad \Rightarrow$$

$$\Rightarrow \quad \frac{I_e - I(t)}{I_e} = e^{\frac{-t}{\tau}} \quad \Rightarrow \quad \boxed{I(t) = I_e(1 - e^{\frac{-t}{\tau}}).} \tag{9.30}$$

9.2.3. Energía en una autoinducción

Cuando hemos establecido una corriente en una autoinducción se ha creado un campo magnético y para ello hemos tenido que gastar una energía. Esta energía no se pierde, sino que se almacena en el interior de la autoinducción y se puede devolver al circuito, como en el caso del condensador. La energía, U, acumulada en una autoinducción L por la que circula una intensidad I, ver demostración 9.1, viene dada por:

$$\boxed{U = \frac{1}{2}LI^2.} \tag{9.31}$$

En el ejemplo 9.5 encontramos la densidad de energía del campo magnético, ρ_M, en función del módulo del campo magnético:

$$\rho_M = \frac{1}{2}\frac{B^2}{\mu_0}. \tag{9.32}$$

Demostración 9.1:

Vamos a deducir una expresión que nos permite calcular la energía magnética acumulada en una autoinducción. Para ello partimos de un circuito en el que tenemos un generador de f.e.m., ε, una autoinducción de coeficiente L y en serie con ella una resistencia R. Analizamos este circuito simple de la forma habitual escribiendo el sumatorio de las f.e.m. igual al sumatorio de las caídas de potencial en el circuito:

$$\varepsilon + \varepsilon_L = IR \quad \Rightarrow \quad \varepsilon = -\varepsilon_L + IR \quad \Rightarrow \quad \varepsilon = L\frac{\mathrm{d}I}{\mathrm{d}t} + IR. \tag{9.33}$$

Multiplicamos la igualdad anterior por I,

$$\varepsilon I = LI\frac{\mathrm{d}I}{\mathrm{d}t} + I^2R. \tag{9.34}$$

εI es la energía por unidad de tiempo que el generador entrega al circuito, I^2R es la energía por unidad de tiempo que se disipa en la resistencia. El término $LI\frac{\mathrm{d}I}{\mathrm{d}t}$ tiene que ser la energía por unidad de tiempo que se acumula en la autoinducción. Podemos escribir:

$$\frac{\mathrm{d}U}{\mathrm{d}t} = LI\frac{\mathrm{d}I}{\mathrm{d}t} \quad \Rightarrow \quad \mathrm{d}U = LI\mathrm{d}I. \tag{9.35}$$

Cuando por la autoinducción no pase corriente, la energía acumulada será cero. Integramos la igualdad anterior para una intensidad inicial igual a cero hasta una intensidad final I_f para obtener la energía acumulada en la autoinducción.

$$\int_0^{U_f} \mathrm{d}U = \int_0^{I_f} LI\mathrm{d}I \quad \Rightarrow \quad U_f = \frac{1}{2}LI_f^2. \tag{9.36}$$

Esta energía se ha acumulado al crear el campo magnético en el interior de la autoinducción.

Ejemplo 9.5:

A partir de la energía acumulada en una autoinducción podemos encontrar una expresión para la densidad de energía del campo magnético, esto es la energía por unidad de volumen. Si tenemos una bobina solenoidal de coeficiente de autoinducción L por la que circula una intensidad I la energía acumulada en el campo magnético es:

$$U = \frac{1}{2}LI^2. \tag{9.37}$$

El volumen donde se concentra el campo magnético es el interior del solenoide: $vol = Sl$ y como $L = \mu_0 \frac{N^2 S}{l}$ podemos escribir la densidad de energía del campo magnético, ρ_M de la forma:

$$\rho_M = \frac{U}{vol} = \frac{\frac{1}{2}LI^2}{Sl} = \frac{\frac{1}{2}\mu_0 \frac{N^2 S}{l} I^2}{Sl} = \frac{1}{2}\frac{(\mu_0 \frac{N}{l} I)^2}{\mu_0} \Rightarrow \rho_M = \frac{1}{2}\frac{B^2}{\mu_0}. \quad (9.38)$$

Aunque lo hemos hecho para un caso particular, la expresión anterior vale en cualquier caso: cada vez que se crea un campo magnético tenemos que gastar una energía que se acumula en forma de campo magnético con una densidad dada por (9.38).

Ejemplo 9.6:

Podemos hacer algo similar al ejemplo 9.5, pero para el campo eléctrico. La energía almacenada en un condensador de capacidad C la obtenemos a partir de $U = \frac{1}{2}CV^2$. En un condensador plano el campo eléctrico está confinado al espacio entre armaduras, luego el volumen es $vol = Ad$, siendo A el área de las armaduras y d la separación entre ellas. Recordando que el campo eléctrico en el interior es $E = V/d$, escribimos la densidad de energía del campo eléctrico, ρ_E, como:

$$\rho_E = \frac{U}{vol} = \frac{\frac{1}{2}CV^2}{Ad} = \frac{1}{2}\frac{\frac{\epsilon_0 A}{d}E^2 d^2}{Ad} \Rightarrow \rho_E = \frac{1}{2}\epsilon_0 E^2. \quad (9.39)$$

Donde hemos usado el hecho de que la capacidad de un condensador plano es $C = \frac{\epsilon_0 A}{d}$. Al igual que para el campo magnético tenemos que al crear un campo eléctrico en una región tenemos que gastar una energía que se acumula en forma de campo eléctrico y cuya densidad (J/m^3) nos la da la expresión (9.39)

9.3. Leyes de Maxwell del electromagnetismo

A lo largo de estos temas hemos visto diversas leyes para los campos eléctricos y magnéticos. Vamos a reunir aquí esas leyes, que se conocen como leyes de Maxwell del electromagnetismo. Estas leyes junto con la expresión:

$$\vec{F} = q\vec{E} + q\vec{v} \times \vec{B}, \quad (9.40)$$

que nos dice la fuerza que los campos ejercen sobre una carga, nos permiten resolver cualquier problema de electromagnetismo.

Ley	Forma diferencial
Gauss del campo eléctrico	$\vec{\nabla} \cdot \vec{E} = \frac{\rho}{\epsilon_0}$
Gauss del campo magnético	$\vec{\nabla} \cdot \vec{B} = 0$
Faraday-Henry	$\vec{\nabla} \times \vec{E} = -\frac{\mathrm{d}\vec{B}}{\mathrm{d}t}$
Ampère-Maxwell	$\vec{\nabla} \times \vec{B} = \mu_0 \left(\vec{J} + \epsilon_0 \frac{\mathrm{d}\vec{E}}{\mathrm{d}t} \right)$

Ley	Forma integral
Gauss del campo eléctrico	$\oint \vec{E} \cdot \mathrm{d}\vec{S} = \frac{q_{\mathrm{int}}}{\epsilon_0}$
Gauss del campo magnético	$\oint \vec{B} \cdot \mathrm{d}\vec{S} = 0$
Faraday-Henry	$\oint_C \vec{E} \cdot \mathrm{d}\vec{r} = -\frac{\mathrm{d}}{\mathrm{d}t} \left(\int_S \vec{B} \cdot \mathrm{d}\vec{S} \right)$
Ampère-Maxwell	$\oint_C \vec{B} \cdot \mathrm{d}\vec{r} = \mu_0 \left\{ \int_S \vec{J} \cdot \mathrm{d}\vec{S} + \epsilon_0 \frac{\mathrm{d}}{\mathrm{d}t} \left(\int_S \vec{E} \cdot \mathrm{d}\vec{S} \right) \right\}$

Tema avanzado: Ondas eléctricas

Manipulando las ecuaciones de Maxwell, vamos a ver que los campos eléctricos se propagan en el vacío en forma de onda. Tomamos la ecuación de Ampère-Maxwell en el vacío, ecuación 9.10 con $\vec{J} = 0$, y la derivamos respecto del tiempo:

$$\begin{aligned} \frac{\partial}{\partial t} \vec{\nabla} \times \vec{B} = \mu_0 \epsilon_0 \frac{\partial}{\partial t} \frac{\partial \vec{E}}{\partial t} \quad &\Rightarrow \quad \vec{\nabla} \times \frac{\partial \vec{B}}{\partial t} = \mu_0 \epsilon_0 \frac{\partial^2 \vec{E}}{\partial t^2} \quad \Rightarrow \\ &\Rightarrow \quad -\vec{\nabla} \times \left(\vec{\nabla} \times \vec{E} \right) = \mu_0 \epsilon_0 \frac{\partial^2 \vec{E}}{\partial t^2}. \end{aligned} \tag{9.41}$$

Hemos aplicado en el último paso la ley de Faraday-Henry (9.12). La identidad vectorial (0.105) nos permite escribir:

$$\vec{\nabla} \times \left(\vec{\nabla} \times \vec{E}\right) = \vec{\nabla}\left(\vec{\nabla} \cdot \vec{E}\right) - \nabla^2 \vec{E} \quad \Rightarrow \quad \vec{\nabla} \times \left(\vec{\nabla} \times \vec{E}\right) = -\nabla^2 \vec{E}. \tag{9.42}$$

Donde hemos usado la ley de Gauss en forma diferencial en el espacio vacío, donde $\rho = 0$. Usando este resultado en (9.41):

$$-\left(-\nabla^2 \vec{E}\right) = \mu_0 \epsilon_0 \frac{\partial^2 \vec{E}}{\partial t^2} \quad \Rightarrow \quad \frac{1}{\mu_0 \epsilon_0} \nabla^2 \vec{E} = \frac{\partial^2 \vec{E}}{\partial t^2}, \tag{9.43}$$

que es la ecuación de onda, (5.11), para el campo eléctrico. Esto nos dice que los campos eléctricos pueden propagarse en el vacío en forma de onda con una velocidad dada por $\frac{1}{\sqrt{\mu_0 \epsilon_0}}$.

Tema avanzado: Ondas magnéticas

Veamos aquí que los campos magnéticos también se propagan como ondas en el vacío. Derivamos la ley de Faraday-Henry, ecuación (9.12), respecto del tiempo:

$$\frac{\partial}{\partial t} \vec{\nabla} \times \vec{E} = -\frac{\partial}{\partial t} \frac{\partial \vec{B}}{\partial t} \quad \Rightarrow \quad \vec{\nabla} \times \frac{\partial \vec{E}}{\partial t} = -\frac{\partial^2 \vec{B}}{\partial t^2} \quad \Rightarrow \quad \frac{1}{\mu_0 \epsilon_0} \vec{\nabla} \times \left(\vec{\nabla} \times \vec{B}\right) = -\frac{\partial^2 \vec{B}}{\partial t^2}, \tag{9.44}$$

donde hemos usado la ley de Ampère-Maxell en el vacío, ecuación (9.10) con $\vec{J} = 0$, y hemos sacado las constantes μ_0 y ϵ_0 de los rotacionales. Usando la identidad vectorial (0.105) tenemos:

$$\vec{\nabla} \times \left(\vec{\nabla} \times \vec{B}\right) = \vec{\nabla}\left(\vec{\nabla} \cdot \vec{B}\right) - \nabla^2 \vec{B} \quad \Rightarrow \quad \vec{\nabla} \times \left(\vec{\nabla} \times \vec{B}\right) = -\nabla^2 \vec{B}, \tag{9.45}$$

Ya que la divergencia del campo magnético siempre es cero. Por lo tanto, tenemos:

$$-\frac{1}{\mu_0 \epsilon_0} \nabla^2 \vec{B} = -\frac{\partial^2 \vec{B}}{\partial t^2} \quad \Rightarrow \quad \frac{1}{\mu_0 \epsilon_0} \nabla^2 \vec{B} = \frac{\partial^2 \vec{B}}{\partial t^2}. \tag{9.46}$$

Que es la ecuación de onda, (5.11) para el campo magnético, y nos dice que los campos magnéticos pueden propagarse en el vacío en forma de onda con una velocidad $\frac{1}{\sqrt{\mu_0 \epsilon_0}}$.

Tema avanzado: Ondas electromagnéticas

Hemos visto que los campos eléctricos y magnéticos pueden propagarse en forma de onda. En realidad no vamos a encontrar ondas eléctricas ni ondas magnéticas por separado. Una onda eléctrica involucra un campo eléctrico que cambia en el tiempo, y sabemos que los campos eléctricos variables son fuentes del campo magnético. Y a la inversa: los campos magnéticos variables son fuentes del campo eléctrico. Por tanto, cuando tengamos una onda eléctrica habrá también una onda magnética asociada y viceversa. Hablaremos, entonces, de ondas electromagnéticas, en las que se verifica que su componente eléctrica es perpendicular a su componente magnética y, además, ambas componentes son perpendiculares a la dirección de propagación y el vector:

$$\vec{E} \times \vec{B}, \tag{9.47}$$

nos indica la dirección y sentido de propagación de la onda. La velocidad de estas ondas en el vacío es:

$$\frac{1}{\sqrt{\mu_0 \epsilon_0}} = \sqrt{\frac{4\pi \cdot 9 \cdot 10^9}{4\pi \cdot 10^{-7}}} = \sqrt{9 \cdot 10^{16}} = 3 \cdot 10^8 \text{ m/s} = 3 \cdot 10^5 \text{ km/s}. \tag{9.48}$$

Que es, precisamente, la velocidad de la luz en el vacío. La luz es, en realidad, una onda electromagnética con una frecuencia entre $4 \cdot 10^{14}$ y $8 \cdot 10^{14}$ Hz. El valor exacto de la velocidad de propagación de las ondas electromagnéticas es algo menor debido a que hemos redondeado el valor para la constante de Coulomb a $9 \cdot 10^9$ Nm^2/C^2 cuando, en realidad, es $8,9874 \cdot 10^9$ Nm^2/C^2.

Tema avanzado: El tensor campo electromagnético

Las leyes de Maxwell se pueden escribir de una forma mucho más compacta usando lo que se conoce como tensor campo electromagnético, $F_{\alpha\beta}$, donde los índices α y β van de 0 a 3 y se pueden escribir de forma matricial en función de las componentes del campo eléctrico $\vec{E}$ y del campo magnético $\vec{B}$:

$$F_{\alpha\beta} = \begin{pmatrix} 0 & -E_x/c & -E_y/c & -E_z/c \\ E_x/c & 0 & B_z & -B_y \\ E_y/c & -B_z & 0 & B_x \\ E_z/c & B_y & -B_x & 0 \end{pmatrix}. \tag{9.49}$$

Donde $c = 1/\sqrt{\mu_0 \epsilon_0}$ es la velocidad de la luz. El tensor anterior está en lo que se conoce como forma covariante. También es útil escribirlo en lo que se conoce como forma contravariante $F^{\alpha\beta}$:

$$F^{\alpha\beta} = \begin{pmatrix} 0 & E_x/c & E_y/c & E_z/c \\ -E_x/c & 0 & B_z & -B_y \\ -E_y/c & -B_z & 0 & B_x \\ -E_z/c & B_y & -B_x & 0 \end{pmatrix}. \tag{9.50}$$

En ambas matrices las filas y columnas se numeran empezando por 0, esto es, la primera columna de la primera fila es el elemento $F_{00} = F^{00} = 0$. Las coordenadas que vamos a usar son las del espacio-tiempo tetradimensional:

$$x^{\mu} = (ct, x^1, x^2, x^3); \quad x^0 = ct, \quad x^1 = x, \quad x^2 = y \text{ y } x^3 = z. \tag{9.51}$$

Vamos a introducir también el vector carga-corriente j^{μ} que se define a partir de la densidad de carga ρ y de la densidad de corriente $\vec{J}$ como:

$$j^{\mu} = (c\rho, \vec{J}); \quad j^0 = c\rho, \quad j^1 = J_x, \quad j^2 = J_y \text{ y } j^3 = J_z. \tag{9.52}$$

Por último, vamos a introducir la siguiente notación para las derivadas parciales respecto de las coordenadas del espacio tiempo tetradimensional:

$$F_{\alpha\beta,\mu} = \frac{\partial F_{\alpha\beta}}{\partial x^{\mu}}. \tag{9.53}$$

Por ejemplo:

$$F_{10,0} = \frac{\partial F_{10}}{\partial x^0} = \frac{\partial E_x/c}{\partial ct} = \frac{\partial E_x}{c^2 \partial t} = \mu_0\epsilon_0\frac{\partial E_x}{\partial t}. \tag{9.54}$$

Con esto ya podemos escribir las cuatro leyes de Maxwell con un único par de ecuaciones:

$$\boxed{F_{\alpha\beta,\mu} + F_{\beta\mu,\alpha} + F_{\mu,\alpha\beta} = 0} \text{ y } \boxed{\sum_{\beta=0}^{3} F^{\alpha\beta}_{,\beta} = \mu_0 j^{\alpha}.} \tag{9.55}$$

En la primera de ellas hacemos $\alpha = 1, \beta = 2$ y $\mu = 3$ y tenemos:

$$F_{12,3} + F_{23,1} + F_{31,2} = \frac{\partial B_z}{\partial z} + \frac{\partial B_x}{\partial x} + \frac{\partial B_y}{\partial y} = \vec{\nabla} \cdot \vec{B} = 0, \tag{9.56}$$

que es la ley de Gauss del campo magnético. Si en la otra expresión hacemos $\alpha = 0$:

$$\sum_{\beta=0}^{3} F^{0\beta}_{,\beta} = \mu_0 j^0 \quad \Rightarrow \quad \frac{\partial 0}{\partial ct} + \frac{\partial E_x/c}{\partial x} + \frac{\partial E_y/c}{\partial y} + \frac{\partial E_z/c}{\partial z} = \mu_0 c\rho. \tag{9.57}$$

La derivada de cero es, evidentemente, cero. Sacamos c de las derivadas y tenemos:

$$\frac{\partial E_x}{\partial x} + \frac{\partial E_y}{\partial y} + \frac{\partial E_z}{\partial z} = \mu_0 c^2 \rho \quad \Rightarrow \quad \vec{\nabla} \cdot \vec{E} = \frac{\rho}{.}\epsilon_0. \tag{9.58}$$

Que es la ley de Gauss del campo eléctrico. En lo anterior hemos usado $c^2 = \frac{1}{\mu_0\epsilon_0}$. Intente como ejercicio deducir las otras dos leyes de Maxwell a partir de las ecuaciones (9.55).

Problemas

1. Diga si es posible la existencia de un campo magnético dado por la expresión:

$$\vec{B} = 5x^2\vec{\imath} + 3zx\vec{\jmath} + \cos(2\pi x)\vec{k}.$$

2. Una espira conductora circular de radio r está en un campo magnético constante B. Si hacemos rotar esa espira respecto de un eje perpendicular al campo magnético con una velocidad angular ω y que pasa por el centro de la espira calcule la f.e.m. inducida por este movimiento.

3. Calcule la f.e.m. inducida en la espira del problema anterior si, además de estar girando, el campo $\vec{B}$ tiene un módulo que cambia con el tiempo según la expresión $B = B_0 \operatorname{sen}(\omega t)$.

4. Tenemos un conductor, de resistencia despreciable, en forma de U en el seno de un campo magnético uniforme, como en la figura. Encima de él colocamos una barra conductora de resistencia R y la movemos hacia la derecha con una velocidad constante v. Calcule la f.e.m. y la corriente inducida así como su sentido. Calcule también la fuerza que el campo magnético ejerce sobre la barra en movimiento, tanto su módulo como su dirección y sentido.

5. Hacemos circular una corriente $I = 35 \cos 180t$ mA por una autoinducción de 100 mH. Obtenga la fuerza electromotriz inducida en función del tiempo.

6. El campo magnético en el interior de una bobina toroidal viene dado por $B = \frac{\mu_0 N I}{2\pi r}$, donde r es el radio medio de la bobina, I es la intensidad de corriente que circula por ella y N es el número de espiras. Calcule el coeficiente de autoinducción.

7. En una región del espacio hay un campo eléctrico dado por la siguiente expresión $\vec{E} = E_0 \operatorname{sen}(\omega t - ky)\vec{k}$. Este campo eléctrico está producido por un

campo magnético variable. ¿Qué forma tiene ese campo magnético? ¿Qué relación hay entre las amplitudes del campo eléctrico y del campo magnético?

8. Hacemos girar una espira conductora circular de radio r y de resistencia R alrededor de un eje perpendicular a un campo magnético B. Obtenga una expresión que nos diga el momento de fuerzas que tenemos que ejercer para que la espira gire con velocidad angular constante.

9. En una región cúbica de 30 cm de arista hemos creado un campo magnético de 100 mT. Calcule la energía magnética acumulada.

Tema 10

Magnetismo en la materia

10.1. Tipos de materiales magnéticos

Los átomos tienen momentos magnéticos debido al movimiento de sus electrones y a su espín. Se comportan como un dipolo magnético, dependiendo el momento magnético neto del átomo de la distribución de sus electrones. Estos dipolos están, en general, orientados al azar por la agitación térmica. Cada uno de estos dipolos crea a su alrededor un campo magnético. El campo total creado por estos dipolos en un punto es la suma de los campos magnéticos creados por todos los dipolos; si están orientados al azar, este campo total será nulo. Si aplicamos un campo magnético, los dipolos sufren momentos de fuerza que tratan de alinearlos con el campo aplicado. Tenemos ahora una competición entre el momento de fuerza que trata de alinearlos y la agitación térmica que trata de desordenarlos. El campo magnético total ahora de esos dipolos no será nulo por no estar los dipolos orientados al azar por la presencia del campo magnético aplicado. Ese campo total que mediríamos en un punto es la suma del campo aplicado más el campo de los dipolos.

También nos podemos encontrar con materiales cuyos átomos o moléculas no tengan momentos dipolares magnéticos. Al aplicar un campo magnético a estos materiales aparecen momentos dipolares magnéticos por la acción del campo aplicado. Estos dipolos inducidos se opondrán a la causa que los crea y son antiparalelos al campo aplicado. Esto nos permite distinguir tres tipos de materiales según su comportamiento magnético:

Paramagnéticos: sus moléculas tienen momentos dipolares permanentes, pero estos están orientados al azar. En presencia de un campo magnético externo, los dipolos se alinean en la dirección del campo, produciendo un incremento débil del mismo. Esta alineación disminuye con la temperatura. A este fenómeno se le conoce como **paramagnetismo**.

Ferromagnéticos: tienen también moléculas con momentos dipolares permanentes. Pueden estar ordenados incluso sin campo magnético externo (imanes), y en caso de que este exista, producen un gran incremento del mismo. Denominaremos **ferromagnetismo** a este comportamiento.

Diamagnéticos: solo se pone de manifiesto cuando el material no tiene momento magnético permanente. Al actuar un campo externo, en lugar de alinearse en la dirección del campo (como los dos anteriores), se induce un momento magnético opuesto al campo externo, debilitándolo. Este fenómeno se denomina **diamagnetismo**.

Vamos a llamar **campo externo**, B_{ext}, al campo magnético aplicado, y que es el que encontraríamos si no hubiera material magnético en esa región. Y vamos a llamar simplemente campo magnético, $\vec{B}$, al campo magnético total. Con esta terminología podemos escribir:

- En los materiales paramagnéticos $B > B_{\text{ext}}$ ya que en estos materiales el campo total es igual al campo aplicado más el campo de los dipolos.

- En los materiales diamagnéticos $B < B_{\text{ext}}$ ya que en estos materiales el campo total es igual al campo aplicado menos el campo de los dipolos.

- En los ferromagnéticos la situación es algo más complicada porque la relación entre B y B_{ext} dependerá de la historia de imantaciones a las que hemos sometido al material.

10.2. Imantación o magnetización

Para poder caracterizar los materiales magnéticos vamos a introducir un vector conocido como magnetización o imantación, que se representa por $\vec{M}$ y se define como el momento dipolar magnético por unidad de volumen:

$$\vec{M} = \frac{\mathrm{d}\vec{m}}{\mathrm{d}v}. \tag{10.1}$$

Este vector se mide en A/m y juega un papel análogo al vector polarización, $\vec{P}$, que estudiamos en el tema de dieléctricos. En el vacío este vector es siempre igual a cero, al igual que en un material sin dipolos magnéticos o con dipolos magnéticos, pero orientados al azar. Si a un material le aplicamos un campo externo, los dipolos dejan de estar orientados al azar y aparecerá una imantación que nos indica cómo es esta orientación.

10.2.1. Corrientes moleculares

Para hacernos una idea intuitiva de los fenómenos magnéticos en materiales podemos imaginar que cada uno de los dipolos magnéticos atómicos o moleculares son unas pequeñas espiras de corriente, ver figura 10.1. El sentido de esta corriente nos lo da la regla de la mano derecha: ponemos el pulgar de la mano derecha según el sentido del vector $\vec{m}$ y el resto de dedos de la mano nos dice el sentido de la corriente.

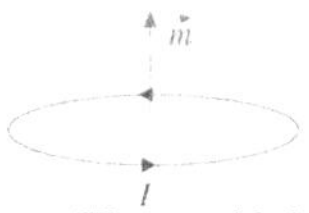

Figura 10.1

En el caso de los materiales dieléctricos, cuando los dipolos eléctricos se alineaban podía aparecer una carga eléctrica neta debido a esta orientación. Esa carga la llamabamos carga ligada. Algo parecido ocurre cuando los dipolos magnéticos se alinean: pueden aparecer unas corrientes aparentes, que vamos a llamar **corrientes moleculares**. Estas no son unas corriente que conlleven el movimiento real de carga de un punto a otro. En la figura 10.2 vemos dos ejemplos de corrientes moleculares. En la de la izquierda tenemos dos hileras de momentos magnéticos con alineación opuesta. Esto hace que haya un movimiento aparente de carga entre las dos hileras. En la figura de la derecha tenemos un cilindro de un material imantado (viéndolo desde arriba por lo que vemos una de las bases como un circulo dibujado en verde) con todas las espiras con la misma orientación. Esto hace que aparezca una corriente molecular recorriendo la superficie del cilindro.

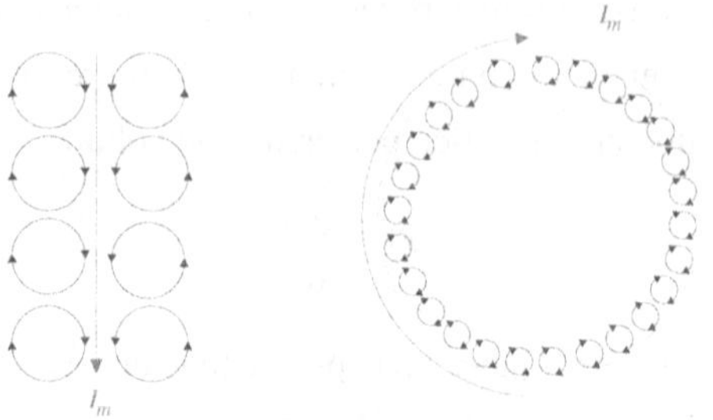

Figura 10.2 Ejemplos de corrientes moleculares que pueden aparecer por alineación de los dipolos magnéticos.

Estas corrientes moleculares están relacionadas con la imantación. La densidad de corriente molecular, $\vec{J}_m$, en un punto viene dada por:

$$\boxed{\vec{J}_m = \vec{\nabla} \times \vec{M}.} \tag{10.2}$$

En el vacío, como $\vec{M} = 0$, tenemos que $\vec{J}_m = 0$. Cuando tenemos una imantación uniforme también tendremos una corriente molecular nula debido a que el rotacional es una combinación lineal de las derivadas de las componentes de $\vec{M}$. En las caras de los materiales pueden aparecer corrientes superficiales, como en la parte derecha de la figura 10.2. Las corrientes superficiales se caracterizan por medio de la densidad superficial de corriente, $\vec{K}$. La intensidad de corriente superficial, I, que atraviesa una curva C contenida en la superficie viene dada por:

$$I = \int_C \vec{K} \cdot \hat{n}\, \mathrm{d}l, \tag{10.3}$$

donde $\hat{n}$ es un vector unitario tangente a la superficie y perpendicular a la curva en cada punto. En el caso de una superficie plana y $\vec{K}$ constante, lo anterior se reduce a que la densidad superficial de corriente es:

$$K = \frac{I}{L}, \tag{10.4}$$

siendo L el ancho de la superficie. La densidad de corriente superficial molecular, $\vec{K}_m$, que aparece en las caras de un material, está relacionada con la imantación por:

$$\boxed{\vec{K} = \vec{M} \times \hat{n},} \tag{10.5}$$

donde ahora $\hat{n}$ es un vector unitario normal a la superficie y que apunta hacia fuera del material.

10.3. Intensidad magnética

En la demostración 10.1 encontramos un nuevo vector que llamamos **intensidad magnética**[1] $\vec{H}$ y que está relacionado con el campo magnético y con la imantación con la siguiente expresión:

$$\boxed{\vec{B} = \mu_0\left(\vec{H} + \vec{M}\right).} \tag{10.6}$$

Demostración 10.1:

Usando la ley de Ampère en forma diferencial:

$$\vec{\nabla} \times \vec{B} = \mu_0 \vec{J} = \mu_0\left(\vec{J}_f + \vec{J}_m\right), \tag{10.7}$$

donde a la corriente que involucra movimiento real de carga la vamos a llamar **corriente libre** y representamos por $\vec{J}_f$. Reescribimos (10.7) usando (10.2):

$$\begin{aligned} &\frac{1}{\mu_0}\vec{\nabla} \times \vec{B} = \vec{J}_f + \vec{\nabla} \times \vec{M} \quad \Rightarrow \quad \vec{\nabla} \times \left(\frac{\vec{B}}{\mu_0}\right) - \vec{\nabla} \times \vec{M} = \vec{J}_f \quad \Rightarrow \\ &\Rightarrow \quad \vec{\nabla} \times \left(\frac{\vec{B}}{\mu_0} - \vec{M}\right) = \vec{J}_f. \end{aligned} \tag{10.8}$$

Lo que hay dentro del rotacional es un vector que vamos a llamar **intensidad magnética** y representamos por $\vec{H}$:

$$\vec{H} = \frac{\vec{B}}{\mu_0} - \vec{M}. \tag{10.9}$$

Este vector tiene las mismas unidades que la imantación: A/m. La relación entre estos vectores se suele escribir de la siguiente forma:

$$\vec{B} = \mu_0\left(\vec{H} + \vec{M}\right). \tag{10.10}$$

[1]En algunos libros es posible encontrar que al vector $\vec{H}$ se le llame campo magnético y al vector $\vec{B}$ se le dé el nombre de inducción magnética.

Usando la ley de Gauss del campo magnético obtenemos que la divergencia de $\vec{H}$ es:

$$\vec{\nabla} \cdot \vec{H} = -\vec{\nabla} \cdot \vec{M}. \tag{10.11}$$

Este nuevo vector tiene un rotacional y una divergencia:

$$\vec{\nabla} \times \vec{H} = \vec{J}_f \quad \text{y} \quad \vec{\nabla} \cdot \vec{H} = -\vec{\nabla} \cdot \vec{M}. \tag{10.12}$$

Cuando tengamos una situación en la que $\vec{\nabla} \cdot \vec{M} = 0$ las únicas fuentes del campo $\vec{H}$ serán las corrientes libres. En el vacío ($\vec{M} = 0$) tenemos que:

$$\vec{B}_{\text{ext}} = \mu_0 \vec{H}. \tag{10.13}$$

Cuando aplicamos un campo magnético creado por una distribución de corrientes libres a un material magnético el campo en un punto cualquiera será la suma del campo magnético aplicado más el campo que crean las corrientes libres. Si $\vec{\nabla} \cdot \vec{M} = 0$ el campo $\vec{H}$ es el mismo que habría si no estuviera el material magnético:

$$\vec{H} = \frac{B_{\text{ext}}}{\mu_0} \quad \Rightarrow \quad \vec{B} = \vec{B}_{\text{ext}} + \mu_0 \vec{M}. \tag{10.14}$$

Donde vemos que el campo magnético lo podemos escribir como la suma del campo magnético creado por las corrientes libres, $\vec{B}_{\text{ext}} = \mu_0 \vec{H}$, más el campo creado por la orientación de los dipolos magnéticos: $\mu_0 \vec{M}$.

Ejemplo 10.1:

El campo magnético en el interior de un solenoide de N espiras y longitud l viene dado por:

$$B = \mu_0 n I, \tag{10.15}$$

donde $n = N/l$ es el número de espiras por unidad de longitud. Como en el interior del solenoide no hay ningún material, la imantación es cero y podemos obtener el valor de H:

$$B = \mu_0 H \quad \Rightarrow \quad H = nI. \tag{10.16}$$

10.3.1. Materiales homogéneos, isótropos y lineales

Llamamos **materiales homogéneos isótropos y lineales** (HIL) en cuanto a su comportamiento magnético a aquellos materiales en los que la relación entre

$\vec{H}$ y $\vec{M}$ no cambia de punto a punto del material (homogéneo), no depende de la dirección de $\vec{H}$ (isótropo), y siendo esta relación de proporcionalidad (lineal). En estos materiales tenemos que:

$$\boxed{\vec{M} = \chi_m \vec{H}.} \tag{10.17}$$

χ_m es lo que se conoce como **susceptibilidad magnética** del material. Es una constante adimensional que depende de cada material y de la temperatura. Puede ser positiva o negativa según que los dipolos se alineen con el campo (paramagnéticos) o en contra del campo (diamagnéticos). Al aumentar la temperatura, aumenta la agitación térmica por lo que disminuye el alineamiento de los dipolos magnéticos, lo que implica que $|\chi_m|$ disminuye. Sustituyendo (10.17) en (10.6) tenemos:

$$\vec{B} = \mu_0 \left(\vec{H} + \chi_m \vec{H} \right) \quad \Rightarrow \quad \vec{B} = \mu_0 \left(1 + \chi_m \right) \vec{H} \quad \Rightarrow \quad \boxed{\vec{B} = \mu \vec{H}.} \tag{10.18}$$

Y tenemos ahora una relación de proporcionalidad entre campo magnético e intensidad magnética. La constante de proporcionalidad, $\mu = \mu_0 (1 + \chi_m)$, es la **permeabilidad magnética** del material. Podemos definir lo que se conoce como **permeabiidad magnética relativa** de un material, μ_r, como:

$$\mu_r = \frac{\mu}{\mu_0} \quad \Rightarrow \quad \mu_r = 1 + \chi_m. \tag{10.19}$$

Esta constante será mayor que uno para los materiales paramagnéticos y menor que uno para los diamagnéticos. En general, los valores de la susceptibilidad suelen ser muy pequeños ($|\chi_m| < 10^{-5}$). Una excepción son los superconductores, que se pueden considerar como diamagnéticos perfectos, teniendo una susceptibilidad $\chi_m = -1$. Esto implica que el campo magnético en el interior de un superconductor siempre es igual a cero:

$$\mu = \mu_0 \left(1 + \chi_m \right) = 0 \quad \Rightarrow \quad \vec{B} = \mu \vec{H} = 0. \tag{10.20}$$

En los materiales HIL tenemos que $\vec{\nabla} \cdot \vec{H} = 0$, por lo que las únicas fuentes del vector intensidad magnética son las corrientes libres.

Demostración 10.2:

Si tenemos una distribución de corrientes libres que crea en el vacío un campo magnético $\vec{B}_{\text{ext}} = \mu_0 \vec{H}$ y la colocamos en el interior de un material HIL, como las únicas fuentes de $\vec{H}$ son las corrientes libres, la intensidad magnética es la misma que tenemos en el vacío $\vec{H} = \vec{B}_{\text{ext}}/\mu_0$. El campo magnético habrá variado, ahora no es igual a $\vec{B}_{\text{ext}}$, pero sabemos que el nuevo campo $\vec{B}$ y el campo $\vec{H}$ están relacionados por:

$$\vec{B} = \mu \vec{H} \quad \Rightarrow \quad \frac{\vec{B}}{\mu} = \vec{H} = \frac{\vec{B}_{\text{ext}}}{\mu_0} \quad \Rightarrow \quad \vec{B} = \frac{\mu}{\mu_0}\vec{B}_{\text{ext}} \quad \Rightarrow \quad \boxed{\vec{B} = \mu_r \vec{B}_{\text{ext}}.} \tag{10.21}$$

En la demostración 10.2 encontramos la relación:

$$\boxed{\vec{B} = \mu_r \vec{B}_{\text{ext}},} \tag{10.22}$$

que nos permite calcular el campo magnético, $\vec{B}$, que tendríamos en un material en función del campo magnético, $\vec{B}_{\text{ext}}$, que habría en el vacío. Esta expresión es válida para los materiales HIL paramagnéticos y diamagnéticos. En los ferromagnéticos no existe una susceptibilidad, χ_m, ni una permeabilidad relativa, μ_r, intrínseca del material. La relación que encontramos entre $\vec{B}$ y $\vec{B}_{\text{ext}}$ depende de la historia de imantaciones a las que hemos ido sometiendo al material ferromagnético. Esto es, la permeabilidad magnética de un ferromagnético depende de los procesos a los que ha sido sometido. En la sección siguiente veremos este proceso.

Ejemplo 10.2:

Tenemos una bobina solenoidal con una densidad de espiras n y por la que circula una corriente de intensidad I. El interior de esta bobina lo llenamos con un material magnético de permeabilidad μ. Podemos calcular el valor del campo a partir del campo que habría si no hubiera material:

$$B_{\text{ext}} = \mu_0 n I, \tag{10.23}$$

y de (10.22):

$$B = \mu_r B_{\text{ext}} = \mu_r \mu_0 n I \quad \Rightarrow \quad B = \mu n I. \tag{10.24}$$

Donde hemos usado $\mu_r = \mu / \mu_0$.

10.4. Ciclo de histéresis de un ferromagnético

Para entender lo que ocurre cuando a un ferromagnético lo sometemos a diferentes imantaciones vamos a ver lo que se conoce como ciclo de histéresis. En el interior de una bobina solenoidal introducimos un material ferromagnético inicialmente desimantado: $M = 0$. El campo magnético que habría en el interior de la bobina si no estuviera el material sabemos que es:

$$B_{\text{ext}} = \mu_0 n I. \tag{10.25}$$

La intensidad magnética H viene dada por:

$$B_{\text{ext}} = \mu_0 H \quad \Rightarrow \quad H = nI. \tag{10.26}$$

Esta intensidad magnética es la misma que encontramos en el interior del solenoide cuando tenemos el material ferromagnético. El campo H lo podemos modificar a voluntad cambiando la intensidad de corriente que circula por el solenoide. En la figura 10.3a vemos la curva de primera imantación. Vamos aumentando el valor de H y el campo magnético aumenta de forma no lineal debido a la imantación que va adquiriendo:

$$B = \mu_0 (H + M), \tag{10.27}$$

y llegará a un punto en que M alcance su valor máximo, el valor de saturación. Este valor máximo se corresponde a una situación en la que todos los dipolos están alineados y, por tanto, la imantación no pueda seguir aumentando. Cuando se alcanza este valor de saturación el campo B aumenta solo por el aumento de H.

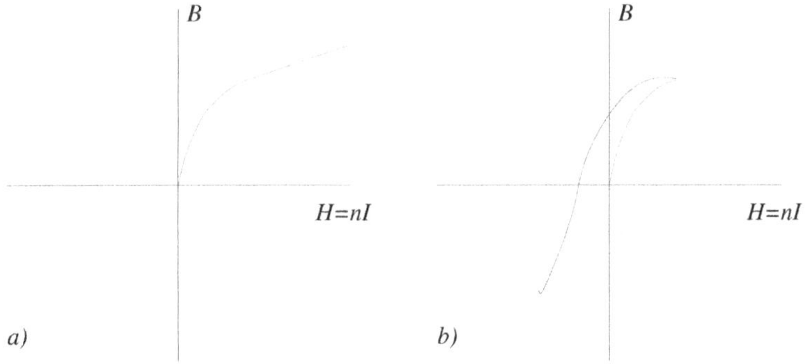

Figura 10.3

Si en lugar de seguir aumentando la intensidad al alcanzar un valor I_0 comenzamos a disminuir la intensidad, el campo B empieza también a disminuir, pero no lo hace siguiendo la curva de primera imantación. En lugar de eso vuelve por una curva diferente a la seguida inicialmente, ver figura 10.3b. Cuando $I = 0$ tenemos que B no es cero. Tenemos ahora un ferromagnético imantado. Hay campo B (campo remanente) en ausencia de campo H. Ahora hacemos pasar una corriente de sentido contrario hasta que lleguemos a un valor $-I_0$. En algún punto vemos que tenemos $B = 0$. El campo H que hace que el campo magnético sea cero se conoce como campo coercitivo. Una vez alcanzado $-I_0$ hacemos que la corriente varíe entre $-I_0$ e I_0 y cerramos el ciclo.

Esta curva variaría, diferentes campos remanentes y coercitivos, si en lugar de parar en I_0 lo hicieramos en otro valor de intensidad. Con esto podemos comprobar que para un mismo valor de H podemos tener diferentes valores de B, diferentes valores de permeabilidades relativas para cada caso.

La energía disipada en este ciclo de histéresis depende del área abarcada por la curva. Esto nos permite clasificar los materiales ferromagnéticos en blandos y duros según el área del ciclo:

Blandos Materiales con pequeñas pérdidas de energía en su ciclo de histéresis. Pequeños campos remanentes y coercitivos. Interesantes para dispositivos en los que no interese perder energía, por ejemplo, en los núcleos de los transformadores.

Duros Materiales con grandes campos remanentes. Interesantes para su uso en dispositivos de almacenamiento de información.

Problemas

1. Calcule el campo magnético en una barra cilíndrica con una imantación constante $\vec{M}$ en toda ella y en ausencia de corrientes libres. Calcule también las corrientes moleculares.

2. Introducimos un solenoide por el que circula una corriente de intensidad I en el interior de un líquido y vemos que el campo magnético decae un $3{\cdot}10^{-3}$ %. ¿Cuánto vale la susceptibilidad magnética de ese líquido? ¿Qué tipo de material magnético es?

3. En un solenoide tenemos un núcleo de hierro. Por este solenoide, que tiene 500 espiras y una longitud de 2 cm, circula una corriente de 100 mA. En el interior del núcleo medimos un campo magnético de 500 mT. ¿Qué valor tiene la intensidad magnética H? ¿Cuánto vale la imantación en el material? ¿Qué valor tiene de permeabilidad relativa en este caso?

4. En una autoinducción con un coeficiente $L = 500$ mH introducimos un material ferromágnetico imantado de tal manera que podemos considerar que tiene una permeabilidad magnética relativa $\mu_r = 300$. ¿Cuanto vale el coeficiente de autoinducción ahora?

5. Tenemos una corriente infinita en el interior de un material HIL de permeabilidad magnética μ. ¿Cuál es el valor del campo magnético a su alrededor en función de la distancia de los puntos a la corriente.

Índice alfabético

Made in the USA
Monee, IL
05 November 2026

67811458R20149